房屋建筑损坏检测与维修实用技术

任丙辉　编著

中国建筑工业出版社

图书在版编目（CIP）数据

房屋建筑损坏检测与维修实用技术/任丙辉编著.
北京：中国建筑工业出版社，2016.3
ISBN 978-7-112-19218-2

Ⅰ.①房…　Ⅱ.①任…　Ⅲ.①房屋-检测②房屋-修
缮加固　Ⅳ.①TU746

中国版本图书馆 CIP 数据核字（2016）第 049896 号

本书对房屋建筑修缮时常见问题的检查、诊断、维修和质量验收作了一个系统而全面的介绍，使读者能够运用此书快捷地查找问题的解决方案，从而有效地指导日常管理和维修工作。

本书共分6章，内容包括：砌体工程，混凝土工程，钢结构工程，屋面工程，防水工程，装修工程。

本书对广大物业管理从业人员，尤其是工程和设备管理人员，不失为一本专业程度高，操作性强，易于学习的工具书。

* * *

责任编辑：郦锁林　王华月
责任设计：李志立
责任校对：陈晶晶　刘梦然

房屋建筑损坏检测与维修实用技术
任丙辉　编著

*

中国建筑工业出版社出版、发行（北京西郊百万庄）
各地新华书店、建筑书店经销
唐山龙达图文制作有限公司制版
北京君升印刷有限公司印刷

*

开本：787×1092毫米　1/16　印张：17¾　字数：440千字
2016年6月第一版　　2016年6月第一次印刷
定价：**39.00**元
ISBN 978-7-112-19218-2
（28461）

前　言

　　建筑在使用过程中，由于材料的老化、构件强度的降低、结构安全系数下降，必然会产生由完好到损坏、由小损到大损、由大损到危险。这就要求物业管理单位在日常维护和管理中按照"能修则修，应修尽修，以修为主，全面养护"的原则，及时修缮旧损房屋，对房屋注意保养、爱护使用，保持房屋正常的使用功能基本完好，维护房屋不受损坏，这是物业管理单位的一项重要工作。

　　物业管理单位作为整个房屋的保养与维修管理者，每年都需要进行房屋安全检查，根据房屋的安全状况制定短期计划、中期计划及长期计划，这样可以有效维护房屋的使用性能及经济价值。我国目前既有建筑面积超过 500 亿 m^2，随着使用时间的延长，需要维修保养的建筑面积会逐步增长。在 20 世纪 90 年代房改期间集中建设的住宅在使用了 20 多年后，普遍面临着需要进行维修保养的问题。

　　笔者从事物业管理 14 年，感觉从事物业管理的工程技术人员理论知识普遍比较薄弱，在面对问题时常常无从下手，不能针对问题进行系统分析和提出解决方案。为了确保房屋安全管理，物业管理部门迫切需要一本有助于检查、诊断、维修、质量验收的实用工具书，以此来指导日常管理和维修。

　　本书按照砌体工程、混凝土工程、钢结构工程、屋面工程、防水工程、装修工程，介绍建筑在使用过程中的"常见病"、"多发病"，并按照国家规范或部颁标准的要求，针对每项问题都介绍了如何检查、分析问题产生原因、维修所需材料要求、处理方法和质量验收标准。在章节划分及通病项目编排上，以便于读者查找使用，不拘泥于固定的程式。对于尚无国家标准的项目，则按照地区或单位制定的标准，以供参考。

　　本书力求做到内容完整，简明扼要；通用性强，适用面广；方法合理，措施有效。但由于编写物业维修人员使用的通病维修书籍在国内还是初次尝试，缺乏经验，又由于受时间、人力、编写人员水平和资料的限制，因此本书还存在不少缺点，特别是考虑到实用性未将基础和木结构的维修涵盖在内。

　　总之，本书错误和遗漏之处还很多，热诚希望读者把使用中发现的问题和意见及时反馈，以便今后补充修正。

目　　录

1. 砌 体 工 程

1.1 砌体常见裂缝检测与维修

1.1.1 砌体常见裂缝检测

砌体常见裂缝检测，见表 1-1。

砌体常见裂缝检测

表 1-1

项目类别		砌体工程		备注
项目编号		QTW-1		
项目名称		砌体常见裂缝检测		
工作目的		搞清砌体发生承载裂缝的情况、性质,提出处理意见		
检测时间		年　　　月　　　日		
检测人员				
检查部位		整体结构(　　)		
周期性		1年/次		
劳力(小时)		2人		
工具		钢尺、塞尺、卡尺等测量仪		
注意		1. 佩戴安全帽。 2. 注意上方的掉落物。 3. 高空作业时做好安全措施。 4. 对砌体裂缝的位置的观测,每次都应绘出其所在的位置、大小尺寸,注明日期,并附上必要的照片资料		
受损特征		砌体表面出现裂缝		
准备工作	1	了解建筑物的结构及使用情况		
	2	熟悉施工资料:了解有关材料的性能、施工的相关记录		
	3	绘制建筑物的平面图、立面图		
检查工作程序	A1	将砌体承载裂缝损坏处并做好编号		
	A2	查看建筑物特征和使用条件: 1. 建筑物过长　　　　　　　　　　　　　　(　　) 2. 建筑物设置变形缝　　　　　　　　　　　(　　) 3. 承重构件截面受损　　　　　　　　　　　(　　)		
	A3	查看建筑物变形情况: 1. 建筑物存在竖向变形　　　　　　　　　　(　　) 2. 建筑物存在横向变形　　　　　　　　　　(　　)		

续表

项目类别		砌体工程	备注
检查工作程序	A4	查看裂缝形态特征： 1. 裂缝走向 　a. 水平向　　　　　　　　　　　　　　( ) 　b. 斜向　　　　　　　　　　　　　　( ) 　c. 竖向　　　　　　　　　　　　　　( ) 　d. 与荷载方向一致　　　　　　　　　( ) 2. 裂缝的宽度变化 　a. 宽度无变化　　　　　　　　　　　( ) 　b. 宽度一头宽一头窄　　　　　　　　( ) 　c. 宽度中间宽两头窄　　　　　　　　( ) 3. 裂缝的连续性 　a. 连续　　　　　　　　　　　　　　( ) 　b. 断续　　　　　　　　　　　　　　( )	存在的问题分类进行统一编号，每处存在的问题宜布设两组观测标志，共同确定其位置
	A5	了解裂缝出现时间： 1. 与季节有关　　　　　　　　　　　　( ) 2. 与荷载变化有关　　　　　　　　　　( ) 3. 与使用时间有关　　　　　　　　　　( )	
	A6	裂缝发展变化： 1. 与气温和环境温度有关　　　　　　　( ) 2. 与使用时间有关　　　　　　　　　　( ) 3. 与荷载变化有关　　　　　　　　　　( )	
	A7	用钢卷尺测量其长度： 编号 1　　　$L=$　　　mm 编号 2　　　$L=$　　　mm	
	A8	用钢卷尺测量砌体承载缝损坏的宽度，用塞尺测量砌体承载缝损坏的深度： 编号 1　宽度 $B_1=$　　mm；深度 $H_1=$　　mm 编号 2　宽度 $B_2=$　　mm；深度 $H_2=$　　mm	
	A9	根据需要在检查记录中绘制墙体的立面图、平面图或柱展开图。将检查情况，包括将砌体承载裂缝损坏的分布情况，砌体承载裂缝损坏的大小、数量以及深度详细地标在清水墙的立面图或砖柱展开图上	不要遗漏，保证资料的完整性、真实性
	A10	核对记录与现场情况的一致性	
	A11	砌体承载缝损坏检查资料存档	
资料处理		检查资料存档	

裂缝特征	裂缝类别		
	温度变形	地基不均匀沉降	承载能力不足
裂缝形态特征	最常见的是斜裂缝，形状有一端宽，另一端细和中间宽两端两种；其次是水平裂缝，多数呈断续状，中间宽两端细，主体建筑和附属建筑连接处的裂缝与屋面形状有关，接近水平状较多，裂缝一般是连续的，缝宽变化不大；第三是竖向裂缝，多因纵向收缩产生，缝宽变化不大	较常见的是斜向裂缝，通过门窗口的洞口处缝较宽；其次是竖向裂缝，不论是房屋上部，或窗台下，或贯穿房屋全高的裂缝，其形状一般是上宽下细；水平裂缝较少见，有的出现在窗角，靠窗口一端缝较宽；有的水平裂缝是地基局部塌陷而造成，缝宽往往较大	受压构件裂缝方向与应力一致，裂缝中间宽两端细；受拉裂缝与应力垂直，较常见的是沿灰缝开裂；受弯裂缝在构件的受拉区外边缘较宽，受压区不明显，多数裂缝沿灰缝开展；砖砌平拱在弯矩和剪力共同作用下可能产生斜裂缝；受剪裂缝与剪力作用方向一致

项目类别	砌体工程			备注
裂缝特征	裂缝类别			
	温度变形	地基不均匀沉降	承载能力不足	
裂缝出现时间	大多数在经过夏季或冬季后形成	大多数出现在房屋建成后不久,也有少数工程在施工期间明显开裂,严重的不能竣工验收	大多数发生在荷载突然增加时,例如大梁拆除支撑;水池、筒仓启用等	
裂缝发展变化	随气温或环境温度变化,在温度最高或最低时,裂缝宽度、长度最大,数量最多,但不会无限制地扩展恶化	随地基变形和时间增长裂缝加大,加多。一般在地基变形稳定后,裂缝不再变化,极个别的地基产生剪切破坏,裂缝发展导致建筑物倒塌	受压构件开始出现断续的细裂缝,随载荷或作用时间的增加、裂缝贯通,宽度加大而导致破坏,其他荷载裂缝可随荷载增减而变化	
建筑物特征和使用条件	屋盖的保温、隔热差,屋盖对砌体的约束大;当地温差大;建筑物过长且无变形缝等因素都可能导致温度裂缝	房屋长而不高,且地基变形量大,易产生沉降裂缝。房屋刚度差;房屋高度或荷载差异大,又不设沉降缝;地基浸水或软土地基中地下水位降低;在房屋周围开挖土方或大量堆载;在已有建筑物附近新建高大建筑物	结构构件受力较大或截面削弱严重的部位;超载或产生附加内力,如受压构件中出现附加弯矩等	
建筑物的变形	往往与建筑物的横向(长或宽)变形有关,与建筑物的竖向变形(沉降)有关	用精确的测量手段测出沉降曲线,在该曲线曲率较大处出现的裂缝,可能是沉降裂缝	往往与横向或竖向变形无明显的关系	
原因分析	1. 砌体结构或构件受压时受力过大,产生的裂缝 ( ) 2. 砌体结构或构件受弯时受力过大,产生的裂缝 ( ) 3. 砌体结构或构件受剪时受力过大,产生的裂缝 ( ) 4. 受到外力的作用造成砌体结构或构件受力过大,产生的裂缝 ( )			
结论	砌体结构或构件已出现明显的受压、受弯、受剪等受力裂缝,应采取措施处理			

1.1.2 砌体常见裂缝维修

砌体常见裂缝维修,见表 1-2。

砌体常见裂缝维修   表 1-2

项目类别		砌体工程	备注
项目编号		QTW-1A	
项目名称		砌体常见裂缝维修	
维修		加固处理	
材料要求	基本要求	钢筋、水泥、砂、石、外加剂、混凝土、砂浆等原材料的品种、规格、性能和强度等级应符合设计的要求和有关规定	
	水泥	所用水泥的凝结时间和安定性复验应合格。水泥采用硅酸盐水泥、普通硅酸盐水泥或矿渣硅酸盐水泥等,其强度等级不低于 42.5,应有出厂合格证及复试报告。不同品种、不同强度等级的水泥严禁混用	
	砂	砂应采用粗砂或中粗砂,含泥量不应大于 3%	
	水	应符合饮用标准的水	

项目类别		砌体工程	备注
处理原则	A1	砌体常见裂缝必须处理的情况如下： 　1. 当砌体结构或构件已出现明显的受压、受弯、受剪等受力裂缝时，应采取措施处理　　　　　　　　　　　　　（　　） 　2. 独立柱断裂或产生水平错位　　　　　　　　（　　） 　3. 梁支座下的墙体产生明显的竖向裂缝或柱体产生多条竖向裂缝　（　　） 　4. 砌体柱身出现水平裂缝，或产生竖向贯通裂缝，其缝长超过柱高的1/2　　　　　　　　　　　　　　（　　）	存在的问题分类进行统一编号，每处存在的问题宜布设两组观测标志，共同确定其位置
	A2	常见裂缝处理原则： 因承载能力或稳定性不足或危及结构物安全的裂缝，应及时采取卸荷或加固补强等方法处理，并应立即采取应急防护措施	
加固处理方法	方法	工程做法	
	水泥灌浆	有重力灌浆和压力灌浆两种。由于灌浆材料强度都大于砌体强度，因此只要灌浆方法和措施适当，经水泥灌浆修补的砌体强度都能满足要求。而且具有修补质量可靠，价格较低，材料来源广和施工方便等优点	
	钢筋水泥夹板墙	墙面裂缝较多，而且裂缝贯穿墙厚时，常在墙体两面加钢筋（或小型钢）网，并用穿墙筋拉结固定后，两面涂抹或喷涂水泥砂浆进行加固	
	外包加固	常用来加固柱，一般有外包角钢和外包钢筋混凝土两类	
	变换结构类型	当承载能力不足导致砌体裂缝时，常采用这类方法处理。最常见的是柱承重改为加砌一道墙变为墙承重，或用钢筋混凝土代替砌体等	
	增设钢筋混凝土构造柱	常用作加强内外墙联系或提高墙身的承载能力或刚度	
质量要求		1. 压力灌浆补强砖墙裂缝应符合设计要求和现行有关标准的规定。灌浆前应保证吹净灌浆孔眼及裂缝内的碎砖灰粉。灌浆应分别按自下而上和自上而下的顺序分次进行，直至排气孔有浆液溢出为止。 　2. 钢筋网绑扎应横平竖直，并与锚固筋绑牢。钢筋的直径和间距，拉结筋的直径和数量，纵向钢筋伸入地面下长度及上部贯通楼板位置，保护层的厚度应符合设计的要求。 　3. 外包混凝土的模板应垂直、顺线，并支设牢固。上部与楼板接缝处，应用干硬性混凝土填塞严密。 　4. 混凝土或砂浆加固面层应分别符合现浇混凝土、喷射混凝土或中级抹灰分项工程的要求，外观质量不应有露筋、蜂窝、孔洞、裂缝、疏松等严重缺陷。 　5. 穿墙和过楼板的钢筋孔洞，宜用机械成孔。孔眼大小、位置及成孔质量等，应符合设计的要求。 　6. 混凝土或砂浆加固面层的外观观感质量不应有一般缺陷。 　7. 加固面层的尺寸允许偏差和检验方法，见下表：	

现浇混凝土尺寸允许偏差和检验方法

项次	检验项目		允许偏差(mm)	检验方法
1	轴线位置	基础	15	
		独立基础	10	
		墙、柱、梁	8	
		剪力墙	5	
2	垂直度	层高　≤5m	8	经纬仪或吊线、钢尺检查
		层高　>5m	10	
		全高(H)	H/1000 且≤30	经纬仪、钢尺检查

项目类别			砌体工程		备注
质量要求	现浇混凝土尺寸允许偏差和检验方法				
	项次	检验项目		允许偏差(mm)	检验方法
	3	标高	层高	±10	水准仪或拉线、钢尺检查
			全高	±30	
	4	截面尺寸		+8,-5	钢尺检查
	5	表面平整度		8	2m靠尺和塞尺
	6	预埋设施中心线位置	预埋件	10	钢尺检查
			预埋螺栓	5	
			预埋管	5	
	7	预留洞中心线位置		15	钢尺检查
	喷射混凝土加固结构的尺寸允许偏差和检验方法				
	项次	检验项目		允许偏差(mm)	检验方法
	1	表面平整度		15	2m靠尺和塞尺
	2	截面尺寸		+8,-5	钢尺检查
	3	垂直度(每层)		15	2m托线板检查
	抹灰工程的允许偏差和检验方法				
	项次	检验项目	允许偏差(mm) 普通抹灰	高级抹灰	检验方法
	1	立面垂直度	4	3	用2m垂直检测尺检查
	2	表面平整度	4	3	用2m靠尺和塞尺检查
	3	阴阳角方正	4	3	用直角检测尺检查
	4	分格条(缝)直线度	4	3	拉5m线,不足5m拉通线,用钢直尺检查
	5	墙裙、勒脚上口直线度	4	3	拉5m线,不足5m拉通线,用钢直尺检查

1.2 砌体变形裂缝检测与处理

1.2.1 砌体变形裂缝检测

砌体变形裂缝检测,见表1-3。

砌体变形裂缝检测 表1-3

项目类别	砌体工程	备注
项目编号	QTW-2	
项目名称	砌体变形裂缝检测	
工作目的	搞清砌体发生变形裂缝的情况、性质,提出处理意见	
检测时间	年 月 日	

5

项目类别		砌体工程	备注
检测人员			
检查部位		整体结构（　　）	
周期性		1年/次	
工具		钢尺、塞尺、卡尺等测量仪	
注意		1. 佩戴安全帽。 2. 注意上方的掉落物。 3. 高空作业时做好安全措施。 4. 对砌体变形裂缝的位置的观测，每次都应绘出其所在的位置、大小尺寸，注明日期，并附上必要的照片资料	
受损特征		砌体表面出现变形裂缝	
准备工作		实地勘察后明确裂缝类型及产生原因	
检查工作程序	A1	将砌体变形裂缝损坏处标记并做好编号	
	A2	用钢卷尺测量其长度： 编号1：　$L_1=$　　　mm 编号2：　$L_2=$　　　mm	
	A3	用钢卷尺测量砌体变形裂缝损坏的宽度，用塞尺测量砌体变形裂缝损坏的深度： 编号1　宽度 $B=$　　　mm；深度 $H=$　　　mm 编号2　宽度 $B=$　　　mm；深度 $H=$　　　mm	
	A4	1. 如下情况的变形裂缝必须处理： 1)墙体裂缝宽度≥10mm 则必须处理　　　　　　　　　　（　　） 2)独立柱有裂缝，缝宽小于 1.5mm 且未贯通柱截面　　（　　） 3)墙体裂缝长超过层高的 1/2，缝宽大于 20mm 的竖向裂缝，或产生缝长超过层高 1/3 的多条竖向裂缝　　　　　　　　　　　　　　　　（　　） 4)门窗洞口或窗间墙产生明显的交叉裂缝、竖向裂缝或水平裂缝　（　　） 2. 如下情况的墙变形裂缝应进行处理： 墙体裂缝较严重，最大裂缝宽度 1.5~10mm，应作处理　（　　）	
	A5	根据需要在检查记录中绘制墙体的立面图、平面图或柱展开图。将检查情况，包括将砌体变形裂缝的分布情况，砌体变形裂缝的大小、数量以及深度详细地标在清水墙的立面图或砖柱展开图上	不要遗漏，保证资料的完整性、真实性
	A6	核对记录与现场情况的一致性	
	A7	砌体变形裂缝损坏检查资料存档	
原因分析		1. 砌体结构或构件因温度，造成的裂缝　　　　　　　　　（　　） 2. 砌体结构或构件因收缩，造成的裂缝　　　　　　　　　（　　） 3. 砌体结构或构件因变形，造成的裂缝　　　　　　　　　（　　） 4. 砌体结构或构件因地基不均匀沉降，造成的裂缝　　　（　　）	
结论		砌体结构或构件已出现明显的变形裂缝，应采取措施处理	

1.2.2 砌体变形裂缝损坏维修

砌体变形裂缝损坏维修，见表1-4。

砌体变形裂缝损坏维修

表 1-4

项目类别		砌体工程	备注
项目编号		QTW-2A	
项目名称		砌体变形裂缝损坏维修	
维修		加固处理	
材料要求	基本要求	钢筋、水泥、砂、石、外加剂、混凝土、砂浆等原材料的品种、规格、性能和强度等级应符合设计的要求和有关规定	
	水泥	所用水泥的凝结时间和安定性复验应合格。水泥采用硅酸盐水泥、普通硅酸盐水泥或矿渣硅酸盐水泥等,其强度等级不低于 42.5,应有出厂合格证及复试报告。不同品种、不同强度等级的水泥严禁混用	
	砂	砂应采用粗砂或中粗砂,含泥量不应大于 3%	
	水	应符合饮用标准的水	
变形裂缝处理原则		变形裂缝处理原则: 1. 温度裂缝:一般不影响结构安全,经过一段时间观测,找到裂缝最宽的位置后,通常采用封闭保护或局部修复方法处理,有的还需要改变建筑热工构造　　　　　( ) 2. 沉降裂缝:绝大多数裂缝不会严重恶化而危及结构安全。通过沉降和裂缝观测对那些沉降逐步减小的裂缝,待地基基本稳定后,作逐步修复或封闭堵塞处理;如地基变形长期不稳定,可能影响建筑物正常使用时,应先加固地基,再处理裂缝　　　　　( )	
加固处理方法	方法		工程做法	
	一般处理	填缝封闭	常用材料有水泥砂浆、树脂砂浆等。这类硬质填缝材料极限拉伸率很低。如砌体尚未稳定,修补后可能再次开裂　　　　　( )	
		表面覆盖	对建筑物正常使用无明显影响的裂缝,为了美观的目的,可以采用表面覆盖装饰材料,而不封堵裂缝　　　　　( )	
		将裂缝转为伸缩缝	在外墙上出现随环境温度而周期性变化且较宽的裂缝时,封堵效果往往不佳,有时可将裂缝边缘修复后,作为伸缩处理　　　　　( )	
	加固处理	水泥灌浆	有重力灌浆和压力灌浆两种。由于灌浆材料强度都大于砌体强度,因此只要灌浆方法和措施适当,经水泥灌浆修补的砌体强度都能满足要求。而且具有修补质量可靠,价格较低,材料来源广和施工方便等优点　　　　　( )	
		钢筋水泥夹板墙	墙面裂缝较多,而且裂缝贯穿墙厚时,常在墙体两面增加钢筋(或小型钢)网,并用穿墙筋拉结固定后,两面涂抹或喷涂水泥砂浆进行加固　　　　　( )	
		外包加固	常用来加固柱,一般有外包角钢和外包钢筋混凝土两类　　　　　( )	
		增设钢筋混凝土构造柱	常用作加强内外墙联系或提高墙身的承载能力或刚度　　　　　( )	

质量要求

1. 压力灌浆补强砖墙裂缝应符合设计要求和现行有关标准的规定。灌浆前应保证吹净灌浆孔眼及裂缝内的碎砖灰粉。灌浆应分别按自下而上和自上而下的顺序分两次进行,直至排气孔有浆液溢出为止。

2. 钢筋网绑扎应横平竖直,并与锚固筋绑牢。钢筋的直径和间距,拉结筋的直径和数量,纵向钢筋伸入地面下长度及上部贯通楼板位置,保护层的厚度应符合设计的要求。

3. 外包混凝土的模板应垂直、顺线,并支设牢固。上部与楼板接缝处,应用干硬性混凝土填塞严密。

4. 混凝土或砂浆加固面层应分别符合现浇混凝土、喷射混凝土或达到中级抹灰分项工程的要求,外观质量不应有露筋、蜂窝、孔洞、裂缝、疏松等严重缺陷。

5. 穿墙和过楼板的钢筋孔洞,宜用机械成孔。孔眼大小、位置及成孔质量等,应符合设计的要求。

6. 混凝土或砂浆加固面层的外观观感质量不宜有一般缺陷。

7. 加固面层的尺寸允许偏差和检验方法,见下表:

项目类别	砌体工程				备注
质量要求	现浇混凝土尺寸允许偏差和检验方法				
	项次	检验项目		允许偏差(mm)	检验方法
	1	轴线位置	基础	15	钢尺检查
			独立基础	10	
			墙、柱、梁	8	
			剪力墙	5	
	2	垂直度	层高 ≤5m	8	经纬仪或吊线、钢尺检查
			层高 >5m	10	
			全高(H)	H/1000 且≤30	经纬仪、钢尺检查
	3	标高	层高	±10	水准仪或拉线、钢尺检查
			全高	±30	
	4	截面尺寸		+8，−5	钢尺检查
	5	表面平整度		8	2m靠尺和塞尺
	6	预埋设施中心线位置	预埋件	10	钢尺检查
			预埋螺栓	5	
			预埋管	5	
	7	预留洞中心线位置		15	钢尺检查
	喷射混凝土加固结构的尺寸允许偏差和检验方法				
	项次	检验项目		允许偏差(mm)	检验方法
	1	表面平整度		15	2m靠尺和塞尺
	2	截面尺寸		+8，−5	钢尺检查
	3	垂直度(每层)		15	2m托线板检查
	抹灰工程的允许偏差和检验方法				
	项次	检验项目	允许偏差(mm) 普通抹灰	允许偏差(mm) 高级抹灰	检验方法
	1	立面垂直度	4	3	用2m垂直检测尺检查
	2	表面平整度	4	3	用2m靠尺和塞尺检查
	3	阴阳角方正	4	3	用直角检测尺检查
	4	分格条(缝)直线度	4	3	拉5m线,不足5m拉通线,用钢直尺检查
	5	墙裙、勒脚上口直线度	4	3	拉5m线,不足5m拉通线,用钢直尺检查

1.3 砖过梁裂缝检测与处理

1.3.1 砖过梁裂缝检测

砖过梁裂缝检测,见表1-5。

砖过梁裂缝检测 表 1-5

项目类别		砌体工程	备注
项目编号		QTW-3	
项目名称		砖过梁裂缝检测	
工作目的		搞清砖过梁裂缝的情况、性质,提出处理意见	
检测时间		年 月 日	
检测人员			
检查部位		整体结构( )	
周期性		1年/次	
工具		钢尺、塞尺、卡尺等测量仪	
注意		1. 佩戴安全帽 2. 注意上方的掉落物 3. 高空作业时做好安全措施 4. 对砖过梁裂缝的位置的观测,每次都应绘出其所在的位置、大小尺寸,注明日期,并附上必要的照片资料	
受损特征		砖过梁出现裂缝	
准备工作	1	熟悉图纸:了解设计意图、工程做法及构造要求	
	2	熟悉施工资料:了解有关材料的性能、施工操作的相关记录	
	3	绘制建筑物的平面图、立面图	
	4	实地勘察后明确裂缝类型及产生原因	
检查工作	A1	将砖过梁裂缝损坏处记录并做好编号	
	A2	用钢卷尺测量其长度: 编号1: $L=$ mm 编号2: $L=$ mm	
	A3	用钢卷尺测量砖过梁裂缝损坏的宽度,用塞尺测量砖过梁裂缝损坏的深度: 编号1 宽度 $B=$ mm、深度 $H=$ mm 编号2 宽度 $B=$ mm、深度 $H=$ mm	
	A4	砖过梁裂缝分类: 1. 过梁跨度: 1)过梁跨度≥1000mm(编号) 2)过梁跨度<1000mm(编号) 2. 裂缝宽窄: 1)裂缝较宽(编号) 2)裂缝较细(编号) 3. 过梁已下垂(编号) 过梁无下垂(编号) 4. 窗上、下砌体均有严重裂缝(编号) 窗上、下砌体均无严重裂缝(编号)	
	A5	根据需要在检查记录中绘制墙体的立面图。将检查情况,包括将砖过梁裂缝损坏的分布情况,砖过梁裂缝损坏的大小、数量以及深度详细地标在墙的立面图上	不要遗漏,保证资料的完整性真实性
	A6	核对记录与现场情况的一致性	
	A7	砖过梁裂缝损坏检查资料存档	
原因分析		1. 砖过梁因温度,造成的裂缝 ( ) 2. 砖过梁因收缩,造成的裂缝 ( ) 3. 砖过梁因变形,造成的裂缝 ( ) 4. 砖过梁因地基不均匀沉降,造成的裂缝 ( )	
结论		砖过梁裂缝同样要根据裂缝性质与特征选择适当地维修。砖过梁已出现明显的变形裂缝,应采取措施处理	

1.3.2 砖过梁裂缝损坏维修

砖过梁裂缝损坏维修，见表1-6。

砖过梁裂缝损坏维修 表1-6

项目类别			砌体工程		备注
项目编号			QTW-3A		
项目名称			砖过梁裂缝损坏维修		
维修			加固处理		
材料要求	基本要求		钢筋、水泥、砂、石、外加剂、混凝土、砂浆等原材料的品种、规格、性能和强度等级应符合设计的要求和有关规定		
	水泥		所有水泥的凝结时间和安定性复验应合格。水泥采用硅酸盐水泥、普通硅酸盐水泥或矿渣硅酸盐水泥等，其强度等级不低于42.5，应有出厂合格证及复试报告。不同品种、不同强度等级的水泥严禁混用		
	砂		砂应采用粗砂或中粗砂，含泥量不应大于3%		
	水		水中不得含有影响水泥正常凝结硬化的糖类、油类及有机物等有害物质，硫酸盐及硫化物较多的水不能使用，pH值不得小于4。一般自来水和饮用水均可使用		
处理方案	处理原则		砖过梁裂缝同样要根据裂缝性质与特征选择适当地维修		存在的问题分类进行统一编号，每处存在的问题宜布设两组观测标志，共同确定其位置
	简单处理		梁跨度小于1m，裂缝较细（编号 ）		
	重点处理	加固	裂缝较宽，砖过梁已接近破坏（编号 ）		
		换过梁	跨度大于1m，裂缝严重（编号 ）		
		整体加固	窗上、下砌体均有严重裂缝（编号 ）		
加固处理方法		方法	适用范围	工程做法	
	简单处理	水泥砂浆填塞法	适用于梁跨度不超过1m，裂缝较细，且已稳定的情况	常用材料有水泥砂浆、树脂砂浆等砂浆填塞。这类硬质填缝材料极限拉伸率很低，如砌体尚未稳定，修补后可能再次开裂	
	加固处理	砖过梁加筋法	适用于裂缝较宽，砖过梁已接近破坏的情况	可在门窗洞口两侧凿槽，放置钢筋后，用M10水泥砂浆填塞形成钢筋砖过梁。见附图1-1砖过梁加筋做法	
		改为预制钢筋混凝土或钢过梁	适用于跨度大于1m，裂缝严重，并有明显下垂的情况	应用此法处理，拆换时应增设临时支撑，防止墙体和上部结构垮塌	
		改用钢筋混凝土窗框	适用于梁跨度较大，窗上、下砌体均有严重裂缝的情况	用钢筋混凝土窗框加固	
质量要求			1. 填塞灌浆补强砖过梁裂缝应符合设计要求和现行有关标准的规定。灌浆前应保证吹净灌浆孔眼及裂缝内的碎砖灰粉。灌浆应分别按自下而上和自上而下的顺序分两次进行，直至排气孔有浆液溢出为止。 2. 砖过梁加筋时两端钢筋伸入支座长度不宜小于120mm。 3. 改用钢筋混凝土窗框、钢筋混凝土过梁时，构件及安装均应符合现行规范要求		

1.4 砌体强度不足检测与处理

1.4.1 砌体强度不足检测

砌体强度不足检测，见表1-7。

砌体强度不足检测   表 1-7

项目类别		砌体工程	备注
项目编号		QTW-4	
项目名称		砌体强度不足检测	
工作目的		搞清砌体发生强度不足的情况、性质,提出处理意见	
检测时间		年　　　月　　　日	
检测人员			
检查部位		整体结构(　　　)	
周期性		1年/次	
工具		钢尺、塞尺、卡尺等测量仪	
注意		1. 佩戴安全帽。 2. 注意上方的掉落物。 3. 高空作业时做好安全措施。 4. 对砌体强度不足的位置的观测,每次都应绘出其所在的位置、大小尺寸,注明日期,并附上必要的照片资料	
受损特征		砌体强度不足,有变形或开裂的情况,严重的甚至倒塌。对待强度不足事故,尤其需要特别重视没有明显外部缺陷的隐患性事故	
准备工作	1	熟悉图纸:了解设计意图、工程做法及构造要求	
	2	熟悉施工资料:了解有关材料的性能、施工操作的相关记录	
	3	绘制建筑物的平面图、立面图	
检查工作程序	A1	检查并了解受损墙体上部荷载情况,估算荷载量	
	A2	检查并了解墙体受损情况,估算墙体截面减少量	
	A3	检查并了解墙体内门窗洞口的变化情况	
	A4	测量受损墙面的长、宽、高,并记录到房屋平面图的相对应位置上	
	A5	核对记录与现场情况的一致性	不要遗漏,保证资料的完整性真实性
	A6	检查资料存档	
原因分析		1. 荷载变化过大,超出原设计荷载值　　　　　　　　　　(　　　) 2. 水、电、暖、卫和设备留洞留槽削弱断面过多　　　　(　　　) 3. 新增门窗洞对墙面削弱过大　　　　　　　　　　　　(　　　) 4. 材料质量不合格,施工质量差。如砌筑砂浆强度低,砂浆饱满度严重不足等(　　　)	
结论		砌体结构或构件已出现明显的问题,应采取措施处理	

1.4.2 砌体强度不足维修

砌体强度不足维修,见表1-8。

砌体强度不足维修

表 1-8

项目类别		砌体工程	备注
项目编号		QTW-4A	
项目名称		砌体强度不足维修	
维修		加固处理	
材料要求	基本要求	钢筋、水泥、砂、石、外加剂、混凝土、砂浆、砖、砌块等原材料的品种、规格、性能和强度等级应符合设计的要求和有关规定	
	水泥	所用水泥的凝结时间和安定性复验应合格。水泥采用硅酸盐水泥、普通硅酸盐水泥或矿渣硅酸盐水泥等,其强度等级不低于42.5,应有出厂合格证及复试报告。不同品种、不同强度等级的水泥严禁混用	
	砂	砂应采用粗砂或中粗砂,含泥量不应大于3%	
	水	水中不得含有影响水泥正常凝结硬化的糖类、油类及有机物等有害物质,硫酸盐及硫化物较多的水不能使用,pH值不得小于4。一般自来水和饮用水均可使用	
处理原则		1. 增补墙体体积,适用于新增门窗洞口等对局部墙面体积削弱的部位 ( )	
		2. 增设构件,适用于墙体整体质量差、受损严重的情况 ( )	
		3. 增加墙体体积,适用于大面积墙体质量差、受损严重的情况 ( )	

加固处理方法	方法	适用范围	工程做法	
	封堵孔洞法	适用于水、电、暖、卫和设备留洞留槽削弱断面过多,新增门窗洞对墙面削弱过大的情况	仔细封堵孔洞,恢复墙整体性的处理措施,也可在孔洞处增作钢筋混凝土框加强	
	增设壁柱法	适用于墙体截面受损、墙体施工质量差造成墙体强度差的情况	有明设和暗设两类,壁柱材料可用同类砌体,用钢筋混凝土或钢结构。 (a)钢筋混凝土暗柱加强; (b)钢暗柱加固,并用圆钢插入砖缝加强连接; (c)明设空心方钢柱加固,用扁钢锚固在砖墙中; (d)增砌砖壁柱,内配钢丝网; (e)明设钢筋混凝土柱加固。 见附图1-2增设壁柱法	
	加大截面面积法	适用于墙体截面受损、墙体施工质量差造成墙体强度差的情况	钢筋水泥夹板墙:常在墙体两面增加钢筋(或小型钢)网,并用穿墙筋拉结固定后,两面涂抹或喷涂水泥砂浆进行加固	

质量要求	1. 钢筋网绑扎应横平竖直,并与锚固筋绑牢。钢筋的直径和间距,拉结筋的直径和数量,纵向钢筋伸入地面下长度及上部贯通楼板位置,保护层的厚度应符合设计的要求。 2. 外包混凝土的模板应垂直、顺线,并支设牢固。上部与楼板接缝处,应用干硬性混凝土填塞严密。 3. 混凝土或砂浆加固面层应分别符合现浇混凝土、喷射混凝土或中级抹灰分项工程的要求,外观质量不应有露筋、蜂窝、孔洞、裂缝、疏松等严重缺陷。 4. 穿墙和过楼板的钢筋孔洞,宜用机械成孔。孔眼大小、位置及成孔质量等,应符合设计的要求	

项目类别			砌体工程	
质量要求				

现浇混凝土尺寸允许偏差和检验方法

项次	检验项目		允许偏差(mm)	检验方法
1	轴线位置	基础	15	钢尺检查
		独立基础	10	
		墙、柱、梁	8	
		剪力墙	5	
2	垂直度	层高 ≤5m	8	经纬仪或吊线、钢尺检查
		层高 >5m	10	
		全高(H)	H/1000 且≤30	经纬仪、钢尺检查
3	标高	层高	±10	水准仪或拉线、钢尺检查
		全高	±30	
4	截面尺寸		+8,−5	钢尺检查
5	表面平整度		8	2m靠尺和塞尺
6	预埋设施中心线位置	预埋件	10	钢尺检查
		预埋螺栓	5	
		预埋管	5	
7	预留洞中心线位置		15	钢尺检查

喷射混凝土加固结构的尺寸允许偏差和检验方法

项次	检验项目	允许偏差(mm)	检验方法
1	表面平整度	15	2m靠尺和塞尺
2	截面尺寸	+8,−5	钢尺检查
3	垂直度(每层)	15	2m托线板检查

抹灰工程的允许偏差和检验方法

项次	检验项目	允许偏差(mm)		检验方法
		普通抹灰	高级抹灰	
1	立面垂直度	4	3	用2m垂直检测尺检查
2	表面平整度	4	3	用2m靠尺和塞尺检查
3	阴阳角方正	4	3	用直角检测尺检查
4	分格条(缝)直线度	4	3	拉5m线,不足5m拉通线,用钢直尺检查
5	墙裙、勒脚上口直线度	4	3	拉5m线,不足5m拉通线,用钢直尺检查

1.5 砌体表面碱蚀、风化损坏的检测与维修

1.5.1 砌体表面碱蚀、风化损坏检测

砌体表面碱蚀、风化损坏检测,见表1-9。

砌体表面碱蚀、风化损坏检测 表 1-9

项目类别	砌体工程		备注
项目编号	QTW-5		
项目名称	砌体表面碱蚀、风化、损坏检测		
工作目的	搞清砌体表面碱蚀、风化损坏的情况、性质，提出处理意见		
检测时间	年 月 日		
检测人员			
检查部位	整体结构( )		
周期性	1年/次		
工具	钢尺、塞尺、卡尺等测量仪		
注意	1. 佩戴安全帽。 2. 注意上方的掉落物。 3. 高空作业时做好安全措施。 4. 对砌体表面碱蚀、风化、损坏的位置的观测，每次都应绘出其所在的位置、大小尺寸，注明日期，并附上必要的照片资料		
受损特征	砌体表面碱蚀、风化、损坏，有的变形，有的开裂，严重的甚至倒塌		
准备工作	1	熟悉图纸：了解设计意图、工程做法及构造要求	
	2	熟悉施工资料：了解有关材料的性能、施工操作的相关记录	
检查工作程序	A1	检查受损墙体的受损深度、受损面积。测量受损墙面的长、宽、高，并记录到房屋平面图、立面图的相对应位置上	
	A2	检查受损墙体的厚度	
	A3	检查受损墙体内门窗洞口的变化情况	
	A4	核对记录与现场情况的一致性	
	A5	检查资料存档	不要遗漏，保证资料的完整性、真实性
原因分析	1. 墙体受到酸、碱腐蚀。 2. 墙体长期受到空气中腐蚀物质的腐蚀。 3. 受到外力的作用造成墙面受损		
结论	砌体结构或构件已出现明显的受损问题，应采取措施处理		

1.5.2 砌体表面碱蚀、风化、损坏维修

砌体表面碱蚀、风化、损坏维修，见表 1-10。

砌体表面碱蚀、风化、损坏维修 表 1-10

项目类别	砌体工程		备注
项目编号	QTW-5A		
项目名称	砌体表面碱蚀、风化、损坏维修		
维修	加固处理		
材料要求	基本要求	剔砌、掏砌部位所用砖的品种、规格、强度等级，砂浆的品种、强度等级应符合设计要求和有关规定	
	水泥	所用水泥的凝结时间和安定性复验应合格。水泥采用硅酸盐水泥、普通硅酸盐水泥或矿渣硅酸盐水泥等，其强度等级不低于 42.5，应有出厂合格证及复试报告。不同品种、不同强度等级的水泥严禁混用	

项目类别		砌体工程	备注
材料要求	砂	砂应采用粗砂或中粗砂,含泥量不应大于3%	
	水	水中不得含有影响水泥正常凝结硬化的糖类、油类及有机物等有害物质,硫酸盐及硫化物较多的水不能使用,pH值不得小于4。一般自来水和饮用水均可使用	
处理原则		砌体表面碱蚀、风化、损坏,造成局部砌体强度降低,影响到整个受力系统的安全,应将受损砌体拆除,重砌新砌体	
施工要点	步骤	工程做法	
	适用范围	适用于不小于180mm厚烧结普通砖实心砖墙的剔砌和掏砌施工	
	准备工作	修缮施工前,应核查砌体的垂直度和标高;检查关联结构构件,必要时进行临时支撑加固,确保安全;对与修缮砌体相关联的管线、设备做必要的处理;对有保留价值的饰面,应仔细拆卸,妥善保管。 剔砌前,应在墙面上画出剔砌范围、作业顺序和施工缝的位置。当剔砌整面墙时,应设置皮数杆	
	拆砌、掏砌、剔砌的砌筑	按分段范围剔拆碱蚀、风化砖,应随剔拆随留槎,随清理干净,浇水湿润,剔砌时,应在墙面上挂立线、拉水平线,按原墙组砌形式砌筑,每隔4~5皮砖用整丁砖与旧墙剔槽拉结,其间距不大于500mm,坐浆挤实,新剔砌的砖墙与旧墙连接的竖缝,必须用砂浆填实,剔砌墙体,应砂浆饱满,新旧结合牢固,层数一致墙面平整,灰缝交圈。分段剔拆时,宜留直槎,接槎应平顺,灰缝砂浆饱满严实	
	顶皮砖的处理	剔砌墙体至最上一皮砖时,应坐浆推灰就位,把内侧竖缝挤实。剔砌墙与旧墙相接水平灰缝,应临时用楔撑开,填塞稠度30~40mm的水泥砂浆严实,灰缝厚度不得小于8mm	
	勾缝	清水墙勾缝前,应清除粘结的灰浆和污物,修补旧墙缝,剔除灰缝中风化的灰浆,浇水湿润,用灰浆填实后,再勾补缝,新旧墙勾缝相接,应平顺,颜色基本一致,无灰浆毛刺	
质量要求		1. 剔砌、掏砌的部位、范围、做法应符合设计要求。 2. 剔砌、掏砌的新砖墙与旧墙应结合牢固,层数一致,墙面平整,灰缝交圈。 3. 掏修或新做防潮层(带)应铺装水泥砂浆或找平层,接口、接槎严密,不透水。 4. 分段剔、掏砌的墙体宜留直槎,接槎砌筑前应清理干净,浇水湿润。接槎应平顺,灰缝均匀一致。 5. 剔、掏砌局部清水墙用砖的尺寸、色泽,应与原墙用砖基本一致。新旧墙勾缝相接应平顺,颜色基本一致,无灰浆毛刺	

1.6　砌体掏拆门窗洞口的处理与施工

1.6.1　砌体掏拆门窗洞口的处理

砌体掏拆门窗洞口的处理,见表1-11。

砌体掏拆门窗洞口的处理　　　　　　表1-11

项目类别	砌体工程	备注
项目编号	QTW-6	
项目名称	砌体掏拆门窗洞口的处理	
工作目的	根据需要在砌体上掏拆门窗洞口	

项目类别		砌体工程	备注
检测时间		年　　月　　日	
检测人员			
检查部位		砌体掏拆门窗洞口处	
周期性		根据需要	
工具		钢尺、塞尺、卡尺等测量仪	
注意		1. 佩戴安全帽。 2. 注意上方的掉落物。 3. 高空作业时做好安全措施。 4. 对砌体需要掏拆门窗洞口的位置进行测量，绘出其所在的位置、洞口尺寸，注明日期，并附上必要的照片资料	
受损特征		因需要在砌体上掏拆门窗洞口	
准备工作	1	熟悉图纸：了解设计意图、工程做法及构造要求	
	2	熟悉施工资料：了解有关材料的性能、施工操作的相关记录	
	3	绘制建筑物局部的平面图、立面图	
检查工作	A1	检查并了解拟掏拆门窗洞口墙体上部荷载情况，估算荷载量	
	A2	在拟掏拆门窗洞口墙体上为洞口放线	
	A3	核对记录与现场情况的一致性	
	A4	检查资料存档	
原因分析		因功能需要	

1.6.2　砌体掏拆门窗洞口的施工

砌体掏拆门窗洞口的施工，见表1-12。

砌体掏拆门窗洞口的施工　　　　　　　　　　表1-12

项目类别		砌体工程	备注
项目编号		QTW-6A	
项目名称		砌体掏拆门窗洞口的施工	
材料要求	基本要求	掏开洞口采用新增结构时，其材料品种、规格、性能、强度等级，应符合设计和相关标准的规定	
	水泥	所用水泥的凝结时间和安定性复验应合格。水泥采用硅酸盐水泥、普通硅酸盐水泥或矿渣硅酸盐水泥等，其强度等级不低于42.5，应有出厂合格证及复试报告。不同品种、不同强度等级的水泥严禁混用	
	砂	砂应采用粗砂或中粗砂，含泥量不应大于3%	
	水	水中不得含有影响水泥正常凝结硬化的糖类、油类及有机物等有害物质，硫酸盐及硫化物较多的水不能使用，pH值不得小于4。一般自来水和饮用水均可使用	
处理原则		当掏拆洞口较窄时，可用增加过梁法	
		墙体上部为钢筋混凝土楼板，掏拆大洞口或整面墙时，宜用增加柱法	
		墙体上部为木楼板，掏拆大洞口或整面墙时，宜用托梁法	

项目类别			砌体工程	备注
	步骤	适用范围	工程做法	
处理方法	双过梁法	适用于洞口较窄的情况	用双过梁法施工： 1. 掏拆前,应在墙的两面弹放过梁及门窗洞口的位置线,施工时,应先由一侧剔拆过梁洞口,深度为墙厚的1/2,过梁支座处应清理干净,浇水湿润。就位的过梁,标高符合设计要求,上缝用稠度30～40mm的1∶3水泥砂浆填塞严实。按同法将另一侧过梁安装好。 过梁下洞口的砌体,应由上而下逐层掏拆规整。 2. 门窗框安装应牢固、垂直、方正,周边的砖墙槎,用水泥砂浆填抹规整牢固。当清水砖墙时,尚应把门窗框两侧的墙槎,抹平做好假灰缝	
	短柱法	适用于墙体上部为钢筋混凝土楼板,掏拆大洞口或整面墙	短柱法掏拆施工： 1. 掏拆施工前,应在墙的两面弹线,标明新加结构构件位置。掏拆施工时,应按先基础、壁柱、梁,再掏拆洞口的顺序进行。 多层楼房掏拆施工,应从上层开始逐层加作壁柱和梁。当上一层新加壁柱、梁的混凝土不低于设计强度等级50％时,方可掏加下一层的梁(柱)。掏拆洞口砌体,应从上向下逐层进行。 2. 掏拆的壁柱及短柱洞口,应方正、顺线。壁柱洞口的墙槎,及短柱洞口的底部,应用水泥砂浆抹平,找好标高,其抹灰质量应达到作为壁柱侧模,梁的底模技术要求。 3. 壁柱的支模位置、尺寸应准确,竖向垂直,多层楼时,尚应上下层对应顺直。 4. 金属短柱应垂直支撑在墙的中心线上,顶紧支牢上部结构,经检查符合要求后,方可掏通洞口间的砌体。 5. 梁底模(砖墙上平)轴线,应对准上部墙体的轴线,砖墙的上平可用水泥砂浆抹平。 6. 浇筑混凝土,宜用机械振捣,先浇筑壁柱,后浇筑梁,梁的上部与楼板接触的缝隙,必须填塞严实	
	托梁法	适用于墙体上部为木楼板,掏拆大洞口或整面墙	托梁法施工： 1. 掏拆施工前,在墙的两面弹线标明新加结构构件位置。掏剔托梁及承重梁入墙的洞口位,应准确、方正,墙两侧新加的承重梁的底模标高,应水平一致,穿墙托梁的钢筋,必须压在承重梁的主筋上。 2. 多层楼的壁柱支模,应上下对应顺线垂直。 3. 浇筑混凝土,宜用机械振捣,按先壁柱、托梁,后承重梁的顺序进行,承重梁应从上部向下两侧同步浇筑,承重梁的混凝土浇筑高度,应高出木格栅(木龙骨)底皮不小于10mm。 4. 新加的结构混凝土达到设计强度等级,方可掏拆梁下的砖砌体	
质量要求			1. 掏开洞口的位置、形状、大小应符合设计的要求,严禁违反设计文件擅自改动建筑主体、承重结构或主要使用功能。 2. 掏开洞口采用新增结构时,其材料品种、规格、性能、强度等级,应符合设计和相关标准的规定。 3. 掏开洞口采用新增结构或恢复修补时,钢筋、混凝土、砌砖、抹灰、修补地面、门窗安装等应分别符合其分项工程的质量验收标准。 4. 掏开洞口应规正、顺直,过梁每端压入不少于250mm,木过梁靠墙部分砌体掏开洞,钢过梁应进行防腐或防锈处理	

项目类别		砌体工程		
质量要求		砖墙掏开洞口允许偏差和检验方法		
	项次	检验项目	允许偏差(mm)	检验方法
	1	洞口顶标高	+15,−5	
	2	洞口宽度	10	尺量检查
	3	洞口偏移	10	

1.7 砌体拆砌的处理与维修

1.7.1 砌体拆砌的处理

砌体拆砌的处理,见表1-13。

砌体拆砌的处理   表 1-13

项目类别		砌体工程	备注
项目编号		QTW-7	
项目名称		砌体拆砌的处理	
工作目的		对砌体进行拆砌的修理	
检测时间		年　　月　　日	
检测人员			
检查部位		砌体需拆砌处	
周期性		根据需要	
工具		钢尺、塞尺、卡尺等测量仪	
注意		1. 佩戴安全帽。 2. 注意上方的掉落物。 3. 高空作业时做好安全措施。 4. 对砌体需要掏拆门窗洞口的位置进行测量,绘出其所在的位置、洞口尺寸,注明日期,附上必要的照片资料	
受损特征		砌体因各种原因局部损坏,无法正常工作	
准备工作	1	熟悉图纸:了解设计意图、工程做法及构造要求	
	2	熟悉施工资料:了解有关材料的性能、施工操作的相关记录	
	3	绘制建筑物局部的平面图、立面图	
检查工作	A1	检查并了解拟拆除墙体上部荷载情况,估算荷载量	
	A2	对拟拆墙体部分放线,确定拆除部分的面积	
	A3	核对记录与现场情况的一致性	
	A4	检查资料存档	
原因分析		砌体局部损坏,无法正常工作	
处理方法	方法	适用范围	
	拆砌砖墙体	适用于拆除砖墙体的情况	
	拆砌毛石墙体	适用于拆砌毛石墙体	

1.7.2 砌体拆砌维修

砌体拆砌维修,见表1-14。

砌体拆砌维修
表1-14

项目类别			砌体工程	备注
项目编号			QTW-7A	
项目名称			砌体拆砌维修	
维修			砌体拆砌加固处理	
材料要求	基本要求		拆砌、剔砌、掏砌部位所用砖的品种、规格、强度等级,砂浆的品种、强度等级应符合设计要求和有关规定	
	水泥		所用水泥的凝结时间和安定性复验应合格。水泥采用硅酸盐水泥、普通硅酸盐水泥或矿渣硅酸盐水泥等,其强度等级不低于42.5,应有出厂合格证及复试报告。不同品种、不同强度等级的水泥严禁混用	
	砂		砂应采用粗砂或中粗砂,含泥量不应大于3%	
	水		水中不得含有影响水泥正常凝结硬化的糖类、油类及有机物等有害物质,硫酸盐及硫化物较多的水不能使用,pH值不得小于4。一般自来水和饮用水均可使用	
处理原则			砌体强度降低,影响到整个受力系统的安全,应将受损砌体拆除,重砌新砌体	
施工要点	方法	步骤	工程做法	
	拆砌砖墙体	拆除	砌体局部拆除或整面拆除时,应由上向下逐层进行,随拆随清,分类码放整齐,严禁整面墙体推、拉拆除	
		留槎	拆砌部分墙体,应留直槎,接缝设在墙面上;拆砌整面墙体应留大直槎,接缝设在拐向相邻墙体不小于500mm处,拆砌前后檐墙时,应在相连的内墙上留设中直槎;拆砌内墙时,应在与外墙相连处的内墙上,留设中直槎。 在原墙上留置的砖槎,应顺直牢固,砖不得松动。 抗震设防地区,对新旧墙的连接构造,应按查勘设计要求施工	
		抄平	拆砌整面墙体,应抄平设置皮数杆,根据砖的规格和原墙留槎,确定水平灰缝的厚度。为赶好水平灰缝,可在防潮层(带)上用水泥砂浆或细石混凝土找平。 拆砌部分清水墙体,应与原墙的组砌形式灰缝形式一致	
		接槎	接槎砌筑前,应把原墙留槎清理干净,浇水湿润,将松动的砖剔砌整齐。 墙接槎,应砂浆饱满、平顺、垂直、大直槎,应进退层数一致,设立砖时,上下垂直顺线,阴阳角成90°八字相接,灰缝均匀。墙两端的大直槎,对称一致	
		接缝	拆砌空斗砖墙的接缝,应设在实心墙体处,如原墙无实心墙体,宜拆砌整面墙,添加实心墙。 新添加的实心墙,应按国家现行有关标准的规定设置	
	拆砌毛石墙体	拆除	拆除毛石墙体,应由上向下逐层进行,随拆随清,分类码放整齐,严禁整面墙体推拉拆除	
		接缝	拆砌部分墙体,接缝可设在墙面上,宜沿裂缝留置斜槎或剔留直槎。拆砌整面墙,接缝设在拐向相邻墙上,宜沿裂缝留斜槎。 当转角处为砖砌体时,宜一并拆砌	
		接槎	接槎砌筑前,应铲除灰浆泥垢及已风化开裂质地松散的毛石,清理干净,浇水冲净,砌筑毛石墙,应符合国家现行有关标准的规定	
		砌筑	新旧毛石墙接槎砌筑时,应选好毛石,做到凹凸自然吻合。毛石墙与砖墙连接处,应留大直槎,其毛石伸入砖墙槎内不小于120mm,接槎砂浆应饱满,平顺、垂直	

1. 砌体工程

项目类别	砌体工程			备注
质量要求	1. 砌体的拆除部位、范围、做法,应符合设计要求。 2. 拆砌工程所添用的新砖品种、规格、强度等级,砂浆的品种、强度等级应符合设计要求和有关规定。使用旧砖时应刮整干净,强度符合设计要求。 3. 原砌体拆除的部位、范围、留槎和新旧砌体的连接构造等,应符合设计要求。在原砌体上留置的砖槎应顺直牢固,砖不得松动。 4. 砌体水平缝的砂浆饱满度不得小于80%。竖缝应严实			

砖砌体的位置及垂直度允许偏差

项次	检验项目		允许偏差(mm)	检验方法
1	轴线位置偏移		10	用经纬仪和尺检查或用其他测量仪器检查
2	垂直度	每层	5	用2m托线板检查
		全高 ≤10m	10	用经纬仪和尺检查或用其他测量仪器检查
		全高 >10m	20	

砖砌体的一般尺寸允许偏差

项次	检验项目		允许偏差(mm)	检验方法	检查数量
1	基础顶面和楼面标高		15	用水准仪和尺检查	不应少于5处
2	表面平整度	清水墙、柱	5	用2m靠尺和楔形塞	外墙每20m抽查一处,每处3~5m,且不应少于3处;内墙按有代表性的自然间抽10%,且不应少于3间,每间不少于2处
		混水墙、柱	8		
3	门窗洞口高、宽(后塞口)		5	用尺检查	检验批洞口的10%,且不应少于5处
4	外墙上下窗口偏移		20	以底层窗口为准,用经纬仪或吊线检查	检验批的10%,且不应少于5处
5	水平灰缝平直度	清水墙	7	拉10m线和尺检查	外墙每20m抽查一处,每处3~5m,且不应少于3处;内墙按有代表性的自然间抽10%,且不应少于3间,每间不少于2处
		混水墙	10		
6	清水墙游丁走缝		20	吊线和尺检查,以每层第一皮砖为准	

2. 混凝土工程

2.1 混凝土结构裂缝检测及维修

2.1.1 混凝土结构裂缝检测

混凝土结构裂缝检测，见表 2-1。

混凝土结构裂缝检测　　　　　　　　　　表 2-1

项目类别	混凝土工程	备注
项目编号	HUN-1	
项目名称	混凝土结构裂缝检测	
工作目的	搞清混凝土结构裂缝的现状、产生原因、提出处理意见	
检测时间	年　　月　　日	
检测人员		
发生部位	混凝土结构裂缝发生处	
周期性	1年/次或随时发现随时检测	
工具	钢尺、塞尺、卡尺等测量仪	
注意	1. 佩戴安全帽。 2. 注意上方的掉落物。 3. 高空作业时做好安全措施。 4. 对裂缝的观测，每次都应绘出裂缝的位置、大小尺寸，注明日期，并附上必要的照片资料	
受损特征	混凝土构件表面出现裂缝	
准备工作	1 熟悉图纸：了解设计意图、工程作法及构造要求	
	2 熟悉施工资料：了解有关材料的性能、施工操作的相关记录	
	3 绘制建筑物局部的平面图、立面图	
检查工作程序	A1 观察裂缝的长短、数量以及深度	观测的裂缝应进行统一编号，每条裂缝宜布设两组观测标志，其中一组应在裂缝的最宽处，另一组可在裂缝的末端
	A2 将裂缝的分布情况，裂缝的长短、数量以及深度详细地标在建筑物的平面图或立面图上	
	A3 用钢卷尺测量其长度： 编号 1：　　$L_1 =$　　mm 编号 2：　　$L_2 =$　　mm	

21

项目类别		混凝土工程	备注
检查工作程序	A4	用塞尺、卡尺测量其宽度和深度。 编号 1　宽度 $B_1=$　　mm;深度 $H_1=$　　mm 编号 2　宽度 $B_2=$　　mm;深度 $H_2=$　　mm	1. 不要遗漏,保证资料的完整性、真实性。 2. 每次观测应在裂缝一侧标出观察日期和相应的最大裂缝宽度值
	A5	根据需要在检查记录中绘制建筑物局部的平面图、立面图。将检查情况,包括将裂缝的分布情况,裂缝的大小、数量以及深度详细地标在墙体的立面图或砖柱展开图上	
	A6	核对记录与现场情况的一致性	
	A7	裂缝检查资料存档	
原因分析		裂缝的类型: (1)结构性裂缝:由外荷载引起的裂缝,其分布及宽度与外荷载有关。这种裂缝出现,预示着结构承载力可能不足或者存在其他严重问题　　　　　　(　　) (2)非结构性裂缝:由变形引起的裂缝,如温度变化、混凝土收缩等因素引起的裂缝　　　　　　　　　　　　　　　　　　　　　　　　　(　　) (3)静止裂缝:形态、尺寸和数量已稳定不再发展的裂缝　　(　　) (4)活动裂缝:宽度在现有环境和工作条件下始终不能稳定、易随着结构构件的受力、变形或环境温度、湿度变化而时张时闭的裂缝　　(　　) (5)尚在发展的裂缝:长度、宽度和数量尚在发展,但经历一段时间后发展将会终止的裂缝　　　　　　　　　　　　　　　　　　　(　　)	
结论		根据现场判断此裂缝属: (1)结构性裂缝　　　　　　　　　　　　　　　　　　　(　　) (2)非结构性裂缝　　　　　　　　　　　　　　　　　　(　　) (3)静止裂缝　　　　　　　　　　　　　　　　　　　　(　　) (4)活动裂缝　　　　　　　　　　　　　　　　　　　　(　　) (5)尚在发展的裂缝　　　　　　　　　　　　　　　　　(　　) 这些裂缝不仅影响建筑物的美观,而且影响建筑物的使用功能,大大降低了房屋结构的耐久性;破坏结构的整体性、降低其刚度;引起钢筋腐蚀	

2.1.2 混凝土裂缝维修

混凝土裂缝维修,见表 2-2。

混凝土裂缝维修　　　　　　　　　　　　　　　　　　　　　　　　表 2-2

项目类别		混凝土工程	备注
项目编号		HUN-1A	
项目名称		混凝土结构裂缝的维修	
材料要求	基本要求	钢筋、水泥、砂、石、外加剂、混凝土、砂浆等原材料的品种、规格、性能和强度等级应符合设计的要求和有关规定	
	水泥	所用水泥的凝结时间和安定性复验应合格。水泥采用硅酸盐水泥、普通硅酸盐水泥或矿渣硅酸盐水泥等,其强度等级不低于 42.5,应有出厂合格证及复试报告。不同品种、不同强度等级的水泥严禁混用	
	砂	砂含泥量不应大于 3%	
	水	水中不得含有影响水泥正常凝结硬化的糖类、油类及有机物等有害物质,硫酸盐及硫化物较多的水不能使用,pH 值不得小于 4。一般自来水和饮用水均可使用	
	聚合物材料	聚合物材料应符合行业标准及规范要求	

项目类别		混凝土工程	备注
处理方法	方法	适用范围	
	表面封闭法	适用于钢筋混凝土梁、柱、板、墙等结构构件中微细独立裂缝(裂缝宽度小于0.2mm),但不包括剪切型裂缝	
	灌浆法	适用于钢筋混凝土梁、柱、板、墙等构件中宽度不小于0.2mm,深度较深的结构性裂缝修补。对于剪切裂缝(斜拉裂缝以及集中荷载靠近支座处出现的和深梁中出现的斜压裂缝),由于其破坏后果较为严重,即使裂缝宽度小于0.2mm,也应该采用裂缝灌注等方法进行修复处理	
	填充密封法	适用于钢筋混凝土梁、柱、板、墙等构件中数量较少、宽度较大(宽度大于0.5mm)的宽大裂缝或钢筋锈蚀裂缝修补	
施工要点	方法	工程做法	
	表面封闭法	混凝土裂缝表面封闭法又称表面处理法,是用各种防水材料、合成树脂材料或无机胶凝材料涂于混凝土裂缝表面,防止外部水分进入混凝土内并阻止裂缝进一步展开,达到恢复其防水性和耐久性的混凝土裂缝的修复方法。表面封闭法是操作简单,但所刷涂料无法深入到裂缝深部。 表面封闭法常采用表面涂刷、表面铺设及表面抹灰三种方法。 1. 表面涂刷 沿裂缝涂刷薄膜型表面涂料,阻塞细小裂缝,减少渗漏,阻止侵蚀性介质渗入,满足外观要求等。涂刷材料有水泥浆、沥青、环氧树脂。采用水泥浆涂刷,应事前在裂缝处用水冲洗。采用沥青、环氧树脂涂刷,不仅要清洁混凝土表面,且要干燥。表面涂刷法施工简单,一般仅用于表面细小裂缝处理。 2. 表面粘贴 表面粘贴法是沿裂缝表面粘贴环氧树脂玻璃布或橡胶沥青棉纸等,起到封闭裂缝的作用,效果优于表面涂刷法,用于耐久性需要及防渗要求较高的情况。 3. 表面抹灰 对于局部有较多裂缝的混凝土表面,可用1:2水泥砂浆抹平。在抹砂浆之前,必须用钢丝刷和压力水冲洗基层,保持结合面湿润,抹灰初凝后要加强养护,避免砂浆层起皮脱落	根据裂缝修补的目的不同,可选择不同的修复材料。当裂缝修补的目的基于防渗目的时,应选用极限延伸率较大的弹性材料;当基于耐久性目的时,应选用粘结强度较高、抗老化性能较好的合成树脂或有机胶凝材料;对于活动性裂缝的修补尚需增设外贴纤维布的措施
	压力灌浆法	是以压力注射的方法将裂缝修补胶灌入裂缝腔内的方法。是采用各种黏度较小的胶粘剂或防水剂灌注到裂缝深部,达到恢复结构整体性、耐久性及防水性的目的。 1. 灌浆材料 用于结构修补的灌浆材料,可根据裂缝的宽度、深度及密度的不同,进行选用。对于宽度小于0.3mm的细而深的裂缝,宜采用可灌性较好的甲凝液或低黏度的环氧树脂浆液。当裂缝宽度大于1.0mm时,宜用微膨胀水泥砂浆液。对宽度为0.3~1.0mm的裂缝,宜采用收缩较小的环氧树脂浆液灌注。 2. 灌浆机具及方法 目前常用的灌注方法分为手动和机械两类。 (1)手动灌浆 手动灌浆工具是油脂枪。枪筒容量一般为300mL,可装200mL以下的浆液。操作时将配制好的浆液装入枪筒,枪头与灌浆嘴相接,扳动操纵杆即可把浆液压入缝中。施工时可任意调节灌注压力,枪端最大压力达20MPa。这样大的压力,即使膏糊也可注入。手动法所用的工具少,机动灵活,当裂缝不多,灌浆量不大时,采用此法尤为适宜。 (2)机械灌浆 机械灌浆是一种靠泵连续压浆的机械施工方法。它所需要的机具包括	裂缝灌注是将化学灌浆材料(如聚氨酯、环氧树脂或水泥浆液)通过压力灌浆设备注入到裂缝深处,以恢复结构整体性、防水性及耐久性

项目类别		混凝土工程	备注
	方法	工程做法	
施工要点	压力灌浆法	灌浆泵、管、灌浆嘴等。灌浆速度约在 0～6L/min,既适用于化学灌浆,又适用于水泥灌浆。储浆筒可自制,其容量根据工程上耗浆量的大小自行决定。 灌浆前的裂缝处理,视裂缝情况不同,有表面处理法、凿槽法和钻孔法。表面处理法适用于细小裂缝(小于 0.3mm),可采用钢丝刷等工具清除裂缝表面的污物,然后用毛刷蘸甲苯或酒精等有机溶剂,将裂缝两侧 20～30mm 范围擦洗干净,并保持干燥。当混凝土构件上的裂缝较宽(大于 0.3mm)、较深时,宜采用凿槽法,即沿裂缝凿成"V"形槽,槽宽 50～100mm,深 30～50mm;凿完后用钢丝刷及压缩空气将混凝土碎屑、粉尘清除干净。 对于大体积混凝土或大型构筑物上的深裂缝,采用钻孔法,钻孔直径一般宜选 50mm;裂缝宽度大于 0.5mm 时,孔距可取 2～3m;裂缝宽度小于 0.5mm 时,适当缩小孔距;钻孔后,清除孔内的碎屑和粉尘,用粒径小于孔径的干净卵石填入孔内,这样既不缩小钻孔与裂缝相交的"通路",又可节约浆液。 灌浆嘴是裂缝与灌浆管之间的连接器,灌浆嘴的埋设间距,应根据浆液粘度和裂缝宽度及分布情况确定。一般当缝宽小于 1mm 时,其间距宜取 300～500mm;当缝宽大于 1mm 时,宜取 500～1000mm,并注意在裂缝的交叉处、较宽处、缝端以及钻孔处布嘴。在一条裂缝上必须有进浆嘴、排气嘴及出浆嘴。 封缝的方法一般有两种:对于不凿槽的裂缝,当裂缝细小时,可用环氧树脂胶泥直接封缝,即先在裂缝两侧(宽 20～30mm)涂一层环氧基液,然后抹一层厚约 1mm,宽度 20～30mm 的环氧树脂胶泥(环氧基液中加入水泥制成)。当裂缝较宽时,可粘贴玻璃丝布封缝,即先在裂缝两侧宽 80～100mm 内涂一层环氧树脂基液,然后将已除去润滑剂的玻璃丝布沿缝从一端向另一端粘贴密实,不得有鼓泡和皱纹。玻璃丝布可粘贴 1～3 层。 对凿"V"形槽的裂缝,可用水泥砂浆封缝。即先在"V"形槽面上,用毛刷涂刷一层 1～2mm 厚的环氧基液,涂刷要平整、均匀,防止出现气孔和波纹,然后用水泥砂浆封闭,封缝 3d 后进行压气试漏,以检查密闭效果。试漏前,沿裂缝涂刷一层肥皂水,从灌浆嘴通入压缩空气,如封闭不严,可用快干水泥密封堵漏。 灌浆由下向上,由一端到另一端地进行。开始时应注意观察,逐渐加压,防止骤然加压。化学浆液的灌浆压力常用 0.2MPa,水泥浆液的灌浆压力常为 0.4～0.8 MPa;达到规定压力后,保持压力稳定,一旦出浆孔出浆,立即关闭阀门。这时裂缝中的浆液不一定十分饱满,还会有吸浆现象,因此在出浆口出浆后,把出浆口堵住,再继续压注几分钟	
	填充密封法	填充密封法用来修补中等宽度的混凝土裂缝,将裂缝表面沿裂缝将混凝土凿成"U"形或"V"形槽,然后嵌填修补材料,以实现恢复防水性、结构耐久性及整体性的目标。 对于稳定裂缝,通常采用水泥砂浆、膨胀砂浆、环氧树脂砂浆等刚性材料填充;对于活动裂缝则用弹性嵌缝材料填充,以使裂缝有伸缩余地,防止产生新的裂缝。弹性密封材料一般有丙烯酸树脂、硅酸酯、合成橡胶等,这些材料施工时为膏糊状,硬化后呈弹性橡胶状。 对于活动裂缝,需沿缝粘贴一层碳纤维布;对于锈蚀裂缝应先除锈,再涂防锈剂,后用防锈树脂嵌缝抹平	一般选用改性环氧树脂等合成树脂类的修补胶液及配套的打底胶和修补胶
质量要求		1. 处理后的裂缝没有明显渗水现象。 2. 水泥浆硬化后硬化后没有出现的鼓泡、脱落。裂缝表面平整干净、美观,基本没有残留浆液	

2.2 混凝土结构损坏检测与维修

2.2.1 混凝土结构损坏检测

混凝土结构损坏检测，见表 2-3。

混凝土结构损坏检测 表 2-3

项目类别		混凝土工程	备注
项目编号		HUN-2	
项目名称		混凝土结构损坏检测	
工作目的		搞清混凝土结构损坏的现状、产生原因、提出处理意见	
检测时间		年　　月　　日	
检测人员			
发生部位		混凝土结构损坏发生处	
周期性		1年/次或随时发现随时检测	
工具		钢尺、塞尺、卡尺等测量仪	
注意		1. 佩戴安全帽。 2. 注意上方的掉落物。 3. 高空作业时做好安全措施。 4. 对损坏的观测，每次都应绘出损坏的位置、大小尺寸，注明日期，并附上必要的照片资料	
受损特征		构件损伤是指混凝土结构在使用过程中，因荷载、磨损、振动撞击、干湿冻融、化学侵蚀、火灾、钢筋锈蚀等因素造成对构件表面或内部的伤害	
准备工作	1	熟悉图纸：了解设计意图、工程作法及构造要求	
	2	熟悉施工资料：了解有关材料的性能、施工操作的相关记录	
	3	绘制建筑物局部的平面图、立面图	
检查工作程序	A1	用肉眼观察可以确定表面的蜂窝、孔洞、露筋、疏松、风化剥落等情况	
	A2	通过测量确定构件的断面受损及变形增大的情况。通过刻划、凿敲表面混凝土，以判断强度降低的程度或受损伤的面积	
	A3	回弹法检测不但可以用来检测构件的混凝土强度，其回弹值的大小还可以反映表面强度的分布规律。用此方法可以发现混凝土强度特别低的部位。根据回弹时的声音可以发现面层有缺陷的地方	
	A4	内部缺陷检查： (1)凿打、取芯法 沿混凝土构件表面的蜂窝、孔洞位置进行凿打或钻孔取芯检查混凝土构件内部的密实度、蜂窝、孔洞等情况。 (2)声测法 采用锤击或链条拖动，根据声音的变化，判定混凝土构件浅层起层和孔洞；采用超声仪可检测混凝土构件内部孔洞、起层、损坏深度；采用雷达仪判断混凝土构件空洞位置。有声响的区域应及时剥离以免造成损伤	

项目类别		混凝土工程	备注
检查工作程序	A5	确定混凝土受损伤的情况,共　　　　处,并准确测量每处的长度、宽度、深度。 用钢卷尺测量其长度: 　编号1:　　$L_1=$　　　　mm 　编号2:　　$L_2=$　　　　mm 用塞尺、卡尺测量其宽度和深度: 　编号1:　宽度 $B_1=$　　　　mm;深度 $H_1=$　　　　mm 　编号2:　宽度 $B_2=$　　　　mm;深度 $H_2=$　　　　mm	对检查到的混凝土受损伤处,进行统一编号
	A6	根据需要在检查记录中绘制建筑物局部的平面图、立面图。将检查情况,包括将损坏的分布情况,损坏的大小、数量以及深度详细地标在墙体的立面图或砖柱展开图上	不要遗漏,保证资料的完整性真实性
	A7	核对记录与现场情况的一致性	
	A8	损坏检查资料存档	
原因分析		钢筋混凝土结构构件使用不当或缺乏必要的维护措施,使构件受到碰撞,高温或有害介质侵蚀,造成混凝土掉角、空洞、蜂窝、露筋酥松起砂等缺陷	
结论		由于混凝土已出现掉角、空洞、蜂窝、露筋、酥松起砂等缺陷,需要马上对其进行修理	

2.2.2　混凝土损坏维修

混凝土损坏维修,见表 2-4。

混凝土损坏维修　　　　　　　　　　　　　　　　　　表 2-4

项目类别		混凝土工程	备注
项目编号		HUN-2A	
项目名称		混凝土结构损坏的维修	
修复材料		1. 界面处理材料 　为保证混凝土缺陷修补的可靠性,首先应对缺损界面进行处理。其界面处理材料分混凝土界面处理材料和钢筋阻锈涂层材料两种。混凝土界面处理材料要保证新旧混凝土粘接牢固、共同工作。 　钢筋阻锈涂层主要用于修复已锈蚀钢筋混凝土结构中。钢筋除锈后,在表面涂刷一层使钢筋纯化的物质,阻止钢筋的进一步锈蚀。 　2. 修补材料 　构件缺损部位的面积较小时,一般采用水泥砂浆、聚合物砂浆、环氧树脂砂浆等进行修复;若构件缺损部位的面积或体积比较大时,可采用微膨胀混凝土、喷射混凝土等进行修复	
修复程序	划定修复区域	根据检查的情况确定修补的区域,应满足以下要求: 1. 不满足混凝土强度的区域已全部包含在内。 2. 周边的缺损已全部包含在内。 3. 修补区的几何形状应尽量简单,周长应尽量短,以缩短粘合区域边缘的长度。如果边缘过于复杂或过长,会增大修补材料收缩和开裂的概率。 4. 当面积过大时,为便于修复,可考虑划分若干个区域进行施工	
	施工程序	混凝土清理	
		锈蚀钢筋的清理和补强	
		界面处理	
		空隙填实	

项目类别			混凝土工程	备注
	方法	适用范围	工程做法	
施工要点	抹面法	适用于混凝土表面凹洼、孔洞、缺角的修补和整平	采用材料主要有水泥砂浆、混凝土、聚合物砂浆、环氧树脂砂浆等。 采用水泥砂浆、混凝土或聚合物砂浆时，在界面处理材料仍有黏性时，将拌制好的修补材料抹压在修补处，并将表面修整平整	
	干填法	适用于对孔洞和抗渗要求较高的混凝土构件的修补	采用材料主要有水泥砂浆、混凝土、聚合物砂浆、环氧树脂砂浆和环氧树脂混凝土等。配制的材料坍落变为零，能用手捏成团。 混凝土粘结面应按填塞材料的性能要求进行处理。 材料捏成团塞入构件的孔洞内，用木棒和锤子打击密实，同时使填料与基层混凝土紧密接触，以获得良好粘合效果。对于较大的孔，应分层填实。 填灌完成后应注意表面整平和养护	
	支模浇筑法	适用于结构构件局部修补时的一个整侧面或多个较大的侧面的浇筑	由于浇筑的足构件局部的混凝土，因此模板上部应设喇叭口，并应保证模板与混凝土构件间的密封可靠，以防砂浆流失。 混凝土应采用后膨胀混凝土，以利于对空隙的充填，并增加新旧混凝土间的整体性。 浇筑混凝土时，由于空间狭小，应注意排气或预留排气孔，以免混凝土拆模后有大量的孔洞。 混凝土浇筑高度应大于浇筑孔洞的高度，根据连通器原理，使混凝土浆体能压满孔洞顶部。 拆模后应将喇叭口处多余的混凝土修理平整，见附图 2-1 开口支模浇筑法	
	喷射法	适用于较大面积的修补	采用的材料有水泥砂浆、普通混凝土、纤维混凝土等。 施工工艺： 1. 清理、修整原结构、构件。 2. 剔除局部混凝土。 3. 界面处理。 4. 补配钢筋。 5. 在结构、构件上喷射混凝土面层。 6. 表面整平。 7. 养护	
	预置骨料灌浆法	可用于混凝土不便浇筑的部位、孔洞的填补和一些部位的固定	施工工艺： 1. 在已清理好需要修补的混凝土结构构件上装好模板。 2. 使用的骨料应有优良的连续级配、骨料间的孔隙率在 50% 以下。 3. 将清洗干净的骨料放入基层与模板间的空腔内振捣密实后关模。 4. 在模板上钻孔、埋浇灌浆体用的输送管（或等粘灌浆嘴、灌浆盒），封闭模板缝隙，灌浆，然后拔管封孔。 5. 待材料有足够的强度后拆模，修整平整，见附图 2-2 预置骨料灌浆法	

续表

项目类别			混凝土工程	备注
	方法	适用范围	工程做法	
施工要点	水泥压浆法修补	用于影响结构强度的大蜂窝或空洞的修补	对于影响结构强度的大蜂窝或空洞,可采取不清除其薄弱层而用水泥压浆的方法进行补强,以防止结构遭到较大的削弱。首先,对混凝土的缺陷、病害进行检查,对较薄构件,可用小槌敲击,从声音中判断其缺陷范围;对较厚构件,可用灌水或用压力水检查。有条件的,可采用超声波仪器检测;对大体积混凝土,可采用钻孔检查的方法。通过检查后,用水或压缩空气冲洗缝隙,或用钢丝刷清除粉屑石碴,然后保持湿润,并将压浆嘴埋入混凝土压浆孔内用 1:2.5 水泥砂浆固定。压浆嘴管径为 $\phi2.5mm$,压浆孔位置、数量和深度,应根据蜂窝、孔洞大小和浆液扩散范围确定。一般孔数不小于 2 个,即一个为压浆孔,一个为排水孔。水泥浆液的水灰比一般为 $0.7\sim1.1$。根据施工要求,必要时可掺入一定数量的水玻璃溶液作为促凝剂,水玻璃掺量为水泥质量的 $1\%\sim3\%$,将水玻璃溶液慢慢加入配好的水泥浆中,搅拌均匀后使用	
质量要求	按各不同维修的相应施工操作的质量要求			

2.3 钢筋锈胀造成混凝土露筋检测与修补

2.3.1 钢筋锈胀造成混凝土露筋检测

钢筋锈胀造成混凝土露筋检测,见表 2-5。

钢筋锈胀造成混凝土露筋检测 　　　　　　　　　　　　　　　表 2-5

项目类别	混凝土工程	备注
项目编号	HUN-3	
项目名称	钢筋锈胀造成混凝土露筋检测	
工作目的	搞清钢筋锈胀造成混凝土露筋现状、提出处理意见	
检测时间	年　　月　　日	
检测人员		
发生部位	混凝土墙( )、底板( )及混凝土构件( )	
周期性	1 年/次或发现问题随时检查处理	
工具	钢尺、塞尺、卡尺等测量仪	
注意	1. 佩戴安全帽。 2. 注意上方的掉落物。 3. 高空作业时做好安全措施。 4. 每次都应绘出钢筋锈胀混凝土露筋的位置、大小尺寸,注明日期,并附上必要的照片资料	

续表

项目类别		混凝土工程	备注
受损特征		由于钢筋锈胀造成混凝土露筋	
准备工作	1	熟悉图纸：了解设计意图、工程作法及构造要求	
	2	熟悉施工资料：了解有关材料的性能、施工操作的相关记录	
	3	绘制构件的平面图、立面图或展开图	
检查工作程序	A1	将钢筋锈胀混凝土露筋处做好编号并将其范围够画在受损构件上	
	A2	用钢卷尺测量其长度 L、宽度 B： 编号1：$L_1=$ _____ mm；$B_1=$ _____ mm 编号2：$L_2=$ _____ mm；$B_2=$ _____ mm	
	A3	用塞尺、卡尺或专用测量仪进行测量其深度： 编号1：深度 $H_1=$ _____ mm 编号2：深度 $H_2=$ _____ mm	
	A4	将钢筋锈胀混凝土露筋的分布情况，钢筋锈胀混凝土露筋的面积大小、深度详细地标在构件的平、立面图或展开图上	不要遗漏，保证资料的完整性真实性
	A5	核对记录与现场情况的一致性	
	A6	钢筋锈胀混凝土露筋检查资料存档	
原因分析		钢筋锈蚀后，其锈蚀产物的体积要比原来的钢筋增大数倍，因此在混凝土中产生很大的膨胀作用力，随着锈蚀的加剧，膨胀作用加强，导致混凝土构件的顺筋裂缝，严重的将导致钢筋完全裸露	

2.3.2 钢筋锈胀造成混凝土露筋修补

钢筋锈胀造成混凝土露筋修补，见表 2-6。

钢筋锈胀造成混凝土露筋修补 表 2-6

项目类别		混凝土工程	备注
项目编号		HUN-3A	
项目名称		钢筋锈胀造成混凝土露筋修补	
材料要求	基本要求	钢筋、水泥、砂、石、外加剂、混凝土、砂浆等原材料的品种、规格、性能和强度等级应符合设计的要求和有关规定	
	水泥	所用水泥的凝结时间和安定性复验应合格。水泥采用硅酸盐水泥、普通硅酸盐水泥或矿渣硅酸盐水泥等，其强度等级不低于42.5，应有出厂合格证及复试报告。不同品种、不同强度等级的水泥严禁混用	
	砂	砂含泥量不应大于3%	
	水	水中不得含有影响水泥正常凝结硬化的糖类、油类及有机物等有害物质，硫酸盐及硫化物较多的水不能使用，pH值不得小于4。一般自来水和饮用水均可使用	
	聚合物材料	聚合物材料应符合行业标准及规范要求	
施工要点	步骤	工程做法	
	准备工作	清除钢筋锈胀处松散、离鼓的混凝土，应沿钢筋长度方向剔除至钢筋与混凝土结合牢固处，剔凿时不得损坏钢筋与混凝土的粘结。 新旧混凝土连接面边缘处，旧混凝土应剔成直角，旧有混凝土结合面，应进行凿毛处理，表面清刷干净，用压力水冲洗干净	

项目类别		混凝土工程	备注
	步骤	工程做法	
施工要点	钢筋处理	钢筋处理： 　1. 新旧钢筋焊接前，应按查勘设计剔凿出原有结构构件的钢筋，应清除旧钢筋上的污物，锈蚀及其周围的松散混凝土等。 　2. 外露钢筋与周围混凝土的间隙净空，应比修补混凝土的骨料最大粒径大 6mm。 　3. 加固钢筋与原有受力钢筋焊接时，搭接处旧有钢筋，应打磨出原有金属本色。新旧钢筋通过连接短筋焊接时，应用电弧焊。 　4. 新旧钢筋的连接短钢筋或 Z 字形钢筋，其双面焊接长度不应小于 5 倍钢筋直径。连接钢筋直径应根据保护层实际厚度确定，梁、柱连接短筋直径不宜小于 20mm，板连接短筋不宜小于 12mm，并确保新加受力钢筋顺直。 　5. 焊接受力钢筋前，应采取相应卸荷措施或临时支撑，逐根、分段、间隔进行焊接。应保证焊接牢靠，并注意对周围混凝土的保护。焊接后，应及时清除焊渣及受焊接影响损坏的混凝土	
	结合层处理	结合层处理： 　1. 旧有混凝土构件，应提前 1 天充分浇水，保持湿润（不得有积水）直至浇筑新混凝土为止。在冬期浇筑混凝土时，结合面处的旧混凝土表面，应用热水冲洗湿润。 　2. 旧混凝土结合面使用界面剂时应按界面剂的有关技术要求施工，并均匀涂刷于结合面处。 　3. 混凝土构件局部缺陷修补，其旧混凝土的结合面，应先剔除损坏松散部分，作凿毛处理，用压力水冲洗干净，浇水浸湿不少于 12h，浮水清除干燥后，表面涂刷界面剂。浇筑混凝土捣固密实。当缺陷较深时，应分层浇筑。 　4. 新旧混凝土结合处，应覆盖浇水养护不少于 14d，不得早期脱水或过早经受振动，其养护温度，应保持在摄氏 5℃以上	
	水泥砂浆修补	水泥砂浆修补的材料和方法较多，以丁苯水泥砂浆修补为例； 　用丁苯水泥砂浆修补，应先在构件和钢筋表面涂刷一遍丁苯水泥浆。涂刷丁苯水泥浆与补抹第一层丁苯水泥砂浆的时间，不宜超过 20min。 　丁苯水泥砂浆一层补抹厚度以 8～12mm 为宜，待前层稍干后，再补抹次层，补抹面层时，表面应压实抹光。 　丁苯水泥砂浆硬化前，表面应避免接触水。 　配制丁苯水泥砂浆，必须按规定拌合搅拌，并应在 3～4h 内用完。 　丁苯水泥浆及丁苯水泥砂浆配合比（重量比）见下表：<table><tr><td>名称</td><td>水泥</td><td>砂子</td><td>丁苯乳胶</td><td>水</td></tr><tr><td>丁苯水泥浆</td><td>1.0</td><td>—</td><td>0.5</td><td>0.25～0.4</td></tr><tr><td>丁苯水泥砂浆</td><td>1.0</td><td>2.0</td><td>0.2</td><td>0.27</td></tr></table>	
质量要求		1. 新旧混凝土或旧混凝土与新砂浆结合要牢固。 2. 锈蚀的钢筋除锈要干净彻底，并做防锈措施。 3. 新补混凝土要密实，新补砂浆要压实，表面要压光。 4. 拆除已损坏的混凝土时，要尽量减少对原有但未补损坏混凝土造成损伤	
施工注意		若钢筋锈蚀严重，清除铁锈后截面减少较大，应增设加强钢筋。增设钢筋可采用加短筋焊接加强筋的方法	

2.4 混凝土板损伤的检测与修补

2.4.1 混凝土板损伤的检测

混凝土板损伤的检测，见表 2-7。

混凝土板损伤的检测 表 2-7

项目类别		混凝土工程	备注
项目编号		HUN-4	
项目名称		混凝土板损伤的检测	
工作目的		搞清混凝土板损伤的现状、提出处理意见	
检测时间		年　　　月　　　日	
检测人员			
发生部位		混凝土板	
周期性		1年/次或发现问题随时检查处理	
工具		钢尺、塞尺、卡尺等测量仪及小槌、小钢钎等探测工具	
注意		1. 佩戴安全帽。 2. 注意上方的掉落物。 3. 高空作业时做好安全措施。 4. 每次都应绘出混凝土板受到损伤的位置、大小尺寸，注明日期，并附上必要的照片资料	
受损特征		混凝土板受到损伤，造成承载能力降低，影响建筑物的使用功能，大大降低了房屋结构的耐久性；破坏结构的整体性、降低其刚度	
准备工作	1	熟悉图纸：了解设计意图、工程作法及构造要求	
	2	熟悉施工资料：了解有关材料的性能、施工操作的相关记录	
	3	绘制构件的平面图、立面图或展开图	
检查工作程序	A1	将混凝土板受到损伤处做好编号并将其范围够画在受损构件上	
	A2	用钢卷尺测量其长度 L、宽度 B： 编号 1：$L_1=$　　　　mm；$B_1=$　　　　mm 编号 2：$L_2=$　　　　mm；$B_2=$　　　　mm	
	A3	探测混凝土板受到损伤的深度	
	A4	用塞尺、卡尺或专用测量仪进行测量其深度： 编号 1；深度 $H_1=$　　　　mm 编号 2；深度 $H_2=$　　　　mm	
	A5	将混凝土板受到损伤的分布情况，面积大小、深度详细地标在构件的平、立面图或展开图上	不要遗漏，保证资料的完整性真实性
	A6	核对记录与现场情况的一致性	
	A7	混凝土板受到损伤检查资料存档	
原因分析		混凝土板受到损伤的原因如下： 1. 自然方面：风吹、日晒　　　　　　　　　　　（　　） 2. 使用方面：磨损、腐蚀、荷载超标　　　　　　（　　） 3. 生物方面：霉菌、白蚁　　　　　　　　　　　（　　） 4. 地理方面：地基承载力不均、碱化作用　　　　（　　） 5. 灾害方面：洪水、火灾、地震、滑坡、飓风、爆炸等（　　）	

2.4.2　混凝土板损伤的修补方法

混凝土板损伤的修补方法，见表 2-8。

混凝土板损伤的修补方法　表 2-8

项目类别		混凝土工程	备注
项目编号		HUN—4A	
项目名称		混凝土板损伤的修补方法	
材料要求	基本要求	钢筋、水泥、砂、石、外加剂、混凝土、砂浆等原材料的品种、规格、性能和强度等级应符合设计的要求和有关规定	
	水泥	所用水泥的凝结时间和安定性复验应合格。水泥采用硅酸盐水泥、普通硅酸盐水泥或矿渣硅酸盐水泥等，其强度等级不低于 42.5，应有出厂合格证及复试报告。不同品种、不同强度等级的水泥严禁混用	
	砂	砂含泥量不应大于 3%	
	水	水中不得含有影响水泥正常凝结硬化的糖类、油类及有机物等有害物质，硫酸盐及硫化物较多的水不能使用，pH 值不得小于 4。一般自来水和饮用水均可使用	
处理方法	方法	适应范围	
	板下进行整体式补强	适用于混凝土板破坏严重，无承载能力，又无法拆除的情况下	
	板上进行整体式补强	适用于混凝土板破坏较严重，有一定的承载能力的情况下	
	预制混凝土多孔板加固	适用于预制混凝土多孔板	
施工要点	方法	工程做法	
	准备工作	1. 浇筑混凝土加固层前，应按查勘设计要求检查新加钢筋的间距、直径、保护层和预埋件等，确保混凝土浇筑过程中钢筋位置准确。 2. 新浇筑加固混凝土与新加受力钢筋伸入支座，应符合查勘设计要求。当支座为砖墙时，应间隔剔出洞槽，支座处的砖屑，粉尘等，应清除干净。浇筑混凝土前，支座处的砖砌体，必须充分浇水湿润。支座处应与所联接部分的混凝土同时浇筑，振捣密实	
	板下进行整体式补强	在板底加配钢筋并加做水泥砂浆或混凝土保护层当增加板厚有困难时可采用此法，如附图 2-3 所示。 1. 先将原板板底抹灰层清除干净，在板跨中部设好若干顶撑。 2. 将混凝土保护层凿毛（凿毛点深约 5mm，间距<200mm），然后在板的支座边缘处将受力筋保护层除掉，并沿每根受力筋每隔 0.5m 凿去保护层。 3. 在受力筋上焊以短钢筋，再将附加受力筋调直焊在短筋上。 4. 分层压抹或喷射水泥砂浆（厚度 18mm 左右）或细石混凝土（厚度 30mm 左右），并抹平压光。养护好后拆除顶撑补抹砂浆。 5. 计算时，可按加固后的配筋和板厚按整体结构计算	
	板上进行整体式补强	在板面加浇混凝土板层： 1. 在板跨中部设置好临时支撑后，将原钢筋混凝土板面强度不足和结合不良的表层清除，并凿毛全部板面（凿毛点深 5mm，间距>200mm），刷洗干净，在湿润状态下新浇混凝土板层。 2. 当能保证新旧混凝土结合牢固时，新浇层厚度>30mm，加固后，新旧板层可视为一体，按加固后全高计算其抗弯能力；当不能保证新旧混凝土结合牢固时，新浇层厚度>50mm，其内加配受力钢筋，计算时，每块板的恒载由各自承担，活载由两个板层共同承担，按它们的刚度进行分配	

项目类别		混凝土工程	备注
施工要点	方法	工程做法	
	板上进行整体式补强	见附图 2-4 从板面上加厚、补筋 3. 对于连续板，应在支座处的新浇层内加设负弯矩筋，对于悬臂板可按图示进行加固。 见附图 2-5 钢筋混凝土悬臂板加固实例图	
	预制混凝土多孔板加固	1. 剔凿前，多孔板应支顶牢靠。 2. 应按多孔板拼缝及沟槽的准确位置剔凿，并轻剔轻凿，不得剔伤板肋损坏钢筋。 3. 圆孔内及板面应冲洗干净，并涂刷水泥浆一遍。 4. 圆孔内钢筋应垫起 5～10mm。 5. 浇筑细石混凝土，应同时浇筑圆孔内和板面混凝土，振捣密实	
	增加支点减小板跨	在板跨中加设预制小梁。 当小梁需承在原有砖墙上时，可在墙上开孔，将预制小梁安好顶紧板底，梁端与孔壁之间浇筑混凝土，梁顶与板底之间的缝隙用水泥砂浆塞实。 当小梁需承在钢筋混凝土梁上时，可在原梁上设置钢牛腿，如附图 2-6 板跨中加设次梁加固构造	

现浇混凝土尺寸允许偏差和检验方法

项次	检验项目		允许偏差(mm)	检验方法
1	轴线位置	基础	15	钢尺检查
		独立基础	10	
		墙、柱、梁	8	
		剪力墙	5	
2	垂直度	层高 ≤5m	8	经纬仪或吊线、钢尺检查
		层高 >5m	10	经纬仪或吊线、钢尺检查
		全高(H)	H/1000 且≤30	经纬仪、钢尺检查
3	标高	层高	±10	水准仪或拉线、钢尺检查
		全高	±30	
4	截面尺寸		+8，−5	钢尺检查
5	表面平整度		8	2m靠尺和塞尺
6	预埋设施中心线位置	预埋件	10	钢尺检查
		预埋螺栓	5	
		预埋管	5	
7	预留洞中心线位置		15	钢尺检查

钢筋安装位置的允许偏差和检验方法

项次	检验项目		允许偏差(mm)	检验方法
1	绑扎钢筋网	长、宽	±10	钢尺检查
		网眼尺寸	±20	钢尺量连接三档，取最大值
2	绑扎钢筋骨架	长	±10	钢尺检查
		宽、高	±5	钢尺检查

项目类别	混凝土工程			

		钢筋安装位置的允许偏差和检验方法		
	项次	检验项目	允许偏差（mm）	检验方法
质量要求	3	受力钢筋 — 间距	±10	钢尺量两端、中间各一点，取最大值
		受力钢筋 — 排距	±5	
		受力钢筋 保护层厚度 — 基础	±10	钢尺检查
		受力钢筋 保护层厚度 — 柱、梁	±5	钢尺检查
		受力钢筋 保护层厚度 — 板、墙、壳	±3	钢尺检查
	4	绑扎箍筋、横向钢筋间距	±20	钢尺量连接三档，取最大值
	5	钢筋弯起点位置	20	钢尺检查
	6	预埋件 — 中心线位置	5	钢尺检查
		预埋件 — 水平高差	+3，0	钢尺和塞尺检查
	7	梁、板受力钢筋搭接锚固长度 — 入支座、节点搭接	+10，-5	钢尺检查
		梁、板受力钢筋搭接锚固长度 — 入支座、节点锚固	±5	钢尺检查

2.5 混凝土阳台、雨篷受损的检测与修补

2.5.1 混凝土阳台、雨篷受损的检测

混凝土阳台、雨棚受损的检测，见表 2-9。

混凝土阳台、雨篷受损的检测 表 2-9

项目类别	混凝土工程	备注
项目编号	HUN-5	
项目名称	混凝土阳台、雨篷受损的检测	
工作目的	搞清混凝土阳台、雨篷受损的现状、提出处理意见	
检测时间	年 月 日	
检测人员		
发生部位	混凝土阳台、雨篷	
周期性	1 年/次或发现问题随时检查处理	
工具	钢尺、塞尺、卡尺等测量仪及小槌、小钢钎等探测工具	
注意	1. 佩戴安全帽。 2. 注意上方的掉落物。 3. 高空作业时做好安全措施。 4. 每次都应绘出混凝土阳台、雨篷受到损伤的位置、大小尺寸，注明日期，并附上必要的照片资料	
受损特征	混凝土阳台、雨篷受到损伤，造成承载能力降低，影响建筑物的使用功能，大大降低了房屋结构的耐久性；破坏结构的整体性、降低其刚度	

项目类别		混凝土工程	备注
准备工作	1	熟悉图纸:了解设计意图、工程作法及构造要求	
	2	熟悉施工资料:了解有关材料的性能、施工操作的相关记录	
	3	绘制构件的平面图、立面图或展开图	
检查工作程序	A1	将混凝土阳台、雨篷受到损伤处做好编号并将其范围勾画在受损构件上	
	A2	用钢卷尺测量其长度 L,宽度 B: 编号1: $L_1=$　　　mm;$B_1=$　　　mm 编号2: $L_2=$　　　mm;$B_2=$　　　mm	
	A3	探测混凝土阳台、雨篷受到损伤的深度	
	A4	用塞尺、卡尺或专用测量仪进行测量其深度: 编号1: 深度 $H_1=$　　　mm 编号2: 深度 $H_2=$　　　mm	
	A5	将混凝土阳台、雨篷受到损伤的分布情况,面积大小、深度详细地标在构件的平、立面图或展开图上	不要遗漏,保证资料的完整性真实性
	A6	核对记录与现场情况的一致性	
	A7	混凝土阳台、雨篷受到损伤检查资料存档	
原因分析		混凝土阳台、雨篷受到损伤的原因如下: 1. 自然方面:风吹、日晒;　　　　　　　　　　（　） 2. 使用方面:磨损、腐蚀、荷载超标;　　　　　（　） 3. 生物方面:霉菌、白蚁;　　　　　　　　　　（　） 4. 地理方面:地基承载力不均、碱化作用;　　　（　） 5. 灾害方面:洪水、火灾、地震、滑坡、飓风、爆炸等。（　）	

2.5.2 混凝土阳台、雨篷损伤的修补

混凝土阳台、雨篷损伤的修补,见表2-10。

混凝土阳台、雨篷损伤的修补　　　　　　表2-10

项目类别		混凝土工程	备注
项目编号		HUN-5A	
项目名称		混凝土阳台、雨篷损伤的修补	
材料要求	基本要求	钢筋、水泥、砂、石、外加剂、混凝土、砂浆等原材料的品种、规格、性能和强度等级应符合设计的要求和有关规定	
	水泥	所用水泥的凝结时间和安定性复验应合格。水泥采用硅酸盐水泥、普通硅酸盐水泥或矿渣硅酸盐水泥等,其强度等级不低于42.5,应有出厂合格证及复试报告。不同品种、不同强度等级的水泥严禁混用	
	砂	砂含泥量不应大于3%	
	水	水中不得含有影响水泥正常凝结硬化的糖类油类及有机物等有害物质,硫酸盐及硫化物较多的水不能使用,pH 值不得小于4。一般自来水和饮用水均可使用	

项目类别		混凝土工程		
处理方法	方法	适用范围		备注
	1. 板面加厚增加受力钢筋	适用于混凝土阳台、雨篷破坏较严重,有一定的承载能力的情况下		
	2. 阳台、雨篷利用原钢筋重新浇筑混凝土	适用于混凝土阳台、雨篷破坏严重,无承载能力;又无法拆除的情况下		
	3. 增设纵向托梁或门式刚架	适用于混凝土阳台、雨篷破坏较严重,有一定的承载能力的情况下		
施工要点	方法	工程做法		
	板面加厚增加受力钢筋	板面加厚增加受力钢筋时,应符合下列要求: 1. 阳台、雨篷应先支撑牢靠,确保施工安全。 2. 板面的抹灰面层,应剔凿清除干净。板根部位的裂缝,应剔凿成"V"形沟槽,其深度应大于原裂缝的深度。 3. 按查勘设计要求新增受力钢筋的位置准确,焊接绑扎平直、牢固,增补钢筋宜成组布置。 4. 浇筑混凝土前,将阳台、雨篷和墙洞应充分浇水浸湿,板面、墙洞处混凝土浇筑密实		
	阳台、雨篷利用原钢筋重新浇筑混凝土	阳台、雨篷利用原钢筋重新浇筑混凝土应符合下列要求: 1. 原阳台、雨篷根部剔出凹槽应规整,入墙尺寸应符合查勘设计要求。 2. 原有钢筋上粘结物,必须清除干净、钢筋调整顺直、绑焊牢固。 3. 支设模板尺寸、标高准确,规整牢固。 4. 浇筑混凝土振捣密实,确保钢筋位置准确,并浇水养护		
	增设纵向托梁或门式刚架	1. 做扶壁柱及柱基础。 2. 增设纵、横向托梁。或增设门式刚架。做法见附图 2-7 增设纵向托梁或门式刚架		

现浇混凝土尺寸允许偏差和检验方法

项次	检验项目		允许偏差(mm)	检验方法
质量要求 1	轴线位置	基础	15	钢尺检查
		独立基础	10	
		墙、柱、梁	8	
		剪力墙	5	
2	垂直度	层高 ≤5m	8	经纬仪或吊线、钢尺检查
		层高 >5m	10	经纬仪或吊线、钢尺检查
		全高(H)	H/1000 且≤30	经纬仪、钢尺检查
3	标高	层高	±10	水准仪或拉线、钢尺检查
		全高	±30	
4	截面尺寸		+8,−5	钢尺检查
5	表面平整度		8	2m靠尺和塞尺
6	预埋设施中心线位置	预埋件	10	钢尺检查
		预埋螺栓	5	
		预埋管	5	
7	预留洞中心线位置		15	钢尺检查

续表

项目类别	混凝土工程			

	钢筋安装位置的允许偏差和检验方法			
	项次	检验项目		允许偏差 （mm）	检验方法

<table>
<tr><td rowspan="16">质量
要求</td><td rowspan="2">1</td><td colspan="2">绑扎钢筋网</td><td colspan="2">长、宽</td><td>±10</td><td>钢尺检查</td></tr>
<tr><td colspan="2">网眼尺寸</td><td>±20</td><td>钢尺量连接三档，取最大值</td></tr>
<tr><td rowspan="2">2</td><td colspan="2">绑扎钢筋骨架</td><td colspan="2">长</td><td>±10</td><td>钢尺检查</td></tr>
<tr><td colspan="2">宽、高</td><td>±5</td><td>钢尺检查</td></tr>
<tr><td rowspan="5">3</td><td colspan="2" rowspan="5">受力钢筋</td><td colspan="2">间距</td><td>±10</td><td rowspan="2">钢尺量两端、中间各一点，取最大值</td></tr>
<tr><td colspan="2">排距</td><td>±5</td></tr>
<tr><td rowspan="3">保护层
厚度</td><td>基础</td><td>±10</td><td>钢尺检查</td></tr>
<tr><td>柱、梁</td><td>±5</td><td>钢尺检查</td></tr>
<tr><td>板、墙、壳</td><td>±3</td><td>钢尺检查</td></tr>
<tr><td>4</td><td colspan="4">绑扎箍筋、横向钢筋间距</td><td>±20</td><td>钢尺量连接三档，取最大值</td></tr>
<tr><td>5</td><td colspan="4">钢筋弯起点位置</td><td>20</td><td>钢尺检查</td></tr>
<tr><td rowspan="2">6</td><td colspan="2" rowspan="2">预埋件</td><td colspan="2">中心线位置</td><td>5</td><td>钢尺检查</td></tr>
<tr><td colspan="2">水平高差</td><td>+3,0</td><td>钢尺和塞尺检查</td></tr>
<tr><td rowspan="2">7</td><td colspan="2" rowspan="2">梁、板受力钢筋
搭接锚固长度</td><td colspan="2">入支座、节点搭接</td><td>+10，−5</td><td>钢尺检查</td></tr>
<tr><td colspan="2">入支座、节点锚固</td><td>±5</td><td>钢尺检查</td></tr>
</table>

2.6 混凝土梁受损的检测与维修

2.6.1 混凝土梁受损的检测

混凝土梁受损的检测，见表 2-11。

混凝土梁受损的检测　　　　　　　　　　　　表 2-11

项目类别	混凝土工程	备注
项目编号	HUN-6	
项目名称	混凝土梁受损的检测	
工作目的	搞清混凝土梁受损的现状并提出处理意见	
检测时间	年　　月　　日	
检测人员		
发生部位	混凝土梁	
周期性	1年/次或发现问题随时检查处理	
工具	钢尺、塞尺、卡尺等测量仪及小槌、小钢钎等探测工具	

项目类别		混凝土工程	备注
注意		1. 佩戴安全帽。 2. 注意上方的掉落物。 3. 高空作业时做好安全措施。 4. 每次都应绘出混凝土梁受到损伤的位置、大小尺寸,注明日期,并附上必要的照片资料	
受损特征		混凝土梁受到损伤,造成承载能力降低,影响建筑物的使用功能,大大降低了房屋结构的耐久性;破坏结构的整体性、降低其刚度	
准备工作	1	熟悉图纸:了解设计意图、工程作法及构造要求	
	2	熟悉施工资料:了解有关材料的性能、施工操作的相关记录	
	3	绘制构件的平面图、立面图或展开图	
检查工作程序	A1	将混凝土梁受到损伤处做好编号并将其范围够画在受损构件上	
	A2	用钢卷尺测量其长度 L、宽度 B: 编号 1: $L_1=$ mm;$B_1=$ mm 编号 2: $L_2=$ mm;$B_2=$ mm	
	A3	探测混凝土梁受到损伤的深度	
	A4	用塞尺、卡尺或专用测量仪进行测量其深度: 编号 1: 深度 $H_1=$ mm 编号 2: 深度 $H_2=$ mm	
	A5	将混凝土梁受到损伤的分布情况,面积大小、深度详细地标在构件的平、立面图或展开图上	不要遗漏,保证资料的完整性真实性
	A6	核对记录与现场情况的一致性	
	A7	混凝土梁受到损伤检查资料存档	
原因分析		混凝土梁受到损伤的原因如下: 1. 自然方面:风吹、日晒;　　　　　　　　　　　　　(　　) 2. 使用方面:磨损、腐蚀、荷载超标;　　　　　　　(　　) 3. 生物方面:霉菌、白蚁;　　　　　　　　　　　　(　　) 4. 地理方面:地基承载力不均、碱化作用;　　　　　(　　) 5. 灾害方面:洪水、火灾、地震、滑坡、飓风、爆炸等。(　　)	

2.6.2　混凝土梁损伤的维修

混凝土梁损伤的维修,见表 2-12。

混凝土梁损伤的维修　　　　　　　　　　　　　　　表 2-12

项目类别		混凝土工程	备注
项目编号		HUN-6A	
项目名称		混凝土梁损伤的维修	
材料要求	基本要求	钢筋、水泥、砂、石、外加剂、混凝土、砂浆等原材料的品种、规格、性能和强度等级应符合设计的要求和有关规定	
	水泥	所用水泥的凝结时间和安定性复验应合格。水泥采用硅酸盐水泥、普通硅酸盐水泥或矿渣硅酸盐水泥等,其强度等级不低于 42.5,应有出厂合格证及复试报告。不同品种、不同强度等级的水泥严禁混用	
	砂	砂含泥量不应大于 3%	
	水	水中不得含有影响水泥正常凝结硬化的糖类、油类及有机物等有害物质,硫酸盐及硫化物较多的水不能使用,pH 值不得小于 4。一般自来水和饮用水均可使用	

续表

项目类别		混凝土工程	备注
处理方法	方法	适用范围	
	梁下增厚或围套补强法	适用于混凝土梁下部受损严重或梁整体受损的情况	
	混凝土梁下用角钢补强法	适用于混凝土梁下部受损严重的情况	
	梁用预应力水平拉杆或下撑式拉杆的加固法	适用于混凝土梁下部受损严重或梁整体受损,并且梁下部有充足的空间的情况	
	梁斜截面的U形箍加固法	适用于混凝土梁抗剪强度不足的情况	
施工要点	方法	工程做法	
	准备工作	混凝土梁加大截面支模前应,将梁的表面和顶棚抹灰层铲除,梁棱角打成直边不小于20mm的八字形,处理干净,按查勘设计要求剔出部分钢筋	
	梁下增厚或围套补强法	1. 梁下增厚补强时,梁底除凿毛外还应间隔500mm,凿出宽50~70mm,深20~30mm的沟槽。 2. 梁新加钢筋伸入两端支座的长度及支座处梁的断面尺寸,必须符合查勘设计要求。 3. 在梁下增厚补强时,宜用"U"形模板,并应在混凝土终凝前拆除侧模,梁两侧多余的混凝土应轻轻剔除抹平。围套补强时,梁的侧面和顶部剩余的空隙,应用干硬性混凝土强制填塞严实。 4. 梁上的楼板钻孔浇筑混凝土时,其孔距可为500mm,钻孔不得切断原有钢筋。 5. 混凝土宜用坍落度70~90mm的细石混凝土。混凝土应捣固密实,浇筑后板孔应填实整平	
	混凝土梁下用角钢补强法	1. 梁的表面按如下步骤处理干净: (1)旧有混凝土构件表面的抹灰、饰面层、油污及灰尘等,应清除干净。 (2)旧有混凝土构件表面酥松,起壳时,应剔凿至露出坚实新楼。 (3)新旧混凝土连接面边缘处,旧混凝土应剔成直角,旧有混凝土结合面,应进行凿毛处理,表面清刷干净,用压力水冲洗干净。梁面和角部缺损处,应用水泥砂浆修补平整,角部成小圆角。 2. 角钢与缀板等应调直、除锈,与角钢接触的混凝土表面应抹1:2水泥砂浆,角钢与混凝土应贴附严密。 3. 螺栓套箍连接时,螺栓孔应在灌注膨胀水泥浆后立即拧紧螺栓,并将螺帽与垫板焊接	
	梁用预应力水平拉杆或下撑式拉杆的加固法	梁用预应力水平拉杆或下撑式拉杆的加固,采用横向张拉法或垂直方向张拉法,应符合下列规定: 1. 钢托套、锚具等,宜在施工现场焊制、存放;钢拉杆应调直成型,几何尺寸准确,并认真检查螺杆,螺帽符合要求。 2. 预应力拉杆端部的传力构件,应符合质量要求。锚固部位附近凿开处,应用不低于原构件强度等级的细石混凝土修补规整。钢托套与原构件的空隙,宜用不低于M10的水泥砂浆填塞严实,拉杆端部与预埋件或钢托套等连接焊缝,经检查合格后方可进行下道工序。 3. 用预应力水平拉杆加固时,张拉量的控制,应先适当拧紧螺栓,再逐渐放松至拉杆基本平直而不松弛、垂直时,停止放松,此时读数为控制横向张拉量的起点,并画出标志。 4. 用下撑式拉杆加固,当用一道拉紧器张拉达不到规定应力时,应用两道拉紧器或通过加设专用撑棍达到要求,撑棍应左、右对称布置,两个螺栓应同步旋紧。 5. 用下撑式拉杆加固时,支承垫板应塞在跨中梁底与拉杆的空隙中,再由跨中移至拉杆弯折处敲打压实	

2. 混凝土工程

续表

项目类别		混凝土工程		备注
施工要点	方法	工程做法		
	梁斜截面的U形箍加固法	1. 原梁的斜裂缝冲洗干净后,再灌入水泥浆或其他胶结剂封闭。 2. 划线标定各加固件位置、尺寸。 3. 加固钢垫板应先用环氧树脂与梁粘结固定。环氧树脂完全固化后,方可拧紧螺栓。 楼板穿孔应用强度等级不低于 M15 水泥砂浆填塞密实,抹压平整		

质量要求	现浇混凝土尺寸允许偏差和检验方法			
	项次	检验项目	允许偏差(mm)	检验方法
	1	轴线位置 — 基础	15	钢尺检查
		独立基础	10	
		墙、柱、梁	8	
		剪力墙	5	
	2	垂直度 — 层高 ≤5m	8	经纬仪或吊线、钢尺检查
		层高 >5m	10	经纬仪或吊线、钢尺检查
		全高(H)	H/1000 且≤30	经纬仪、钢尺检查
	3	标高 — 层高	±10	水准仪或拉线、钢尺检查
		全高	±30	
	4	截面尺寸	+8,−5	钢尺检查
	5	表面平整度	8	2m靠尺和塞尺
	6	预埋设施中心线位置 — 预埋件	10	钢尺检查
		预埋螺栓	5	
		预埋管	5	
	7	预留洞中心线位置	15	钢尺检查

	钢筋安装位置的允许偏差和检验方法			
	项次	检验项目	允许偏差(mm)	检验方法
	1	绑扎钢筋网 — 长、宽	±10	钢尺检查
		网眼尺寸	±20	钢尺量连接三档,取最大值
	2	绑扎钢筋骨架 — 长	±10	钢尺检查
		宽、高	±5	钢尺检查
	3	受力钢筋 — 间距	±10	钢尺量两端、中间各一点,取最大值
		排距	±5	
		保护层厚度 — 基础	±10	钢尺检查
		柱、梁	±5	钢尺检查
		板、墙、壳	±3	钢尺检查
	4	绑扎箍筋、横向钢筋间距	±20	钢尺量连接三档,取最大值
	5	钢筋弯起点位置	20	钢尺检查
	6	预埋件 — 中心线位置	5	钢尺检查
		水平高差	+3,0	钢尺和塞尺检查
	7	梁、板受力钢筋搭接锚固长度 — 入支座、节点搭接	+10,−5	钢尺检查
		入支座、节点锚固	±5	钢尺检查

2.7 混凝土柱受损的检测与维修

2.7.1 混凝土柱受损的检测

混凝土柱受损的检测，见表 2-13。

混凝土柱受损的检测

表 2-13

项目类别	混凝土工程		备注
项目编号	HUN-7		
项目名称	混凝土柱受损的检测		
工作目的	搞清混凝土柱受损的现状、提出处理意见		
检测时间	年　　月　　日		
检测人员			
发生部位	混凝土柱		
周期性	1年/次或发现问题随时检查处理		
工具	钢尺、塞尺、卡尺等测量仪及小槌、小钢钎等探测工具		
注意	1. 佩戴安全帽。 2. 注意上方的掉落物。 3. 高空作业时做好安全措施。 4. 每次都应绘出混凝土柱受到损伤的位置、大小尺寸，注明日期，并附上必要的照片资料		
受损特征	混凝土柱受到损伤，造成承载能力降低，影响建筑物的使用功能，大大降低了房屋结构的耐久性；破坏结构的整体性、降低其刚度		
准备工作	1	熟悉图纸：了解设计意图、工程作法及构造要求	
	2	熟悉施工资料：了解有关材料的性能、施工操作的相关记录	
	3	绘制构件的平面图、立面图或展开图	
检查工作程序	A1	将混凝土柱受到损伤处做好编号并将其范围够画在受损构件上	
	A2	用钢卷尺测量其长度 L、宽度 B： 编号1：$L_1=$　　　mm；$B_1=$　　　mm 编号2：$L_2=$　　　mm；$B_2=$　　　mm	
	A3	探测混凝土柱受到损伤的深度	
	A4	用塞尺、卡尺或专用测量仪进行测量其深度： 编号1：深度 $H=$　　　mm 编号2：深度 $H=$　　　mm	
	A5	将混凝土柱受到损伤的分布情况，面积大小、深度详细地标在构件的平、立面图或展开图上	不要遗漏，保证资料的完整性真实性
	A6	核对记录与现场情况的一致性	
	A7	混凝土柱受到损伤检查资料存档	
原因分析	混凝土柱受到损伤的原因如下： 1. 自然方面：风吹、日晒；　　　　　　　　　　　　　（　　） 2. 使用方面：磨损、腐蚀、荷载超标；　　　　　　　（　　） 3. 生物方面：霉菌、白蚁；　　　　　　　　　　　　（　　） 4. 地理方面：地基承载力不均、碱化作用；　　　　　（　　） 5. 灾害方面：洪水、火灾、地震、滑坡、飓风、爆炸等。（　　）		

2.7.2 混凝土柱损伤的维修

混凝土柱损伤的维修，见表 2-14。

混凝土柱损伤的维修

表 2-14

项目类别		混凝土工程	备注
项目编号		HUN-7A	
项目名称		混凝土柱损伤的维修	
材料要求	基本要求	钢筋、水泥、砂、石、外加剂、混凝土、砂浆等原材料的品种、规格、性能和强度等级应符合设计的要求和有关规定	
	水泥	所用水泥的凝结时间和安定性复验应合格。水泥采用硅酸盐水泥、普通硅酸盐水泥或矿渣硅酸盐水泥等，其强度等级不低于 42.5，应有出厂合格证及复试报告。不同品种、不同强度等级的水泥严禁混用	
	砂	砂含泥量不应大于 3%	
	水	水中不得含有影响水泥正常凝结硬化的糖类、油类及有机物等有害物质，硫酸盐及硫化物较多的水不能使用，pH 值不得小于 4。一般自来水和饮用水均可使用	
处理方法	方法	适用范围	
	柱外包钢筋混凝土围套加固法	适用于混凝土柱下受损严重的情况。	
	柱外包型钢加固法	适用于混凝土柱受损严重的情况。	
施工要点	方法	工程做法	
	准备工作	混凝土柱加大截面支模前应，将柱的表面抹灰层铲除，柱棱角打成直边不小于 20mm 的八字形，处理干净，按查勘设计要求剔出部分钢筋	
	柱外包钢筋混凝土围套加固法	1. 按查勘设计沿柱根开挖基槽，拆移原柱和基槽内的管线设施。 2. 在原基础钻孔洞内插筋插筋，周围空隙不应小于 4mm，并用环氧树脂浆固定，4～24h 内不得再行敲击、扭转及拔动。 3. 支设柱围套模板时，应预留进灰口与清扫口。为固定模板，应在柱套竖筋上点焊长度与混凝土厚度相等的短筋，其两端分别顶于原柱面与模板上，每侧模板上、下各不少于两根。 4. 柱套混凝土，应分层连续浇筑，不得留施工缝。每层浇筑高度为 300mm，并振捣密实。 5. 柱端与梁、板之间的连接，必须按查勘设计要求施工。柱围套顶部与梁、板之间预留 30mm 高的空隙，以干硬性混凝土强制填塞严实	
	柱外包型钢加固法	1. 柱表面必须铲除抹灰层，柱角打成八字形，清洗干净，浇水湿润，补抹平整，角钢与柱之间应抹 1：2 水泥砂浆，柱角部抹成小圆角，角钢与柱贴附严密。 2. 钢缀板应在角钢夹紧后焊牢，应上下轮流焊接。用螺栓套箍连接时，应将螺母与垫板焊接。 3. 按查勘设计做好保护层或刷防锈漆	

续表

项目类别		混凝土工程		

		现浇混凝土尺寸允许偏差和检验方法		
项次	检验项目		允许偏差(mm)	检验方法
1	轴线位置	基础	15	钢尺检查
		独立基础	10	
		墙、柱、梁	8	
		剪力墙	5	
2	垂直度	层高 ≤5m	8	经纬仪或吊线、钢尺检查
		层高 >5m	10	经纬仪或吊线、钢尺检查
		全高(H)	H/1000 且≤30	经纬仪、钢尺检查
3	标高	层高	±10	水准仪或拉线、钢尺检查
		全高	±30	
4	截面尺寸		+8,-5	钢尺检查
5	表面平整度		8	2m靠尺和塞尺
6	预埋设施中心线位置	预埋件	10	钢尺检查
		预埋螺栓	5	
		预埋管	5	
7	预留洞中心线位置		15	钢尺检查

		钢筋安装位置的允许偏差和检验方法		
项次	检验项目		允许偏差(mm)	检验方法
1	绑扎钢筋网	长、宽	±10	钢尺检查
		网眼尺寸	±20	钢尺量连接三档,取最大值
2	绑扎钢筋骨架	长	±10	钢尺检查
		宽、高	±5	钢尺检查
3	受力钢筋	间距	±10	钢尺量两端、中间各一点,取最大值
		排距	±5	
		保护层厚度 基础	±10	钢尺检查
		保护层厚度 柱、梁	±5	钢尺检查
		保护层厚度 板、墙、壳	±3	钢尺检查
4	绑扎箍筋、横向钢筋间距		±20	钢尺量连接三档,取最大值
5	钢筋弯起点位置		20	钢尺检查
6	预埋件	中心线位置	5	钢尺检查
		水平高差	+3,0	钢尺和塞尺检查
7	梁、板受力钢筋搭接锚固长度	入支座、节点搭接	+10,-5	钢尺检查
		入支座、节点锚固	±5	钢尺检查

质量要求

43

3. 钢结构工程

3.1 钢结构性能检测

钢结构性能检测，见表 3-1。

钢结构性能检测 表 3-1

项目类别		钢结构工程	备注
项目编号		GJG-1	
项目名称		钢结构结构性能检测	
工作目的		搞清钢结构结构性能情况、是否有安全隐患	
检测时间		年　　月　　日	
检测人员			
检查部位		整体结构(　　)、构件(　　)	
周期性		1 年/次	
工具		橡皮木槌、放大镜、钢尺、塞尺、卡尺等测量仪及测厚仪	
注意		1. 佩戴安全帽。 2. 注意上方的掉落物。 3. 高空作业时做好安全措施。 4. 对对钢结构受损情况进行检测，每次都应绘出其所在的位置、大小尺寸,注明日期,并附上必要的照片资料	
受损特征		检测钢结构整体是否发生变形、位移;局部构件是否出现裂纹、变形、位移等受损情况	
准备工作	1	熟悉图纸:了解工程作法及构造要求	
	2	熟悉施工资料:了解有关材料的性能、施工操作的相关记录	
	3	绘制建筑物及钢构件的平面图、立面图或展开图	
检查工作程序	A1	普查:全面钢结构建筑物安全情况	
	A2	裂缝检查方法: 裂缝检查可采用包有橡皮的木槌轻敲构件各部分,如声音不清脆、传音不匀,可肯定有裂缝损伤;也可用 10 倍以上放大镜观察构件表面,如发现油漆表面有直线黑褐色锈痕、油漆表面有细直开裂、油漆条形小块起鼓里面有锈末,就有可能构件开裂,应铲除油漆仔细检查;还可在有裂纹症状处用滴油剂方法检查,不存在裂纹油渍成圆弧状扩散,有裂缝时油渗入裂缝成线状伸展	
	A3	重点检查钢结构建筑物是否存在以下问题: 钢结构是否存在变形　　　　　　　　　　　　(　　) 钢结构构件是否存在变形　　　　　　　　　　(　　) 钢结构构件是否存在裂缝　　　　　　　　　　(　　) 钢结构构件是否存在焊缝裂纹　　　　　　　　(　　) 钢结构构件是否存在铆钉、螺栓连接缺陷　　　(　　) 钢结构构件是否存在锈蚀　　　　　　　　　　(　　)	

项目类别		钢结构工程	备注
检查工作程序	A4	记录钢结构建筑物存在以下问题的数量及位置： 钢结构存在变形（　　） 钢结构构件存在变形（　　） 钢结构构件存在裂缝（　　） 钢结构构件存在焊缝裂纹（　　） 钢结构构件存在铆钉、螺栓连接缺陷（　　） 钢结构构件存在锈蚀（　　）	存在的问题分类进行统一编号，每处存在的问题宜布设两组观测标志，共同确定其位置
	A5	核对记录与现场情况的一致性	
资料处理		检查资料存档	

3.2 钢构件变形检测与维修

3.2.1 钢构件变形检测

钢构件变形检测，见表 3-2。

钢构件变形检测　　　　　　　　　　　　　　　　　　　表 3-2

项目类别		钢结构工程	备注
项目编号		GJG-2	
项目名称		钢构件变形检测	
工作内容		钢构件变形检测	
工作目的		搞清钢构件变形的现状、产生原因、提出处理意见	
检测时间		年　　　月　　　日	
检测人员			
发生部位		整体结构（　　）、构件（　　　）	
周期性		1 年/次	
工具		钢尺、塞尺、卡尺等测量仪	
注意		1. 佩戴安全帽。 2. 注意上方的掉落物。 3. 高空作业时做好安全措施。 4. 对钢构件变形的观测，每次都应绘出变形的位置、大小尺寸，注明日期，并附上必要的照片资料	
准备工作	1	检查变形的分布情况，变形的大小	
	2	绘制建筑物及钢构件的平面图、立面图或展开图	
受损特征		整个结构的尺寸和外形发生变化称为总体变形，例如结构构件长度缩短、宽度变窄、构件弯曲，构件断面畸变和扭曲。 结构构件局部区域内出现变形称为局部变形，例如板件凹凸变形、断面的角变位、板边的折皱波浪形变形等。 实际结构中往往是几种变形组合出现，变形后会使构件拼接不紧，影响力的传递、降低构件刚度和稳定性、也会产生附加应力、降低构件承载能力，变形也会影响使用	

45

项目类别		钢结构工程	备注
准备工作	1	观察变形的分布情况,变形的大小	
	2	绘制建筑物的平面图、立面图或柱展开图	
检查工作程序	A1	选择具有代表性、说服力的变形处并做好编号	需要观测的变形应进行统一编号,每条变形宜布设两组观测标志,其中一组应在变形的最宽处,另一组可在变形的末端
	A2	用钢卷尺测量其长度 L、宽度 B: 编号1: $L_1=$ mm;$B_1=$ mm 编号2: $L_2=$ mm;$B_2=$ mm	
	A3	根据需要在检查记录中绘制建筑物的立面图、地面平面图或柱展开图。将检查情况,包括将变形的分布情况,变形的大小、位置详细地标在构件的立面图或砖柱展开图上	1. 不要遗漏,保证资料的完整性真实性。 2. 每次观测应在变形一侧标出观察日期和相应的最大变形直径值
	A4	核对记录与现场情况的一致性	
	A5	变形检查资料存档	
原因分析		使用过程中产生变形,长期高温的使用环境、使用荷载过大(超载),操作不当使结构遭到碰撞、冲击,都会导致结构构件变形	

3.2.2 钢构件变形维修

钢构件变形维修,见表 3-3。

钢构件变形维修 表 3-3

项目类别			钢结构工程	备注
项目编号	GJG-2A			
项目名称	钢构件变形维修			
处理方法	方法	适用范围	工程做法	
	冷加工矫正法 手工矫正	适用于尺寸较小或变形较小构件	采用大锤和平台为工具,适合于尺寸较小的零件局部变形矫正,也作为机械矫正和热矫正的辅助矫正方法;手工矫正是用锤击使金属延伸达到矫正变形目的。 (a)钢板置于平台上,凸面向上,中厚板大锤击敲凸处可矫正过来,薄板要以凸面为中心,从外围由远到近,由重到轻,击打凸面周围,使板件逐渐平整,最后轻微打击凸处; (b)零件置于平台上,锤击凸起部位,击点距离要适当,锤击一遍遍进行,击力由小到大; (c)将折皱零件置于平台上,在弓形两端划好方格线,按方格由外向内,由重到轻,由密到稀锤击,锤击点要梅花型交叉开; (d)将扭曲板条置于平台上,用锤击支承点外侧板条边缘(翘起边),由1至2打击,大体矫正后在平台上矫正凹凸不平处; (e)形和槽钢弯曲变形,见凸就锤击,要掌握好支撑点距离、锤击点位置和轻重,重点是锤击"突筋"。 见附图 3-1 冷加工矫正法	

项目类别				钢结构工程		备注
处理方法	冷加工矫正法	机械矫正法		矫正法	适用范围	
				拉伸机矫正	薄板凹凸及翘曲矫正型材扭曲矫正管材、线材、带材矫直。见附图 3-2 拉伸机矫正	
				压力机矫正	管材、型材、杆件的局部变形矫正,见附图 3-3 压力机矫正	
			辊式机矫正	正辊	板材、管材矫正角钢矫直,见附图 3-4 辊式机矫正(正辊)	
				斜辊	圆截面管材及棒材矫正,见附图 3-5 辊式机矫正(斜辊)	
				弓架矫正	型钢弯曲变形(不长)矫正,见附图 3-6 弓架矫正	
				千斤顶矫正	杆件局部弯曲变形矫正,见附图 3-7 千斤顶矫正	
		热加工法矫正变形			热加工法我国目前采用乙炔和氧气混合燃烧火焰为热源,对变形结构构件加热使构件产生新的变形,来抵消原有变形;正确使用火焰和温度是关键;加热方式有点状加热、线状加热(有直线、曲线、环线、平行线和网线加热)和三角形加热之分。 热矫正方法要根据实际情况首先了解变形情况,分析变形原因、测量变形大小,做到心中有数;其次确定矫正顺序,原则上是先整体变形矫正,后局部变形矫正,角变形往往先矫正,而凹凸变形又往往放在后矫正;再确定加热部位和方法,由几名工人同时加热效果较佳,有些变形单靠热矫正有困难,可以借助辅助工具外力对适当部位进行拉、压、撑、顶、打等,加热位置应尽量避开关键部位,避免同一位置反复多次加热;最后选定合适的火焰和加热温度,矫正后要对构件进行修整和检查	

3.3 钢构件裂缝检测与维修

3.3.1 钢构件裂缝检测

钢构件裂缝检测,见表 3-4。

钢构件裂缝检测   表 3-4

项目类别	钢结构工程	备注
项目编号	GJG-3	
项目名称	钢构件裂缝检测	
工作目的	搞清钢构件裂缝的现状、产生原因、提出处理意见	
检测时间	年 月 日	
检测人员		
发生部位	整体结构( )、构件( )	
周期性	1 年/次	
工具	橡皮木槌、10 倍以上放大镜及钢尺、塞尺、卡尺等测量仪	
注意	1. 佩戴安全帽。 2. 注意上方的掉落物。 3. 高空作业时做好安全措施。 4. 对钢构件裂缝的观测,每次都应绘出裂缝的位置、大小尺寸,注明日期,并附上必要的照片资料	

续表

项目类别		钢结构工程	备注
受损特征		钢构件裂缝大多出现在承受动力荷载构件中,但一般承受静力荷载的钢构件,在严重超载、较大不均匀沉降等情况下,也会出现裂缝	
准备工作	1	观察裂缝的分布情况,裂缝的大小	
	2	绘制建筑物及钢构件的平面图、立面图或展开图	
检查工作程序	A1	裂缝检查可采用包有橡皮的木槌轻敲构件各部分,如声音不清脆、传音不匀,可肯定有裂缝损伤; 也可用10倍以上放大镜观察构件表面,如发现油漆表面有直线黑褐色锈痕、油漆表面有细直开裂、油漆条形小块起鼓里面有锈末,就有可能构件开裂,应铲除油漆仔细检查; 还可在有裂纹症状处用滴油剂方法检查,不存在裂纹油渍成圆弧状扩散,有裂缝时油渗入裂缝成线状伸展	
	A2	对裂缝附近构件的制作金属和制作条件进行综合分析,只有在钢材和连接材料都符合要求,且裂缝又是少数情况下,才能对裂缝进行常规修复;如果裂缝产生原因属材料本身或裂缝较大且相当普遍,则另当别论,必须对构件作全面分析,找出事故原因,慎重对待	
	A3	将裂缝的构件做好编号	需要观测的裂缝应进行统一编号,每条裂缝宜布设两组观测标志,其中一组应在裂缝的最宽处,另一组可在裂缝的末端
	A4	用钢卷尺测量其长度 L、宽度 B: 编号1: $L_1=$ mm;$B_1=$ mm 编号2: $L_2=$ mm;$B_2=$ mm	
	A5	根据需要在检查记录中绘制钢构件的立面图、平面图或展开图。将检查情况,包括将裂缝的分布情况,裂缝的大小、位置详细地标在构件的立面图或展开图上	1. 不要遗漏,保证资料的完整性真实性。 2. 每次观测应在裂缝一侧标出观察日期和相应的最大裂缝直径值
	A6	核对记录与现场情况的一致性	
	A7	裂缝检查资料存档	
原因分析		长期高温的使用环境、使用荷载过大(超载)、操作不当使结构遭到碰撞、冲击,都会导致结构构件裂缝 ( )	

3.3.2 钢构件裂缝维修

钢构件裂缝维修,见表3-5。

钢构件裂缝维修　　　　　　　　　　　　　　　　　　表3-5

项目类别		钢结构工程	备注
项目编号		GJG-3A	
项目名称		钢构件裂缝维修	

续表

项目类别			钢结构工程	备注
	方法	适用范围	工程做法	只有在钢材和连接材料都符合要求,且裂缝又是少数情况下,才能对裂缝进行常规修复;如果裂缝产生原因属材料本身或裂缝较大且相当普遍,则必须对构件作全面分析,找出事故原因,慎重对待,不能修补了事
处理方法	封闭补强法	构件裂缝细小、长度较短	构件裂缝细小、长度较短时,可按下述方法处理: 1. 用电钻在裂缝两端各钻一直径约 12~16mm 的圆孔(直径大致与钢材厚度相等),裂缝尖端必须落入孔中,减少裂缝处应力集中。 2. 沿裂缝边缘用气割或风铲加工成 K 形(厚板为 X 形)坡口。 3. 裂缝端部及缝侧金属预热到 150~200℃,用焊条(Q235 钢用 E4316,16Mn 钢用 E5016)堵焊裂缝,堵焊后用砂轮打磨平整为佳	

3.4 钢构件焊缝裂纹检测与维修

3.4.1 钢构件焊缝裂纹检测

钢构件焊缝裂纹检测,见表 3-6。

钢构件焊缝裂纹检测 表 3-6

项目类别		钢结构工程	备注
项目编号		GJG-4	
项目名称		钢构件焊缝裂纹检测	
工作目的		搞清钢构件焊缝裂纹的现状、产生原因、提出处理意见	
检测时间		年 月 日	
检测人员			
发生部位		构件( )	
周期性		1 年/次	
工具		橡皮木槌、10 倍以上放大镜及钢尺、塞尺、卡尺等测量仪	
注意		1. 佩戴安全帽。 2. 注意上方的掉落物。 3. 高空作业时做好安全措施。 4. 对钢构件焊缝裂纹的观测,每次都应绘出变形的位置、大小尺寸,注明日期,并附上必要的照片资料	
受损特征		钢构件焊缝裂纹大多出现在承受动力荷载构件中,但一般承受静力荷载的钢构件,在严重超载、较大不均匀沉降等情况下,也会出现焊缝裂纹	
准备工作	1	观察变形的分布情况,变形的大小	
	2	绘制建筑物及钢构件的平面图、立面图或展开图	
检查工作程序	A1	检查焊缝可采用外观检查,即眼目测测焊缝及邻近漆膜状态,必要时可用 10 倍放大镜检查; 进一步可用硝酸酒精侵蚀检查,将可疑处漆膜除净、打光用丙酮洗净,滴上浓度 5%~10%硝酸酒精(光洁度高,浓度宜低),有裂纹即会有褐色显示的方法进行确诊; 对于重要焊缝可采用红色渗透液着色探伤,或 X、γ 射线探伤,或超声波检查	

项目类别		钢结构工程	备注
检查工作程序	A2	将钢构件焊缝裂纹的构件做好编号	
	A3	用钢卷尺测量其长度 L、宽度 B： 编号1： $L_1=$ mm；$B_1=$ mm 编号2： $L_2=$ mm；$B_2=$ mm	
	A4	根据需要在检查记录中绘制钢构件的立面图、平面图或展开图。将检查情况,包括将焊缝裂纹的分布情况,焊缝裂纹的大小、位置详细地标在构件的立面图或展开图上	1. 不要遗漏,保证资料的完整性真实性。 2. 每次观测应在焊缝裂纹一侧标出观察日期和相应的最大焊缝裂纹宽度
	A5	核对记录与现场情况的一致性	
	A6	焊缝裂纹检查资料存档	
原因分析		使用过程中的使用环境温差变化大、使用荷载过大(超载)、操作不当使结构遭到碰撞、冲击,都会导致结构构件产生焊缝裂纹	

3.4.2 钢构件焊缝裂纹缺陷维修

钢构件焊缝裂纹缺陷维修,见表3-7。

钢构件焊缝裂纹缺陷维修   表3-7

项目类别		钢结构工程	备注
项目编号		GJG-4A	
项目名称		钢构件焊缝裂纹缺陷维修	
处理方法	适用范围	工程做法	
补强法	承受静荷载的实腹梁翼缘和腹板处的焊缝裂纹	在裂纹两端钻止裂孔。后在两板之间加焊短斜板方法处理,斜板长度应大于裂纹长度。图示见附图3-8补强法	

3.5 钢构件铆钉、螺栓连接缺陷检测及维修

3.5.1 钢构件铆钉、螺栓连接缺陷检测

钢构件铆钉、螺栓连接缺陷检测,见表3-8。

钢构件铆钉、螺栓连接缺陷检测   表3-8

项目类别	钢结构工程	备注
项目编号	GJG-5	
项目名称	钢构件铆钉、螺栓连接缺陷检测	
工作目的	搞清钢构件铆钉、螺栓连接缺陷的现状、产生原因、提出处理意见	
检测时间	年 月 日	

续表

项目类别	钢结构工程	备注
检测人员		
发生部位	构件（　　）	
周期性	1年/次	
工具	手锤、塞尺、扳手、弦线和10倍以上放大镜	
注意	1. 佩戴安全帽。 2. 注意上方的掉落物。 3. 高空作业时做好安全措施。 4. 对钢构件铆钉、螺栓连接缺陷的观测，每次都应绘出变形的位置、大小尺寸，注明日期，并附上必要的照片资料	
受损特征	钢构件铆钉、螺栓连接缺陷大多出现在承受动力荷载构件中，但一般承受静力荷载的钢构件，在严重超载、较大不均匀沉降等情况下，也会出现铆钉、螺栓连接缺陷	
准备工作	1　观察变形的分布情况，变形的大小	
	2　绘制建筑物及钢构件的平面图、立面图及展开图	
检查工作程序	A1　着重于铆钉和螺栓是否在使用阶段切断、松动和掉头，铆钉检查采用目视或敲击方法，或二者结合处理，工具是手锤、塞尺、弦线和10倍以上放大镜；对于螺栓连接检查尚要加扳手测试，对于高强螺栓要用特殊显示扳手测试；要正确判断铆钉和螺栓是否松动或断裂，须有一定实践经验，故对重要结构检查，至少换人重复检查一两次	
	A2　将钢构件铆钉、螺栓连接缺陷的构件做好编号	
	A3　用钢卷尺测量其长度 L、宽度 B： 编号1：　　$L_1=$　　mm；$B_1=$　　mm 编号2：　　$L_2=$　　mm；$B_2=$　　mm	
	A4　根据需要在检查记录中绘制钢构件的立面图、平面图或展开图。将检查情况，包括将铆钉、螺栓连接缺陷的分布情况，铆钉、螺栓连接缺陷的大小、位置详细地标在构件的立面图或展开图上	1. 不要遗漏，保证资料的完整性真实性。 2. 每次观测应在铆钉、螺栓连接缺陷一侧标出观察日期和相应的最大铆钉、螺栓连接缺陷直径值
	A5　核对记录与现场情况的一致性	
	A6　铆钉、螺栓连接缺陷检查资料存档	
原因分析	使用过程中的使用环境温差变化大、使用荷载过大（超载），操作不当使结构遭到碰撞、冲击，都会导致结构构件产生铆钉、螺栓连接缺陷	

3.5.2　钢构件铆钉、螺栓连接缺陷维修

钢构件铆钉、螺栓连接缺陷维修，见表3-9。

钢构件铆钉、螺栓连接缺陷维修　　　　　表3-9

项目类别	钢结构工程	备注
项目编号	GJG-5A	
项目名称	钢构件铆钉、螺栓连接缺陷维修	

项目类别		钢结构工程	备注
维修	适用范围	工程做法	
铆钉连接补强法	铆钉连接缺陷	铆钉连接缺陷处理：发现铆钉松动、钉头开裂应将这些铆钉更换或用高强螺栓更换（应计算作等强代换）；发现铆钉剪断、漏铆应及时补铆；处理铆钉缺陷时应将钉孔清理干净、孔壁平整后再补铆；不得采用焊补、加热再铆方法处理有缺陷铆钉，当盖板和母材有破坏时必须加固或更换。如发现仅个别铆钉连接处贴合不紧，可用防腐蚀的合成树脂填充缝隙	
高强螺栓连接补强法	高强螺栓连接缺陷	高强螺栓连接缺陷处理：高强螺栓连接损坏主要是螺栓断裂、摩擦型螺栓连接滑移和连接处盖板及母材裂断三种形式；螺栓断裂可发生在施工拧紧过程，也可发生在拧紧后一段时期内，拧紧过程中螺栓断裂往往是施加扭矩太大，使栓杆拉断，也有的是材质造成，如系个别断裂，一般仅作个别替换处理，并加强检查；如螺栓断裂发生在拧紧后一段时间后，则断裂与材质密切有关，称高强螺栓延迟（滞后）断裂，这类断裂是材质问题，应拆换同一批号全部螺栓；拆换螺栓要严格遵守单个拆换和对重要受力部位按先加固（或卸荷）后拆换原则进行	

3.6 钢构件锈蚀检测及维修

3.6.1 钢构件锈蚀检测

钢构件锈蚀检测，见表 3-10。

钢构件锈蚀检测   表 3-10

项目类别		钢结构工程	备注
项目编号		GJG-6	
项目名称		钢构件锈蚀检测	
工作目的		搞清钢构件锈蚀的现状、产生原因、提出处理意见	
检测时间		年 月 日	
检测人员			
发生部位		构件（ ）	
周期性		1年/次	
工具		测量工具或测厚仪	
注意		1. 佩戴安全帽。 2. 注意上方的掉落物。 3. 高空作业时做好安全措施。 4. 对钢构件锈蚀的观测，每次都应绘出变形的位置、大小尺寸，注明日期，并附上必要的照片资料	
受损特征		钢材腐蚀速度与环境湿度、温度及有害介质浓度有关，在湿度大、温度高、有害介质浓度高的条件下，钢材腐蚀速度加快。 钢结构骨架中腐蚀损坏最严重是屋架、檩条、支撑和瓦楞铁金属屋面	
准备工作	1	观察钢结构锈蚀的分布情况，面积的大小	
	2	绘制建筑物及钢构件的平面图、立面图或展开图	

续表

项目类别		钢结构工程	备注
检查工作程序	A1	钢结构锈蚀检查特别要注意下列部位： 1. 埋入地下的地面附近部位。 2. 可能存积水或遭受水蒸气侵蚀部位。 3. 经常干湿交替又未包混凝土构件。 4. 易积灰又湿度大的构件部位。 5. 组合截面净空小于 12mm 刷油漆的部位。 6. 屋盖结构、柱与屋架节点、吊车梁与柱节点部位	
	A2	将钢构件锈蚀的构件做好编号	
	A3	用测量工具及测厚仪测量其长度 L、宽度 B 和厚度 δ： 编号 1：$L_1 =$　　mm；$B_1 =$　　mm；$\delta_1 =$　　mm 编号 2：$L_2 =$　　mm；$B_2 =$　　mm；$\delta_2 =$　　mm	
	A4	根据需要在检查记录中绘制钢结构锈蚀的立面图、平面图或展开图。将检查情况，包括将钢材腐蚀的分布情况，钢材腐蚀的大小、位置详细地标在构件的立面图或展开图上	1. 不要遗漏，保证资料的完整性真实性。 2. 每次观测应在钢结构锈蚀一侧标出观察日期和相应的最大钢结构锈蚀面积
	A5	核对记录与现场情况的一致性	
	A6	钢结构锈蚀检查资料存档	
原因分析		涂层损坏，钢材才会受腐蚀；涂层损坏原因多种多样，大多数是表面处理不干净，造成凹凸不平、残渣存在、留下间隙带来气泡起鼓日久脱落，也有因光的老化作用使涂层脆裂，湿、热、毒的作用使涂层早损；还有因涂层与基层膨胀系数不一致使涂层损坏	

3.6.2 钢构件锈蚀维修

钢构件锈蚀维修，见表 3-11。

钢构件锈蚀维修 表 3-11

项目类别		钢结构工程	备注
项目编号	GJG-6A		
项目名称	钢构件锈蚀维修		
维修		工程做法	
漆膜处理		如旧漆膜完好，只需用刷子刷去灰尘，用肥皂水或稀碱水揩抹干净，用清水冲洗抹干，打磨后涂漆。 　如旧漆膜大部分完好，局部有锈损，只需将局部漆膜按上述方法清除干净，再嵌批腻子、打磨、补刷涂油漆，做到与油漆膜平整颜色一致。 　如结构锈蚀面积较大，旧漆膜已脱皮起壳则应将旧漆膜全部清除，清除可用下列方法： 1. 碱水清洗。 2. 火喷法。 3. 涂脱漆剂。 4. 脱漆膏。 　漆膜清除干净，再嵌批腻子、打磨、补刷涂油漆，做到与油漆膜平整颜色一致	

项目类别	钢结构工程	备注
表面处理—除锈处理	表面处理是保证涂层质量的基础,表面处理包括除锈和控制钢材表面粗糙度,除锈可以采用手工工具处理、机械工具处理、喷砂处理、化学剂处理(酸洗、碱洗等等),对于已有钢结构的防腐处理往往在不停产条件下进行,喷砂和化学剂处理不大可能采用,主要是手工和机械工具除锈。主要方法有: 1. 手工除锈。 2. 机械工具除锈。 3. 砂除锈	
涂层选择	1. 底漆选择 底漆的功能主要使漆膜与基层结合牢固,表面又易被面漆附着,它渗水性要小,底漆要有防锈蚀性能好的颜料和填料阻止锈蚀发生。 2. 面漆选择 面漆主要功能是保护下层底漆,所以面漆要有良好耐气候作用、抗风化、不起泡、不龟裂、不易粉化和渗透性小,此外面漆尚应与底漆有良好结合性能,配套使用。 3. 涂层结构 涂层结构要放弃过去一般采用的"一底两度"不变结构;涂层结构由底漆、腻子、二道底漆(或中涂层)和面漆组成。 第一层底漆是保证可靠的粘结和防锈防腐、防水作用。 第二层腻子是起平整表面作用。 第三层二道底漆在较高要求工程中采用,起填补腻子细孔作用。 第四层面漆是保护底漆,并使表面获得要求的色泽起装饰作用; 第五层罩光面漆,有时为增加光泽和耐腐蚀等作用,在面漆外再涂一层罩光清漆或面漆。 钢结构中全面统刮腻子是很少的,一般用两道底漆和两至三道面漆结构,底漆道数增加可起填平基层作用,也可保证漆膜总厚度。 4. 漆膜厚度 漆膜厚度影响防锈效果,增加漆膜厚度是延长使用年限有效措施之一,一般钢结构防护涂层总厚度要求室内不小于 $100\mu m$,室外条件应不小于 $125\mu m$;漆膜厚度很难准确控制,故重要工程对各层漆膜厚度应测定	
施涂	涂层施工中注意事项涂层质量与作业中操作有很大关系,一般涂刷中要注意下列事项: 1. 除锈完毕应清除基层上杂物和灰尘,尽快涂刷第一道底漆,如遇表面凹凸有不平,应将第一道底漆稀释后往复多次涂刷,使其浸透入凹凸毛孔深部,防止空隙部分再生锈。 2. 避免在 5℃ 以下与 40℃ 以上气温以及太阳光直晒下,或 85% 湿度以上情况下涂刷,否则易产生起泡、针孔和光泽下降等。 3. 底漆表面充分干燥以后才可涂刷次层油漆,间隔时间一般为 8~48h,第二道底漆尽可能在第一道底漆完成后 48h 内施工,以防第一道底漆之漏涂引起生锈;对于环氧树脂类涂料,如漆膜过度硬化易产生漆膜间附着不良,必须在规定涂刷时间内做上面一层涂料。 4. 涂刷各道油漆前,应用工具清除表面砂粒、灰尘,对前层漆膜表面过分光滑或干后停留时间过长的,适当用砂布,水砂纸打磨后再涂刷上层涂料。 5. 一次涂刷厚度不宜太厚,以免产生起皱、流淌现象;为求膜厚均匀,应做交叉覆盖涂刷。 6. 涂料黏度过大时才使用稀释剂,稀释剂在满足操作需要情况下尽量少加或者不加,稀释剂掺用过多会使漆膜厚度不足,密实性下降影响涂层质量。稀释剂使用必须与漆类型配套,一般说油基漆、酚醛漆、长油度醇酸磁漆、防锈漆用 200 号溶剂汽油、松节油;中油度醇酸漆用 200 号溶剂汽油与二甲苯(1:1)混合剂;短油度醇酸漆用二甲苯;过氯乙烯漆采用溶剂性强的甲苯、丙酮。稀释剂用错会产生渗色、咬底和沉淀离析缺陷 7. 焊接、螺栓之连接处,边角处最易发生涂刷缺陷与生锈,所以尤要注意不产生漏涂和涂刷不匀,一般应加涂来弥补	

3.7　钢柱损坏检测及维修

3.7.1　钢柱损坏检测

钢柱损坏检测，见表 3-12。

钢柱损坏检测　　　　　　　　表 3-12

项目类别		钢结构工程	备注
项目编号		GJG-7	
项目名称		钢柱损坏检测	
工作目的		搞清钢柱损坏的现状、产生原因、提出处理意见	
检测时间		年　　月　　日	
检测人员			
发生部位			
周期性		1 年/次或随时发现随时检查	
工具		测量工具或测厚仪	
注意		1. 佩戴安全帽。 2. 注意上方的掉落物。 3. 高空作业时做好安全措施。 4. 对钢柱损坏的观测,每次都应绘出损坏的位置、大小尺寸,注明日期,并附上必要的照片资料	
受损特征		钢柱损坏初期可能不发生变形,钢柱损坏中后期可引起钢柱变形,严重时甚至引起整体结构变形,影响建筑物的正常使用	
准备工作		应了解及收集下列资料: 1. 原有结构竣工图(包括更改图)及验收记录。 2. 原有钢材材质报告复印件或现做材质检验报告。 3. 原有结构构件制作、安装验收记录。 4. 原有结构设计计算书。 5. 结构或构件损坏情况检查报告。 6. 现有实际荷载和加固后新增加的荷载数据	
检查工作程序	A1	钢柱损坏的检查特别要注意下列部位: 1. 构件的连接处节点部位 2. 构件的连接处的焊缝高度和长度 3. 长细比较大的杆件	
	A2	将钢柱损坏的构件做好编号	需要观测的损坏部位进统一编号
	A3	用测量工具及测厚仪测量钢柱损坏构件的长度 L、宽度 B 和厚度 δ: 编号 1: $L_1=$ 　　mm;$B_1=$ 　　mm;$\delta_1=$ 　　mm 编号 2: $L_2=$ 　　mm;$B_2=$ 　　mm;$\delta_2=$ 　　mm	
	A4	根据需要在检查记录中绘制受损钢柱的立面图、平面图或展开图。将检查情况,包括将钢柱损坏的分布情况,钢柱损坏的大小、位置详细地标出在钢柱的立面图或展开图上	1. 不要遗漏,保证资料的完整性真实性。 2. 每次观测应在钢柱损坏一侧标出观察日期和相应的钢柱损坏最大值
	A5	核对记录与现场情况的一致性	
	A6	钢柱损坏检查资料存档	

项目类别	钢结构工程	备注
原因分析	1. 由于设计或施工中造成钢结构缺陷,如焊缝长度不足、杆件中切口过长、使截面削弱过多等 （　　） 2. 结构经长期使用,不同程度锈蚀、磨损,操作不正常造成结构缺陷等,使结构构件截面严重削弱 （　　） 3. 使用条件变化,使结构上荷载增加,原有结构不能适应 （　　） 4. 使用的钢材质量不合要求 （　　） 5. 意外自然灾害对结构损伤严重 （　　） 6. 由于地基基础下沉,引起结构变形和损伤 （　　）	

3.7.2 钢柱损坏维修

钢柱损坏维修,见表 3-13。

钢柱损坏维修 表 3-13

项目类别	钢结构工程	备注
项目编号	GJG-7A	
项目名称	钢柱损坏维修	
维修	工程作法	
柱子卸荷	必须在卸荷状态下加固或更换新柱时,采取"托梁换柱"方法。当仅需加固上部柱时,可以利用吊车桥架支托起屋盖(屋架),使柱子卸荷。 当下部柱需要加固、或工艺需要截去下柱时,可在吊车梁下面设一永久性托梁,将上部柱荷载(包括吊车梁荷载)分担于邻柱(必须验算邻柱并加固之,也要验算基础。采用此法应考虑到用托梁代替下柱后,托梁将产生一定挠度,迫使原屋架下沉,从而可能损伤与此屋架相连构件的连接节点,为此可预先在托梁上加临时荷载,使托梁具有预先挠度;采用此法的顺序应先加固邻柱、焊接托梁与邻柱、加临时荷载!、焊接托梁与中柱、卸下临时荷载、加固或截去下部柱	
柱截面补强法	一般补强柱截面用钢板或型钢,采用焊接或高强螺栓与原柱连接,成一整体。 常用柱截面补强加固形式,见附图 3-9 柱截面补强法	
增设支撑法	增设支撑减小柱自由长度,提高承载能力,附图 3-10 为增设支撑形式,在截面尺寸不变情况下提高了柱稳定性。见附图 3-10 增设支撑法	
减少柱外荷载或内力法	改变计算简图减少柱外荷载或内力: 附图 3-11 列出几种改变钢柱计算简图加固形式。图 a,是将屋架与柱铰接改为刚接,减小了柱计算弯矩,柱子截面就可不加固了,但对屋架杆件必须验算;图 b,加强 A 列柱,使排架所受水平荷载主要由 A 列柱承担,使其他柱列卸荷,使加固工作量减少;图 c,增设撑杆,减小柱自由长度;这是三种简例,可按上三类计算简图改变方式,依具体情况确定其他型式加固。见附图 3-11 内力法	
混凝土包柱法	在钢柱四周外包钢筋混凝土进行加固,可明显提高承载能力	

3.8 柱脚损坏检测

3.8.1 柱脚损坏检测及维修

柱脚损坏检测及维修，见表 3-14。

<table>
<tr><td colspan="4" style="text-align:right">柱脚损坏检测及维修　　　　　　　表 3-14</td></tr>
<tr><td>项目类别</td><td colspan="2">钢结构工程</td><td>备注</td></tr>
<tr><td>项目编号</td><td colspan="2">GJG-8</td><td></td></tr>
<tr><td>项目名称</td><td colspan="2">柱脚损坏检测</td><td></td></tr>
<tr><td>工作目的</td><td colspan="2">搞清柱脚损坏的现状、产生原因、提出处理意见</td><td></td></tr>
<tr><td>检测时间</td><td colspan="2">年　　　月　　　日</td><td></td></tr>
<tr><td>检测人员</td><td colspan="2"></td><td></td></tr>
<tr><td>发生部位</td><td colspan="2"></td><td></td></tr>
<tr><td>周期性</td><td colspan="2">1 年/次或随时发现随时检查</td><td></td></tr>
<tr><td>工具</td><td colspan="2">测量工具或测厚仪</td><td></td></tr>
<tr><td>注意</td><td colspan="2">1. 佩戴安全帽。
2. 注意上方的掉落物。
3. 高空作业时做好安全措施。
4. 对柱脚损坏的观测，每次都应绘出损坏的位置、大小尺寸，注明日期，并附上必要的照片资料</td><td></td></tr>
<tr><td>受损特征</td><td colspan="2">柱脚损坏会表现在如下两种情况：
1. 柱脚底板厚度达不到设计厚度。
2. 柱脚锚固不牢固。
无论哪种情况都会造成构件局部变形，严重时甚至引起整体结构变形，影响建筑物的正常使用</td><td></td></tr>
<tr><td>准备工作</td><td colspan="2">应了解及收集下列资料
1. 原有结构竣工图（包括更改图）及验收记录。
2. 原有钢材材质报告复印件或现做材质检验报告。
3. 原有结构构件制作、安装验收记录。
4. 原有结构设计计算书。
5. 结构或构件损坏情况检查报告。
6. 现有实际荷载和加固后新增加的荷载数据</td><td></td></tr>
<tr><td rowspan="6">检查工作程序</td><td>A1</td><td>柱脚损坏的检查特别要注意下列部位：
1. 柱脚底板厚度是否达到设计厚度。
2. 柱脚锚固是否牢固</td><td></td></tr>
<tr><td>A2</td><td>将柱脚损坏的构件做好编号</td><td></td></tr>
<tr><td>A3</td><td>用测量工具及测厚仪测量柱脚损坏连接钢板的长度 L、宽度 B 和厚度 δ：
编号 1：$L_1=$ 　　 mm；$B_1=$ 　　 mm；$\delta_1=$ 　　 mm
编号 2：$L_2=$ 　　 mm；$B_2=$ 　　 mm；$\delta_2=$ 　　 mm</td><td></td></tr>
<tr><td>A4</td><td>根据需要在检查记录中绘制受损柱脚的立面图、地面平面图或展开图。将检查情况，包括将柱脚损坏的分布情况，柱脚损坏的大小、位置详细地标在柱脚的立面图或展开图上</td><td>1. 不要遗漏，保证资料的完整性真实性。
2. 每次观测应在柱脚损坏一侧标出观察日期和相应的柱脚损坏最大值</td></tr>
<tr><td>A5</td><td>核对记录与现场情况的一致性</td><td></td></tr>
<tr><td>A6</td><td>柱脚损坏检查资料存档</td><td></td></tr>
</table>

续表

项目类别	钢结构工程	备注
原因分析	1. 结构经长期使用，不同程度锈蚀、磨损，操作不正常造成结构缺陷等，使柱脚截面严重削弱 ( ) 2. 使用的钢材质量不合要求 ( ) 3. 意外自然灾害对结构损伤严重 ( )	

3.8.2 柱脚损坏维修

柱脚损坏维修，见表 3-15。

柱脚损坏维修　　　　　　　　　　　　　表 3-15

项目类别	钢结构工程	备注
项目编号	GJG-8A	
项目名称	柱脚损坏维修	
维修	工程做法	
柱脚加固方法	柱脚底板厚度不足加固方法： 1. 增设柱脚加劲肋，达到减小底板计算弯矩目的。 2. 在柱脚型钢间浇筑混凝土，使柱脚底板成为刚性块体，为增加粘结力，柱脚表面油漆和锈蚀要清除干净，同时外焊@$150\phi16\sim20$ 钢筋。见附图 3-12 柱脚加固方法	
柱脚锚固不足加固方法	1. 增设附加锚栓：当混凝土基础较宽大时可采用，在混凝土基础上钻出孔洞，插入附加锚栓，浇注环氧砂浆或硫磺砂浆固住(孔洞直径为锚栓直径 d 加 20mm、深度大于 $30d$)，增设的锚栓上端，用螺帽拧紧在靴梁上的挑梁上。 2. 将整个柱脚包以钢筋混凝土：新配钢筋要伸入基础内，与基础内原钢筋焊住。见附图 3-13 柱脚锚固不足加固方法	

3.9 钢屋架、托架损坏检测及维修

3.9.1 钢屋架、托架损坏检测

钢屋架、托架损坏检测，见表 3-16。

钢屋架、托架损坏检测　　　　　　　　　表 3-16

项目类别	钢结构工程	备注
项目编号	GJG-9	
项目名称	钢屋架、托架损坏检测	
工作目的	搞清钢屋架、托架损坏的现状、产生原因、提出处理意见	
检测时间	年　　月　　日	
检测人员		
发生部位		
周期性	1 年/次或随时发现随时检查	

项目类别		钢结构工程	备注
工具		测量工具	
注意		1. 佩戴安全帽。 2. 注意上方的掉落物。 3. 高空作业时做好安全措施。 4. 对钢屋架、托架损坏的观测,每次都应绘出损坏的位置、大小尺寸,注明日期,并附上必要的照片资料	
受损特征		钢屋架、托架损坏会表现在如下两种情况: 1. 钢屋架、托架整体受到损坏,产生变形。 2. 钢屋架、托架的结构杆件受到损坏,产生变形。 无论哪种情况都会造成构件局部变形,严重时甚至引起整体结构变形,影响建筑物的正常使用	
准备工作		应了解及收集下列资料: 1. 原有结构竣工图(包括更改图)及验收记录。 2. 原有钢材材质报告复印件或现做材质检验报告。 3. 原有结构构件制作、安装验收记录。 4. 原有结构设计计算书。 5. 结构或构件损坏情况检查报告。 6. 现有实际荷载和加固后新增加的荷载数据	
检查工作程序	A1	钢屋架、托架损坏的检查特别要注意下列部位: 1. 钢屋架、托架整体是否受到损坏,产生变形及钢屋架、托架与柱子及与檩条连接是否牢固。 2. 钢屋架、托架的各个杆件是否受到损伤,杆件之间连接是否牢固	
	A2	将钢屋架、托架损坏的构件做好编号	需要观测的损坏部位进统一编号
	A3	用测量工具测量钢屋架、托架损坏处的长度 L、宽度 B 和厚度 δ: 编号 1:$L_1=$　　 mm;$B_1=$　　 mm;$\delta_1=$　　 mm 编号 2:$L_2=$　　 mm;$B_2=$　　 mm;$\delta_2=$　　 mm	
	A4	根据需要在检查记录中绘制受损构件的立面图、地面平面图或展开图。将检查情况,包括将受损构件的分布情况,受损构件的大小、位置详细地标在钢屋架、托架的立面图或展开图上	1. 不要遗漏,保证资料的完整性真实性 2. 每次观测应在受损构件一侧标出观察日期和相应的最大受损值
	A5	核对记录与现场情况的一致性	
	A6	钢屋架、托架损坏检查资料存档	
原因分析		1. 结构经长期使用,不同程度锈蚀、磨损,操作不当造成结构缺陷等,使结构构件截面严重削弱　　　　　　　　　　　( ) 2. 使用的钢材质量不合要求　　　　　　　　　　　　　　( ) 3. 意外自然灾害对结构损伤严重　　　　　　　　　　　　( )	

3.9.2　钢屋架、托架损坏维修

钢屋架、托架损坏维修，见表 3-17。

钢屋架、托架损坏维修
表 3-17

项目类别	钢结构工程	备注
项目编号	GJG-9A	
项目名称	钢屋架、托架损坏维修	
维修	工程做法	
屋架、托架卸荷方法	屋架或托架的加固也应尽量在负荷状态下进行,不得已必须卸荷或部分卸荷状态下加固或更换时,可采取附图 3-14 所示卸荷方法。 　　附图 3-14(a)是把临时支柱直接由地面升起,而附图 3-14(b)是把临时支柱安在吊车桥架上,或在桥架上设置脚手架,用千斤将屋架荷载传递到脚手架上;这样利用桥式吊车不占用吊车以下厂房空间,而且吊车可以行驶,屋架加固可逐榀进行,提高效率;临时支撑的支点应在桁架节点处;卸荷办法都会使生产受到严重影响。托架也可采用类似附图 3-14(a)方法卸荷,由于托架处于吊车运行范围以外,故其卸荷对生产影响程度小一点。 　　见附图 3-14 屋架、托架卸荷方法	
屋架体系加固法	体系加固法是设法将屋架与其他构件联系起来、或增设支点和支撑,以形成空间的或连续的承重结构体系,改变屋架承载能力。 　　1. 增设支撑或支点:这可增加屋架空间刚度,将部分水平力传给山墙,提高抗震性能,故在屋架刚度不足或支撑体系不完善时可采用。 　　2. 改变支座连接加固屋架:如前面改变柱计算简图的加固形式,使原铰接钢屋架改变为连续结构,单跨时铰接改刚接也同样改变屋架杆件内力;支座连接变化能降低大部分杆件内力,但也可能使个别杆件内力特征改变或增加应力,所以对改变支座连接后的屋架,应重新进行内力计算	
整体加固法	整体加固法可增强屋架总承载能力,改变桁架内杆件内力。 　　1. 预应力筋加固法:附图 3-15 所示是利用预应力筋(高强度钢材或高强钢丝束效果好),降低许多杆件内力;附图 3-15(a)是增设元宝式预应力筋,附图 3-15(b)、(c)是用直线形预应力筋;附图 3-15(c)应在 A、B 两节点焊上刚性臂才能施加预拉力。 　　2. 撑杆构架加固法:附图 3-16 是桁架下增加撑杆构架加固,增加的构架拉杆可以锚固在屋架上,也可锚固在柱子上,增加的构架撑杆通过 A 点上顶力对屋架起卸荷载作用,为使 A 点有上顶力,先用千斤顶使撑杆和屋架距离拉大,然后安装撑杆。利用撑杆构架加固屋架会影响吊车行走,故适宜于无吊车厂房或用于托架等桁架。附图 3-16 撑杆构架加固屋架	
减少杆件长细比加固法——杆件再分式加固法	利用再分式杆件减少压杆长细比,增加原有杆件截面的承载能力,见附图 3-17 杆件再分式加固法	

项目类别	钢结构工程	备注
补强杆件截面加固法	屋架(桁架)中某些杆件承载能力不足,可以采用补增杆件截面方法加固,一般桁架杆件补增截面都采用加焊角钢或钢板或钢管加固,附图 3-18 为上下弦杆截面加固补强形式示意图,附图 3-18(a)、(b)、(c)、(g)上下弦都适用,而附图 3-18(d)用在上弦时要拆除屋面,附图 3-18(e)、(f)适用下弦截面加固。 　　附图 3-18 为腹杆截面加固补强形式。附图 3-18(a)适用于原杆件弯曲不大杆件,采用圆钢加固,适用于拉杆,如改用钢管补强,也可用于压杆。用圆钢、圆钢管补强截面,可使截面形心移动极小,不破坏屋架杆件对中。附图 3-18(f)、(g)、(h)适用于十字形截面竖杆加固补强。附图 3-18(i)、(j)适用单角钢腹杆加固补强。在屋架(桁架)杆件截面加固补强同时,常有节点处连接补强问题。 　　附图 3-18 补强杆件截面加固法	

3.10 钢梁损坏检测及维修

3.10.1 钢梁损坏检测

钢梁损坏检测,见表 3-18。

钢梁损坏检测 表 3-18

项目类别	钢结构工程	备注
项目编号	GJG-10	
项目名称	钢梁损坏检测	
工作目的	搞清钢梁损坏的现状、产生原因、提出处理意见	
检测时间	年　　　　月　　　　日	
检测人员		
发生部位		
周期性	1 年/次或随时发现随时检查	
工具	测量工具	
注意	1. 佩戴安全帽。 2. 注意上方的掉落物。 3. 高空作业时做好安全措施。 4. 对钢梁损坏的观测,每次都应绘出损坏的位置、大小尺寸,注明日期,并附上必要的照片资料	
受损特征	钢梁损坏会表现如下两种情况: 1. 钢梁整体受到损坏,产生变形。 2. 钢梁的结构杆件受到损坏,产生变形。 　　无论哪种情况都会造成构件局部变形,严重时甚至引起整体结构变形,影响建筑物的正常使用	

项目类别		钢结构工程	备注
准备工作		应了解及收集下列资料： 1. 原有结构竣工图(包括更改图)及验收记录。 2. 原有钢材材质报告复印件或现做材质检验报告。 3. 原有结构构件制作、安装验收记录。 4. 原有结构设计计算书。 5. 结构或构件损坏情况检查报告。 6. 现有实际荷载和加固后新增加的荷载数据	
检查工作程序	A1	钢梁损坏的检查特别要注意下列部位： 1. 钢梁整体是否受到损坏，产生变形及钢梁与柱子等其他构件连接是否牢固。 2. 钢梁的各个杆件是否受到损伤，杆件之间连接是否牢固	
	A2	将钢梁损坏的构件做好编号	需要观测的损坏部位进统一编号
	A3	用测量工具测量钢梁损坏处的长度 L、宽度 B 和厚度 δ： 编号 1：$L_1 =$　　mm；$B_1 =$　　mm；$\delta_1 =$　　mm 编号 2：$L_2 =$　　mm；$B_2 =$　　mm；$\delta_2 =$　　mm	
	A4	根据需要在检查记录中绘制受损钢梁的立面图、平面图或展开图。将检查情况，包括将梁损坏的分布情况，梁损坏的大小、位置详细地标在钢梁的立面图或展开图上	1. 不要遗漏，保证资料的完整性真实性。 2. 每次观测应在梁损坏一侧标出观察日期和相应梁损坏的最大值
	A5	核对记录与现场情况的一致性	
	A6	钢梁损坏检查资料存档	
原因分析		1. 结构经长期使用，不同程度锈蚀、磨损，操作不正常造成结构缺陷等，使结构构件截面严重削弱　　　　　　　　　　　　（　　） 2. 使用的钢材质量不合要求　　　　　　　　　　　　　　（　　） 3. 意外自然灾害对结构损伤严重　　　　　　　　　　　　（　　）	

3.10.2　钢梁损坏维修

钢梁损坏维修，见表 3-19。

钢梁损坏维修　　　　　　　　　　　　　　　　　　　　　　表 3-19

项目类别	钢结构工程	备注
项目编号	GJG-10A	
项目名称	钢梁损坏维修	
维修	工程做法	
钢梁卸荷方法	钢梁及吊车梁加固应尽量在负荷状态下进行，不得已需卸荷或部分卸荷状态下加固时，可以采用屋架类似方法卸荷，即用临时支柱卸荷；对于实腹式梁设置临时支柱时应注意临时支柱处实腹梁腹板的强度和稳定，以及翼缘焊缝(或钉栓)强度；对于吊车梁来说，限制桥式吊车运行，即相当于大部分已卸荷，因吊车梁自重产生的应力与桥式吊车运行时产生应力相比是极小的	

项目类别	钢结构工程	备注
改变梁支座计算简图加固法	各单跨梁可采用使支座部分连续方法进行加固,见附图 3-19。在支座部分的梁上下翼缘焊上钢板,使其变成连续体系,该钢板所传递的力应恰好与支座弯矩相平衡,连续后可使跨中弯矩降低 15%～20%,采用这种加固方法会导致柱子荷载的增加,应验算柱子	
增加支撑加固梁法	附图 3-20(a)、(b)为斜撑加固梁方法,有长斜撑和短斜撑两种方案;附图 3-20(a)是长斜撑加固,长斜撑支在柱基上,虽用钢量多一点又较笨重,但能减少柱子内力;附图 3-20(b)是短斜撑加固,短斜撑支在柱子上,将给柱子传来较大水平力,虽用钢量少一点,可只能在柱子承载能力储备足够时才能采用;一般采用焊接方法连接斜撑和梁,验算时要考虑梁中间部分(斜撑支点之间)会产生压力,用斜撑加固梁时也必须加固梁截面,见附图 3-20(c)。 当梁的荷载增加时,除加固梁还要加固柱子和柱基,这时采用附图 3-20(d)在新基础上设置垂直支撑(支柱)最为有利,但要做新基础,总的看不比斜撑加固经济多少。 见附图 3-20 增加支撑加固梁法	
增加吊杆加固梁法	在层高较高的房屋内,用固定于上部柱的吊杆加固梁,见附图 3-20(e);由于吊杆不沿腹板轴线与梁相连,故梁又受扭;吊杆应是预应力的,吊杆按预应力和梁计算荷载引起的应力总和确定	
增加下支撑构架加固梁法	当允许梁卸荷加固时,可采用下支撑构架加固,见附图 3-20(f)、(g),各种下撑杆使梁变成有刚性上弦梁桁架,下撑杆一般是非预应力各种型钢(角钢、槽钢、圆钢等),也可用预应力高强钢丝束加固吊车梁,图示 h 是直的预应力拉杆加固梁;加固件全部应连接到梁横向加劲肋或腹板上,若连在下翼缘会降低抗震性能	
补增梁截面加固法	梁可通过增补截面面积来提高承载能力,焊接组合梁和型钢梁都可采用焊在翼缘板上水平板、垂直板和斜板加固,见附图 3-21(a)、(b)、(c),也可用型钢加焊在翼缘上,见附图 3-21(e)、(f)、(g);当梁腹板抗剪强度不足时,可在腹板两边加焊钢板补强,见附图 3-21(d),当梁腹板稳定性不保证时,往往不采用上述方法,而是设置附加加劲肋方法;用圆钢和圆钢管补增梁截面是考虑施工工艺方便,见附图 3-21(g)、(h)	

3.11 连接和节点的检测及加固

3.11.1 连接和节点的检测

连接和节点的检测,见表 3-20。

连接和节点的检测   表 3-20

项目类别	钢结构工程	备注
项目编号	GJG-11	
项目名称	连接和节点的检测	

项目类别		钢结构工程	备注
工作目的		搞清钢构件连接和节点的现状、产生原因、提出处理意见	
检测时间		年　　月　　日	
检测人员			
发生部位			
周期性		1年/次或随时发现随时检查	
工具		测量工具	
注意		1. 佩戴安全帽。 2. 注意上方的掉落物。 3. 高空作业时做好安全措施。 4. 对钢连接和节点的观测，每次都应绘出损坏的位置、大小尺寸，注明日期，并附上必要的照片资料	
受损特征		钢连接和节点的受损表现在如下两种情况： 1. 钢结构体系整体受到损坏，产生变形。 2. 钢构件个体受到损坏，产生变形。 　无论哪种情况都会造成构件局部变形，钢结构体系变形，影响建筑物的正常使用	
准备工作		应了解及收集下列资料： 1. 原有结构竣工图（包括更改图）及验收记录。 2. 原有钢材材质报告复印件或现做材质检验报告。 3. 原有结构构件制作、安装验收记录。 4. 原有结构设计计算书。 5. 结构或构件损坏情况检查报告。 6. 现有实际荷载和加固后新增加的荷载数据	
检查工作程序	A1	钢连接和节点的检查特别要注意下列部位： 1. 钢构件之间连接是否牢固。 2. 钢构件的各个杆件之间连接是否牢固	
	A2	将钢连接和节点的构件做好编号	需要观测的损坏部位进统一编号
	A3	用测量工具测量钢连接和节点的处的长度 L、宽度 B 和厚度 δ： 编号 1：$L_1=$　　mm；$B_1=$　　mm；$\delta_1=$　　mm 编号 2：$L_2=$　　mm；$B_2=$　　mm；$\delta_2=$　　mm	
	A4	根据需要在检查记录中绘制受损钢连接和节点的立面图、平面图或展开图。将检查情况，包括将受损钢连接和节点的分布情况，受损钢连接和节点的大小、位置详细地标在钢构件的立面图或展开图上	不要遗漏，保证资料的完整性真实性
	A5	核对记录与现场情况的一致性	
	A6	钢连接和节点的检查资料存档	
原因分析		构件截面的补增或局部构件的替换，都需要适当的连接、补强的杆件必须通过节点加固才能参与原结构工作、破坏了的节点需要加固，所以钢结构加固工作中连接与节点加固占有重要位置	

3.11.2 连接和节点损坏维修

连接和节点损坏维修，见表 3-21。

连接和节点损坏维修 表 3-21

项目类别	钢结构工程	备注
项目编号	GJG-11A	
项目名称	连接和节点损坏维修	
维修	工程做法	
原铆接连接的加固	铆接连接节点不宜采用焊接加固,因焊接的热过程,将使附近铆钉松动、工作性能恶化,由于焊接连接比铆接刚度大,二者受力不协调,而且往往被铆接钢材可焊性较差,易产生微裂纹。 铆接连接仍可用铆钉连接加固或更换铆钉,但铆钉施工繁杂,且会导致相邻完好铆钉受力性能变弱(因新加铆钉紧压程度太强,影响到邻近完好铆钉),削弱的结果,可能不得不将原有铆钉全部换掉。 铆接连接加固的最好方式是采用高强螺栓,它不仅简化施工,且高强螺栓工作性能比铆钉可靠得多,还能提高连接刚度和疲劳强度	
原高强螺栓连接的加固	原高强螺栓连接节点,仍用高强螺栓加固;个别情况可同时使用高强螺栓和焊缝来加固,但要注意螺栓的布置位置,使二者变形协同	
原焊接连接的加固	焊接连接节点的加固,仍用焊接,焊接加固方式有二种:一是加大焊缝高度(堆焊),为了确保安全,焊条直径不宜大于 4mm,电流不宜大于 220A,每道焊缝的堆高不宜超过 2mm,如需加高量大,应逐次分层加焊,每次以 2mm 为限,后一道堆焊应待前一道堆焊冷却到 110℃ 以下才能施焊,这是为了使施焊热过程中尽量不影响原有焊缝强度,二是加长焊缝长度,在原有节点能允许增加焊缝长度时,应首先采用加长焊缝的加固连接方法,尤其在负荷条件下加固时。负荷状态下施焊加固时,焊条直径宜在 4mm 以下、电流 220A 以下、每一道焊缝高度不超过 8mm,如计算高度超过 8mm,宜逐次分层施焊,后道施焊应在前道焊缝冷却到 110℃ 以下后再进行	
节点连接的扩大	当原有连接节点无法布置加固新增的连接件(螺栓、铆钉)或焊缝时,可考虑加大节点连接板或辅助件;图示所示是常用加大节点连接板和辅助零件方法,可举一反三应用。见附图 3-22 节点连接的扩大	

4. 屋 面 工 程

4.1 屋面基层

4.1.1 屋面找平层检测与维修

4.1.1.1 屋面找平层检测

屋面找平层检测，见表 4-1。

屋面找平层检测　　　　　　　　　　　　　　　　　　　　表 4-1

项目类别		屋面基层	备注
项目编号		W1MJ-1	
项目名称		屋面找平层检测	
工作目的		搞清屋面找平层是否有损坏情况	
检测时间		年　　　　月　　　　日	
检测人员			
检查部位		屋面找平层	
周期性		日常检查周期 4 月/次，季节性专项检查周期 7～10 月份，2 月/次	
工具		钢尺、塞尺、小槌等工具	
注意		1. 注意安全。 2. 高空作业时做好安全措施。 3. 对屋面找平层损坏的检查，每次都应记录损坏的位置、大小尺寸，注明日期，并附上必要的照片资料	
问题特征		屋面找平层损坏往往是由于防水层受损导致，由于找平层受损造成排水不畅，使用屋面渗漏情况更为严重	
准备 工作	1	熟悉图纸：了解屋面及找平层的工程做法	
	2	熟悉施工资料：了解有关材料的性能、施工操作的相关记录等	
检 查 工 作 程 序	A1	将地面找平层损坏处并做好编号	
	A2	用钢卷尺测量其长度 L、宽度 B、深度 H： 编号 1：$L_1=$　　　mm；$B_1=$　　　mm；$H_1=$　　　mm 编号 2：$L_2=$　　　mm；$B_2=$　　　mm；$H_2=$　　　mm	
	A3	根据需要在检查记录中绘制平面图。将检查情况，包括将找平层损坏的分布情况，找平层损坏的大小、数量以及深度详细地标在平面图上	不要遗漏，保证资料的完整性真实性
	A4	核对记录与现场情况的一致性	
	A5	找平层损坏检查资料存档	

项目类别	屋面基层		备注
原因 分析	1. 找平层受到水浸泡,酸、碱腐蚀 2. 找平层长期受到冻融影响 3. 受到外力的作用造成找平层受损	( ) ( ) ( )	
结论	由于找平层受到下列因素的影响: 1. 找平层受到水浸泡,酸、碱腐蚀 2. 找平层长期受到冻融影响 3. 受到外力的作用造成找平层受损 需要马上对其进行修理	( ) ( ) ( )	

4.1.1.2 屋面找平层损坏维修

屋面找平层损坏维修,见表 4-2。

屋面找平层损坏维修 表 4-2

项目类别		屋面基层	备注
项目编号		W1MJ-1A	
项目名称		屋面找平层维修	
维修		将原损坏的屋面找平层拆除重做	
材料要求	基本要求	用材料的质量、技术性能必须符合设计要求和施工及验收规范的规定	
	水泥	不低于 42.5 级的普通硅酸盐水泥	
	砂	砂应采用粗砂或中粗砂,含泥量不应大于 3%,不含有机杂质,级配要良好	
	水	应符合饮用标准的水	
构造做法		常用构造做法: 1. 抹 1:3 水泥砂浆找平层。 2. 抹 1:2 水泥砂浆面层	
施工要点	步骤	工程做法	
	基层处理	基层清理:将结构层、保温层上表面的松散杂物清扫干净,凸出基层表面的灰渣等粘结杂物要铲平,不得影响找平层的有效厚度	
	管根封堵	大面积做找平层前,应先将出屋面的管根、变形缝、屋面暖沟墙根部处理好	
	洒水湿润	抹找平层水泥砂浆前,应适当洒水湿润基层表面,主要是利于基层与找平层的结合,但不可洒水过量,以免影响找平层表面的干燥,防水层施工后窝住水气,使防水层产生空鼓。所以洒水达到基层和找平层能牢固结合为度	
	贴点标高冲筋	根据坡度要求,拉线找坡,一般按 1~2m 贴点标高(贴灰饼),铺抹找平砂浆时,先按流水方向以间距 1~2m 冲筋,并设置找平层分格缝,宽度一般为 20mm,并且将缝与保温层连通,分格缝最大间距为 6m	
	铺装水泥砂浆	按分格块装灰、铺平,用刮扛靠冲筋条刮平,找坡后用木抹子搓平,铁抹子压光。待浮水沉失后,人踏上去有脚印但不下陷为度,再用铁抹子压第二遍即可。找平层水泥砂浆一般配合比为 1:3,拌合稠度控制在 7cm	
	养护	找平层抹平、压实以后 24h 可浇水养护,一般养护期为 7d,经干燥后铺设防水层	

项目类别	屋面基层			备注
质量要求	1. 原材料及配合比,必须符合设计要求和施工及验收规范的规定。 2. 屋面、天沟、檐沟找平层的坡度,必须符合设计要求,平屋面坡度不小于 3%;天沟、檐沟纵向坡度不宜小于 5‰。 3. 水泥砂浆找平层无脱皮、起砂等缺陷。 4. 找平层与突出屋面构造交接处和转角处,应做成圆弧形或钝角,且要求整齐平顺。 5. 找平层分格缝留设位置和间距,应符合设计和施工及验收规范的规定			
	屋面找平层允许偏差			
	项次	检验项目	允许偏差(mm)	检验方法
	1	表面平整	5	用 2m 靠尺和楔形塞尺检查
施工注意	1. 找平层起砂:水泥砂浆找平层施工后养护不好,使找平层早期脱水;砂浆拌合加水过多,影响成品强度,抹压时机不对,过晚破坏了水泥硬化,过早踩踏破坏了表面养生硬度。施工中注意配合比,控制加水量,掌握抹压时间,成品不能过早上人。 2. 找平层空鼓、开裂:基层表面清理不干净,水泥砂浆找平施工前未用水湿润好,造成空鼓;应重视基层清理,认真施工结合层工序,注意压实。由于砂子过细、水泥砂浆级配不好、找平层厚薄不均、养护不够,均可造成找平层开裂。注意使用符合要求的砂料,保温层平整度应严格控制,保证找平层的厚度基本一致,加强成品养护,防止表面开裂。 3. 倒泛水:保温层施工时须保证找坡泛水,抹找平层前应检查保温层坡度泛水是否符合要求,铺抹找平层应掌握坡向及厚度			

4.1.2 屋面保温层检测与维修

4.1.2.1 屋面保温层检测

屋面保温层检测,见表 4-3。

屋面保温层检测 表 4-3

项目类别	屋面基层	备注
项目编号	W1MJ-2	
项目名称	屋面保温层检测	
工作目的	搞清屋面保温层是否有损坏情况	
检测时间	年 月 日	
检测人员		
检查部位	屋面保温层	
周期性	日常检查周期 4 月/次,季节性专项检查周期 7～10 月份,2 月/次	
工具	钢尺、塞尺、小槌等工具	
注意	1. 注意安全。 2. 高空作业时做好安全措施。 3. 对屋面保温层损坏的检查,每次都应记录损坏的位置、大小尺寸,注明日期,并附上必要的照片资料	
问题特征	屋面保温层损坏往往是由于防水层受损导致,由于保温层受损造成排水不畅,使用屋面渗漏情况更为严重	

项目类别		屋面基层	备注
准备工作	1	熟悉图纸：了解屋面及保温层的工程作法	
	2	熟悉施工资料：了解有关材料的性能、施工操作的相关记录等	
检查工作程序	A1	将地面保温层损坏处并做好编号	
	A2	用钢卷尺测量其长度 L、宽度 B、深度 H： 编号 1：$L_1=$　　mm，$B_1=$　　mm，$H_1=$　　mm 编号 2：$L_2=$　　mm，$B_2=$　　mm，$H_2=$　　mm	
	A3	根据需要在检查记录中绘制平面图。将检查情况，包括将保温层损坏的分布情况，保温层损坏的大小、数量以及深度详细地标在平面图上	不要遗漏,保证资料的完整性真实性
	A4	核对记录与现场情况的一致性	
	A5	保温层损坏检查资料存档	
原因分析		1. 保温层受到水浸泡,酸、碱腐蚀　　　　　　　　　　　（　　） 2. 保温层长期受到冻融影响　　　　　　　　　　　　　（　　） 3. 受到外力的作用造成保温层受损　　　　　　　　　　（　　）	
结论		由于保温层受到下列因素的影响： 1. 保温层受到水浸泡,酸、碱腐蚀　　　　　　　　　　　（　　） 2. 保温层长期受到冻融影响　　　　　　　　　　　　　（　　） 3. 受到外力的作用造成保温层受损　　　　　　　　　　（　　） 需要马上对其进行修理	

4.1.2.2 屋面保温层损坏维修

屋面保温层损坏维修，见表 4-4。

屋面保温层损坏维修　　　　　　　　　　　　　　　表 4-4

项目类别		屋面基层	备注
项目编号		W1MJ-2A	
项目名称		屋面保温层维修	
维修		将原损坏的屋面保温层拆除重做	
材料要求	基本要求	材料的质量、密度、导热系数等技术性能,必须符合设计要求和施工及验收规范的规定,应有试验资料	
	松散材料	松散的保温材料应使用无机材料,如选用有机材料时,应先做好材料的防腐处理。 松散材料：炉渣或水渣,粒径一般为 5~40mm,不得含有石块、土块、重矿渣和未燃尽的煤块,堆积密度为 500~800kg/m³,导热系数为 0.16~0.25W/(m·K)。膨胀蛭石导热系数 0.14W/(m·K)	
	板状保温材料	砂应采用粗砂或中粗砂,含泥量不应大于 3%,不含有机杂质,级配要良好。 板状保温材料：产品应有出厂合格证,根据设计要求选用厚度、规格应一致,外形应整齐,密度、导热系数、强度应符合设计要求。 1. 泡沫混凝土板块：表观密度不大于 500kg/m³,抗压强度应不低于 0.4MPa。 2. 加气凝土板块：表观密度 500~600kg/m³,抗压强度应不低于 0.2MPa。 3. 聚苯板：表观密度≤45kg/m³,抗压强度应不低于 0.18MPa,导热系数为 0.043W/(m·K)	
	水泥	不低于 42.5 级的普通硅酸盐水泥	
	砂	砂应采用粗砂或中粗砂,含泥量不应大于 3%,不含有机杂质,级配要良好	
	水	应符合饮用标准的水	

项目类别		屋面基层		备注
构造做法		常用构造做法： 1. 保温层铺设。 2. 抹找平层		
施工要点	步骤	工程做法		
	基层处理	基层清理：预制或现浇混凝土结构层表面，应将杂物、灰尘清理干净		
	弹线找坡	按设计坡度及流水方向，找出屋面坡度走向，确定保温层的厚度范围		
	管根固定	穿结构的管根在保温层施工前，应用细石混凝土塞堵密实		
	隔气层施工	上述工序完成后，设计有隔气层要求的屋面，应按设计做隔气层，涂刷均匀地漏刷		
	保温层铺设	1. 松散保温层：是一种干做法施工的方法，材料多使用炉渣或水渣，粒径为 5～40mm。使用时必须过筛，控制含水率。铺设松散材料的结构表面应干燥、洁净，松散保温材料应分层铺设，适当压实，压实程度应根据设计要求的密度，经试验确定。每步铺设厚度不宜大于 150mm，压实后的屋面保温层不得直接推车行走和堆积重物。 　水泥白灰炉渣整体保温层：施工前用石灰水将炉渣闷透，不得少于 3d，闷制前应将炉渣过筛，粒径控制在 5～40mm。最好用机械搅拌，一般配合比为水泥：白灰：炉渣为 1：1：8，铺设时分层、滚压，控制虚铺厚度和设计要求的密度，应通过试验，保证保温性能。 　2. 松散膨胀蛭石保温层：蛭石粒径一般为 3～15mm，珍珠岩粒径小于 0.15mm 的含量不应大于 8%。铺设时使膨胀蛭石的层理平面与热流垂直。 　水泥蛭石整体保温层：是以膨胀蛭石为集料、水泥为胶凝材料，通常用普通硅酸盐水泥，最低等级为 42.5，膨胀蛭石粒径选用 5～20mm，一般配合比为水泥：蛭石＝1：12，加水拌合后，用手紧握成团不散，并稍有水泥浆滴下时为好。机械搅拌会使蛭石颗粒破损，故宜采用人工拌合。人工拌合应是先将水与水泥均匀的调成水泥浆，然后将水泥浆均匀地泼在定量的蛭石上，随泼随拌直至均匀。铺设保温层，虚铺厚度为设计厚度的 130%，用木拍板拍实、找平，注意泛水坡度。 　3. 干铺板块状保温层：直接铺设在结构层或隔气层上，分层铺设时上下两层板块缝应错开，表面两块相邻的板边厚度应一致。一般在块状保温层上用松散料湿作找坡。 　粘结铺设板块状保温层：板块状保温材料用粘结材料平粘在屋面基层上，一般用水泥、石灰混合砂浆；聚苯板材料应用沥青胶结料粘贴		
质量要求		1. 保温材料的强度、密度、导热系数和含水率，必须符合设计要求和施工及验收规范的规定；材料技术指标应有试验资料。 2. 按设计要求及规范的规定采用配合比及粘结料。 3. 松散的保温材料：分层铺设，压实适当，表面平整，找坡正确。 4. 板块保温材料：应紧贴基层铺设，铺平垫稳，找坡正确，保温材料上下层应错缝并嵌填密实。 5. 整体保温层：材料拌合应均匀，分层铺设，压实适当，表面平整，找坡正确		

质量要求	屋面保温层允许偏差			
	项次	检验项目	允许偏差（mm）	检验方法
	1	整体保温层表面平整度 — 无找平层	5	用 2m 靠尺和楔形尺检查
		整体保温层表面平整度 — 有找平层	7	
	2	保温层厚度 — 松散材料	+10δ/100	用钢针插入和尺量检查
		保温层厚度 — 整体	−5δ/100	
		保温层厚度 — 板状材料	±5δ/100 且不大于 4	
	3	隔热板相邻高低差	3	用直尺和楔形塞尺检查
	注：δ 指保温层厚度			

项目类别	屋面基层	备注
施工注意	1. 保温层功能不良:保温材料导热系数、粒径级配、含水量、铺实密度等原因;施工选用的材料应达到技术标准,控制密度、保证保温的功能效果。 2. 铺设厚度不均匀:铺设时不认真操作。应拉线找坡,铺顺平整,操作中应避免材料在屋面上堆积二次倒运。保证均质铺设。 3. 保温层边角处质量问题:边线不直,边楼不齐整,影响找坡、找平和排水。 4. 板块保温材料铺贴不实:影响保温、防水效果,造成找平层裂缝。应严格达到规范和验评标准的质量标准,严格验收管理	

4.1.3 瓦屋面检测与维修

4.1.3.1 瓦屋面检测

瓦屋面检测,见表4-5。

瓦屋面检测　　　　　　　　表4-5

项目类别		屋面基层	备注
项目编号		W1MJ-3	
项目名称		瓦屋面检测	
工作目的		搞清瓦屋面是否有渗漏情况发生	
检测时间		年　　月　　日	
检测人员			
检查部位		瓦屋面	
周期性		日常检查周期4月/次,季节性专项检查周期7~10月份,2月/次	
工具			
注意		1. 注意安全。 2. 高空作业时做好安全措施。 3. 对瓦屋面损坏的检查,每次都应记录损坏的位置、大小尺寸,注明日期,并附上必要的照片资料	
问题特征		瓦屋面损坏,造成屋面漏水	
准备工作	1	熟悉图纸:了解主要部位的工程作法	
	2	熟悉施工资料:了解有关材料的性能、施工操作的相关记录等	
检查工作程序	A1	瓦屋面检查,维修可分为如下五种屋面: 1. 平瓦屋面。 2. 小青瓦屋面。 3. 筒瓦屋面。 4. 石棉瓦屋。 5. 波形镀锌铁皮瓦。 将瓦屋面损坏处做好编号	
	A2	检查瓦屋面,用钢卷尺测量屋面损坏处: 脊瓦不平直(　)$L_1=$　　mm,$L_2=$　　mm 脊瓦损坏(　)$L_1=$　　mm,$L_2=$　　mm 屋面凸凹不平(　)$A_1=$　　mm²　$A_2=$　　mm² 屋面瓦损坏(　)$A_1=$　　mm²　$A_2=$　　mm² 檐口损坏(　)$L_1=$　　mm,$L_2=$　　mm 各交接处损坏(　)$L_1=$　　mm,$L_2=$　　mm	

项目类别		屋面基层		备注
检查工作程序	A3	记录： 1. 将存在问题的部位标注在建筑物屋顶上。 2. 将存在问题的部位标注在建筑物屋顶平面图上		1. 不要遗漏，保证资料的完整性、真实性。 2. 每次观测应在存在问题部位的一侧标出观察日期
	A4	核对记录与现场情况的一致性		
资料处理		检查资料存档		
原因分析		1. 瓦屋面受到水浸泡，酸、碱腐蚀 ( ) 2. 瓦屋面长期受到冻融影响 ( ) 3. 瓦屋面受到外力的作用造成瓦屋面受损 ( )		
结论		由于瓦屋面受到下列因素的影响： 1. 瓦屋面受到水浸泡，酸、碱腐蚀 ( ) 2. 瓦屋面长期受到冻融影响 ( ) 3. 瓦屋面受到外力的作用造成瓦屋面受损 ( ) 需要马上对其进行修理		

4.1.3.2 瓦屋面损坏维修

瓦屋面检测，见表 4-6。

瓦屋面检测   表 4-6

项目类别			屋面基层	备注
项目编号			W1MJ-3A	
项目名称			瓦屋面损坏维修	
维修			瓦屋面维修	
材料要求			所用的屋面瓦材、防水、粘结和勾缝材料应符合设计要求和规范规定	
构造做法			瓦屋面维修可分为如下五种屋面： 1. 平瓦屋面。 2. 小青瓦屋面。 3. 筒瓦屋面。 4. 石棉瓦屋。 5. 波形镀锌铁皮瓦	
施工要点	屋面类型	检修步骤	工程做法	
	1. 平瓦屋面	平瓦屋面修补	平瓦屋面修补，揭开屋面后，扫清积尘杂物，损坏的油毡应更换，并做好搭接处理。当屋面挠曲较大时，应垫高找平挂瓦条，铺挂上平瓦，与相邻瓦衔接吻合平顺。 屋脊局部破损，应剔除损坏的瓦和灰浆，用水冲净润湿后，嵌补水泥混合砂浆换上新脊瓦。脊瓦与平瓦之间的缝隙，应填实抹压光平	

项目类别			屋面基层	备注
	屋面类型	检修步骤	工程做法	
施工要点	1. 平瓦屋面	平瓦屋面翻修	1. 拆下的旧瓦符合使用要求的应利用,其斜沟瓦、戗(斜)脊瓦,应编号存放。添配新瓦时,应无缺角、砂眼、裂缝和翘曲等,其规格、尺寸和颜色,与旧瓦基本一致。 2. 屋面基层和旧瓦上的积尘杂物,应清扫干净,楞摊瓦屋面顶棚内的碎砖、瓦片等,应清除干净。 3. 屋面铺挂瓦前,铺油毡应与檐口平行,并盖过封檐板,油毡与斜沟相交处的搭接,应铺过斜沟中心线。油毡搭接宽度不应小于100mm,油毡应用垂直于屋脊的顺水条压紧钉牢,其间距不应大于500mm,挂瓦条应铺钉平整牢固,挂瓦搭接严密,铺成整齐行列。 4. 铺挂斜沟瓦或脊瓦时,应按编号铺设,天沟、斜沟两旁的平瓦,挑出沟槽应大于50mm,并成一直线,斜沟的宽度宜大于220mm。脊瓦应用水泥混合灰浆垫实,抹压规整。 5. 悬山屋面沿封山板的平瓦,应用水泥混合灰浆座牢、稳平,并用水泥混合灰浆抹过瓦楞(垄)出线(护檐线)。 6. 硬山屋面在山墙高出屋面与平瓦相交处,当做踏步泛水或落底天沟时,镀锌铁皮应嵌入墙内钉牢,用水泥混合灰浆抹压密实,不得有朝天缝。踏步泛水,应勾牢瓦头。 当做小青瓦泛水时,青瓦应紧靠铲除抹灰的墙面,并用水泥混合灰浆座实、稳牢,其上端应伸入脊瓦或天沟下面,四周座灰密实,抹面顺直,不得阻水。 当用灰浆做泛水时,应用与瓦相同颜色的麻刀水泥混合灰浆抹好弯水、披水,并将灰浆嵌入挑出檐下的墙缝中压实、抹光。 7. 屋面坡瓦进入脊瓦部分,应用灰浆垫实卧牢,坡瓦伸入脊瓦不应小于40mm,屋脊应平直,脊瓦接头口应顺主导风向,戗(斜)脊接头口应向下,平脊与戗(斜)脊的交接处,应用麻刀水泥混合灰浆填抹密实、平顺、封严	
	2. 小青瓦屋面修缮	屋面局部破损	屋面局部破损,应剔除两侧灰浆,取出破瓦,浇水湿润小青瓦和完好部位的灰浆,填实灰浆,换上新瓦,按原样修复	
		仰瓦灰梗屋面局部损坏	仰瓦灰梗屋面局部损坏,拆下的旧瓦符合使用要求的应利用,其斜沟瓦、戗(斜)脊瓦,应编号存放。添配新瓦时,应无缺角、砂眼、裂缝和翘曲等,其规格、尺寸和颜色,与旧瓦基本一致。用青麻刀灰浆填抹严实后,做出坡楞,用青麻刀灰浆按原样修补灰梗,搂压密实、圆滑,接楞顺直、严密,无凹凸和断裂	
		小青瓦屋脊损坏	小青瓦屋脊损坏,应拆除屋脊损坏部位及两侧坡面300～500mm的瓦,清净杂物。檩条不平时,应用瓦和灰浆填垫找平。按原瓦垄(楞)间距定垄(楞),屋脊处坡面底瓦顶端,应用勾楞瓦卡住填垫牢固。 做普通瓦脊,两皮瓦应相互错缝,刮糙后用灰浆抹光;做立瓦脊,应将青瓦竖直或斜立排列挤紧,在屋脊上做成直立瓦或斜立瓦(刺)毛脊	
		修补泥背	铺设修补泥背,应前后坡自下向上同时分两层铺抹均匀平整,其总厚度不应小于50mm,待干后再定垄(楞)做脊	

续表

项目类别			屋面基层	备注
施工要点	屋面类型	检修步骤	工程做法	
	2. 小青瓦屋面修缮	屋脊维修	定垄(楞)做脊,在斜沟处应先用灰浆座铺5~6张斜沟瓦,各垄斜沟瓦应顺直、牢固,盖出斜沟不小于50mm,瓦头座实并窝好蟹钳瓦,斜沟宽度应大于220mm	
		小青瓦屋面	小青瓦屋面底、盖瓦,应盖7露3,底瓦两侧应垫实,檐口底瓦应用灰浆窝实(当屋面坡度大于30°时,底瓦应全部用灰浆座实)。檐口第一张底瓦,应大头朝下,并挑出檐口50~70mm,檐头瓦底部应填塞密实,抹压顺直、光平、规整	
		仰瓦灰梗屋面翻修	仰瓦灰梗屋面翻修,青瓦应铺设在泥背基层上,瓦面上压下,应至少盖6露4,两排仰瓦间的空隙,应用麻刀灰浆填塞密实,做出灰梗,不露瓦翅	
		封山板处的瓦	屋面两端沿封山板处的瓦,应做蓑衣瓦楞(垄)线或砖出线(护檐线),做蓑衣瓦楞(垄)线时,上盖瓦应盖住下盖瓦1/2以上,底瓦和盖瓦应用灰浆座实,蓑衣瓦楞下盖瓦,应盖出椽子,封山板不小于20mm,山墙与屋面相平时,蓑衣瓦楞下应用灰浆填抹衬平,并向外有坡度,其下口应抹滴水线	
质量要求	1. 平瓦、脊瓦的质量必须符合施工规范规定。 2. 做到瓦面行列整齐,搭接紧密,檐口平直。 3. 脊瓦应搭盖正确,间距均匀,封固严密,屋脊和斜脊应顺直,无起伏现象			

4.1.4 金属板屋面检测与维修

4.1.4.1 金属板屋面检测

金属板屋面检测,见表4-7。

金属板屋面检测　　　　表4-7

项目类别	屋面基层	备注
项目编号	W1MJ-4	
项目名称	金属板屋面检测	
工作目的	搞清金属板屋面是否有渗漏情况发生	
检测时间	年　　　月　　　日	
检测人员		
检查部位	金属板屋面	
周期性	日常检查周期4月/次,季节性专项检查周期7~10月份,2月/次	
工具		

项目类别		屋面基层	备注
注意		1. 注意安全。 2. 高空作业时做好安全措施。 3. 对金属板屋面损坏的检查,每次都应记录损坏的位置、大小尺寸,注明日期,并附上必要的照片资料	
问题特征		金属板屋面损坏,造成屋面漏水	
准备工作	1	熟悉图纸:了解主要部位的工程做法	
	2	熟悉施工资料:了解有关材料的性能、施工操作的相关记录等	
检查工作程序	A1	金属板屋面检查、维修可分为如下三种屋面: 1. 波形薄钢板。 2. 平板形薄钢板。 3. 带肋镀铝锌钢板。 将屋面损坏处做好编号	
	A2	检查金属板屋面,用钢卷尺测量屋面损坏处: 搭接缝不严密(　)$L_1=$　mm,$L_2=$　mm 有空钉眼现象(　)$L_1=$　mm,$L_2=$　mm 搭接翘曲现象(　)$L_1=$　mm,$L_2=$　mm 结构密封胶封闭不严(　)$L_1=$　mm 　　　　　　　　　　$L_2=$　mm	
	A3	记录: 1. 将存在问题的部位标注在建筑物屋顶上。 2. 将存在问题的部位标注在建筑物屋顶平面图上	1. 不要遗漏,保证资料的完整性、真实性。 2. 每次观测应在存在问题部位的一侧标出观察日期
	A4	核对记录与现场情况的一致性	
资料处理		检查资料存档	
原因分析		1. 金属板受到水浸泡,酸、碱腐蚀　　　　　　　(　) 2. 受到外力的作用造成金属板受损　　　　　　(　)	
结论		由于金属板受到下列因素的影响: 1. 金属板受到水浸泡,酸、碱腐蚀　　　　　　(　) 2. 受到外力的作用造成金属板受损　　　　　　(　) 需要马上对其进行修理	

4.1.4.2　金属板屋面损坏维修

金属板屋面损坏维修,见表 4-8。

金属板屋面损坏维修　　　　　　　　　　　　表 4-8

项目类别	屋面基层	备注
项目编号	W1MJ-4a	
项目名称	金属板屋面损坏维修	
处理方法	金属板屋面部分更换或维修	

项目类别		屋面基层	备注
材料要求		所用的屋面瓦材、防水、粘结和勾缝材料应符合设计要求和规范规定。 金属板材：边缘整齐、表面光滑、外观规则，不得有扭翘、锈蚀等缺陷。 连接件及密封材料： 自攻螺栓：6.3mm、45 号钢镀锌、塑料帽。 拉铆钉：铝质抽芯拉铆钉。 压盖：不锈钢。 密封垫圈：乙丙橡胶垫圈。 密封膏：丙烯酸酯、硅酮密封膏	
构造做法		金属板屋面维修可分为如下三种屋面： 1. 波形薄钢板。 2. 平板形薄钢板。 3. 带肋镀铝锌钢板	
施工要点	屋面类型	工程作法	
	1. 波形薄钢板屋面	1. 基层杂物应清除干净，然后按设计的配板图进行预装配，经检查符合设计要求后作为铺瓦图	
		2. 波形薄钢板轻而薄，应制备专用吊装工具。吊点的最大间距不宜大于 5m。吊装时需用软质材料做垫，以免勒坏钢板	
		3. 波形薄钢板铺设前，按铺瓦图，由下而上先在檩条上安装好固定支架。波形薄钢板和固定支架需用钩头螺栓连接	
		4. 铺设波形薄钢板时，相邻两块钢板应顺主导风向搭接，上下两排钢板的搭接长度应不小于 200mm。波形薄钢板与固定支架的固定应用螺栓。每张薄钢板在四角固定。接缝内用密封胶嵌填	
		5. 天沟用镀锌薄钢板制作时，其伸入波形薄钢板的下面的长度和波形薄钢板伸入檐沟的长度均应按设计规定	
		6. 每块泛水板的长度不宜大于 2m，与波形薄钢板的搭接宽度应小于 200mm。泛水应拉线安装，使其平直	
		7. 屋脊、斜脊、天沟和屋面与突出屋面交接处的泛水，均应用镀锌薄钢板制作，其与波形薄钢板搭接宽度不小于 150mm	
		8. 施工时应注意：暴露在屋面的螺栓，需代防水垫圈；波形薄钢板的搭接缝和其他可能浸水的部位，均应用防水密封胶封固	
	2. 平板形薄钢板屋面	1. 检查屋面基层符合设计要求后方可进行铺瓦	
		2. 平板形薄钢板需用专用吊具吊运；吊运中应采取措施，防止可能发生的变形和勒坏	
		3. 平板形薄钢板在安装前应预制成拼板，其长度根据屋面坡长和搬运条件确定；在屋面同一坡面上，平板形薄钢板的立咬的折边，应顺向当地年最大频率风向。平行流水方向的双立咬口拼缝做法与垂直流水方向的双平咬口拼缝 立咬口背面应顺主导风向安装；平咬口背面应顺水流水方向安装	
		4. 在屋面的同一坡面上，相邻平板形薄钢板拼缝的平咬口和相对两坡面上的立咬口应错开，其间距不应小于 50mm；垂直于流水方向的平咬口应位于檩条上。嵌入立咬口的薄钢板带，必须用双钉钉牢于檩条上，每条长边至少要钉三个薄钢板带，其间距不应大于 600mm	

项目类别		屋面基层	备注
	屋面类型	工程作法	
施工要点	2. 平板形薄钢板屋面	5. 无组织排水的平板形薄钢板屋面其檐口的薄钢板宜固定在"T"形铁上,"T"形铁用钉子钉牢在檐口垫板上,其间距不大于700mm。当做薄钢板包檐,应带有向外弯的滴水线	
		6. 屋面平板形薄钢板与突出屋面的墙连接以及薄钢板与烟囱的连接,按设计的细部构造图施工	
	3. 带肋镀铝锌钢板屋面	1. 铺瓦前应检查屋面基层符合设计要求后方可进行	
		2. 备足固定座、固定钉(钢檩条应用自攻螺钉,木檩条用铁钉);并准备专用上、下弯扳手和开口器等	
		3. 用专用工具吊放钢板至屋架上时,应依照母肋部分朝向,首先安装固定座的方向排放,然后将第一行的固定座安放在每一根檩条上。随即拉通线用固定钉把固定座固定好	
		4. 铺设钢板时,由下而上先将中间肋对准固定座上的长弯角、再将母肋对准短弯角,操作工人用脚分别在这两道肋条上施加压力(注意肋条要对准)将中间肋及母肋扣合在固定座上,并检查是否已完全扣紧	
		5. 将第二行固定座依照固定座之短弯角扣住已安装完毕的钢板的公肋的方法,一一安装在每根檩条上。倘若固定座因为公肋上个别出现的反钩榫头而无法被压下去时,可用橡胶将这榫头敲平,将固定座压下,扣合住公肋,然后用固定钉将第二行固定座固定在檩条上	
		6. 将第二张钢板排放在第二行固定座上。依前法先将中间肋对准固定座之长弯角,接着,再对准母肋,使母肋能扣住前一张钢板的公肋。施工时,拉一水平线,使钢板下缘齐平,最后,将钢板肋条压下,切实扣住固定座。做法是,操作人员将一只脚踏在将要固定的第二张钢板的凹槽部分,另一只脚则踏在连接肋条上,即后一张钢板的母肋加前一张钢板的公肋及固定座的短弯角组合成一道连接肋条,并施加压力,使两张钢板在连接肋条上完全扣紧。接着,在中间肋上,以相同的方式施压,使第二张钢板的中间肋能完全扣住固定座的长弯角,为满足完整的扣压,公肋上的反沟槽榫头,必须完全嵌入接续钢板的母肋中。施压时,若听到"咔嗒"一声,表示榫头已扣合妥当。注意此时操作人员只能站在接续钢板上,而非已经固定好的钢板上	
		7. 施工到最后,如果所剩的空间大于半张钢板的宽度,则可将超过的部分裁去,留下完整的中间肋,按前述方法,将这张钢板固定在固定座上,倘若所余的部分比半张钢板的宽度小,则可采用屋脊盖板或泛水收边板予以覆盖。此时,最后一张完整的钢板必须以裁短的固定座上的短弯角扣住其公肋,固定在檩条上	
		8. 当钢板位于屋脊部分,覆盖在泛水收边板或屋脊盖板下方的钢板的凹槽,部分应向上弯起时,可用上弯扳手将钢板弯槽向上弯翘。用下弯扳手,可将钢板下缘之凹槽部分下向弯。开口器是将在横向的泛水收边板或屋脊盖板上开出缺口,使收边板或屋脊盖板能同时覆盖住钢板的肋条及凹槽部分	

4. 屋面工程

续表

项目类别	屋面基层	备注
质量要求	1. 金属板材的连接和密封处必须符合要求,不得有渗漏,压型板应采用带防水垫圈的镀锌螺栓(螺钉)固定,固定点应设在波峰上,所有外露的螺栓(螺钉),均应涂抹密封材料保护。 2. 金属板材屋面应安装正确,密封严密;排水坡度应符合设计要求,压型板的横向搭接不小于一个波,纵向搭接不小于200mm,压型板挑出墙面的长度不小于200mm,压型板伸入檐沟内的长度不小于150mm,压型板与泛水的搭接宽度不小于200mm。 3. 屋面的檐口线,泛水段应顺直,无起伏现象	

金属板材屋面安装的允许偏差和检验方法

项次	检验项目	允许偏差(mm)	检验方法
1	金属板裁口直线度	±5	拉5m线,不足5m,拉通线用钢直尺检查
2	搭接长度	±5	用钢直尺检查
3	挑出长度	±5	用钢直尺检查
4	固定点距离	±10	用钢直尺检查

项目类别	内容
施工注意	1. 铅、铜制品决不允许和带肋镀铝锌钢板搭接或覆盖;扣合缝的密封胶、屋脊盖板和泛水边板应与带肋镀铝锌钢板同批订购。 2. 平板形薄钢板平行于流水方向的双立咬口的拼缝,要松弛扣合,以利胀缩。 3. 屋脊盖板和泛水板与薄钢板连接处需用防水密封胶封严,但密封胶要挤入盖板内。 4. 当屋面基层檩条上铺有木质屋面板时,固定双面咬口的薄钢板带,用长铁钉穿过屋面板与檩条钉合牢固

4.1.5 屋面排水系统检测与维修

4.1.5.1 屋面排水系统检测

屋面排水系统检测,见表4-9。

屋面排水系统检测
表 4-9

项目类别	屋面基层	备注
项目编号	W1MJ-5	
项目名称	屋面排水系统检测	
工作目的	搞清屋面排水系统是否有渗漏情况发生	
检测时间	年　　月　　日	
检测人员		
检查部位	屋面排水系统	
周期性	日常检查周期4月/次,季节性专项检查周期7~10月份,2月/次	
专用工具		
注意	1. 注意安全。 2. 高空作业时做好安全措施。 3. 对屋面排水系统损坏的检查,每次都应记录损坏的位置、大小尺寸,注明日期,并附上必要的照片资料	

78

续表

项目类别		屋面基层	备注
事故特征		屋面排水系统损坏,造成漏水	
准备工作	1	熟悉图纸:了解主要部位的工程做法	
	2	熟悉施工资料:了解有关材料的性能、施工操作的相关记录等	
检查工作程序	A1	1. 检查天沟、檐沟 (1)检查镀锌铁皮或阻燃性的塑料、钙塑、玻璃钢制成的天沟、檐沟,用钢卷尺测量其损坏处: 搭接缝不严密( )$L_1=$ mm,$L_2=$ mm 有空钉眼现象( )$L_1=$ mm,$L_2=$ mm 搭接翘曲现象( )$L_1=$ mm,$L_2=$ mm 结构密胶封闭不严( )$L_1=$ mm $L_2=$ mm (2)检查混凝土制成的天沟、檐沟,用钢卷尺测量其损坏处: 防水层损坏:( )$L_1=$ mm,$L_2=$ mm	
	A2	2. 检查雨水口 (1)雨水口与屋面防水层连接处损坏:( ) $L_1=$ mm,$L_2=$ mm (2)雨水口堵塞	
	A3	3. 检查落水管: 1)连接管(连接管是连接雨水斗和悬吊管的一段竖向短管):连接松动、不牢固( )处; 2)悬吊管(悬吊管是悬吊在屋架、楼板和梁下或架空在柱上的雨水横管):连接松动、不牢固( )处; 3)立管(雨水排水立管承接悬吊管或雨水斗流来的雨水的竖管):连接松动、不牢固( )处	
	A4	4. 检查排出管(排出管是立管和检查井间的一段有较大坡度的横向管道): (1)管道损坏( ) (2)管道堵塞、排水不通畅( )	
	A5	5. 检查埋地管(敷设于室内地下,承接立管的雨水的管道):管道堵塞、排水不通畅( )	
	A6	6. 检查附属构筑物: (1)检查井损坏( ) (2)检查口井损坏( ) (3)排气井损坏( )	
	A7	记录: 1. 将存在问题的部位标注在建筑物屋顶上。 2. 将存在问题的部位标注在建筑物屋顶平面图上。	1. 不要遗漏,保证资料的完整性、真实性。 2. 每次观测应在存在问题部位的一侧标出观察日期
	A8	核对记录与现场情况的一致性	

项目类别	屋面基层	备注
资料 处理	上传检查资料存档	
原因 分析	1. 长期受到水浸泡,酸、碱腐蚀 （　　） 2. 材料老化 （　　） 3. 受到外力的作用造成受损 （　　）	
结论	由于受到下列因素的影响: 1. 长期受到水浸泡,酸、碱腐蚀 （　　） 2. 材料老化 （　　） 3. 受到外力的作用造成受损 （　　） 需要马上对其进行修理	

4.1.5.2 屋面排水系统损坏维修

屋面排水系统损坏维修,见表4-10。

屋面排水系统损坏维修 表4-10

项目类别	屋面基层	备注
项目编号	W1MJ-5a	
项目名称	屋面排水系统损坏维修	
处理方法	屋面排水系统部分构件更换或维修	
材料要求	屋面排水系统的维修材料均应符合现行规范和行业标准要求	
构造做法	1. 天沟、檐沟 檐沟的坡度 1/500～1/200,为接头应顺水流方向搭接紧密。撑攀或托钩间距不宜大于 500mm,硬质塑料檐沟托钩的间距不宜大于 1000mm。 2. 雨水斗 雨水斗与管道连接要顺插,与防水层连接要牢固、不渗漏。 3. 连接管 连接管一般与雨水斗同径,连接管应牢固固定在建筑物的承重结构上,下端用斜三通与悬吊管连接。 4. 悬吊管连接雨水斗和排水立管,其管径不小于连接管管径,也不应大于 300mm。塑料管的坡度不小于 0.005;铸铁管的最小设计坡度不小于 0.01。在悬吊管的端头和长度大于 15m 的悬吊管上设检查口或带法兰盘的三通,位置宜靠近墙柱,以利检修。 连接管与悬吊管,悬吊管与立管间宜采用 45°三通或 90°斜三通连接。 5. 立管(落水管) 落水管、弯管等应顺插连,接用铁脚螺钉固定牢靠,其铁脚间距:铸铁管应每节一个;钙塑、镀锌铁皮管不宜大于 1000mm,硬质塑料管不宜大于 1500mm;钙塑管最下面一节,应设 3 只铁脚。在勒脚部位,应做弯头。 6. 排出管 排出管与下游检查埋地管在检查井中宜采用管顶平接,水流转角不得小于 135°。 7. 埋地管 最小管径为 200mm,最大不超过 600mm。埋地管一般采用混凝土管、钢筋混凝土管或陶土管,管道坡度按生产废水管道最小坡度设计。 8. 附属构筑物 (1)检查井损坏（　　）	

项目类别		屋面基层	备注
构造做法		检查井适用于敞开式内排水系统,设置在排出管与埋地管连接处,埋地管转弯、变径及超过 30m 的直线管路上。检查井井深不小于 0.7m,井内采用管顶平接,井底设高流槽,流槽应高出管顶 200m。 (2)检查口井损坏 密闭内排水系统的埋地管上设检查口。 (3)排气井损坏 埋地管起端检查井与排出管间应设排气井	
	维修部位	工程做法	
施工要点	1. 天沟、檐沟	1. 镀锌铁皮或阻燃性的塑料、钙塑、玻璃钢制成的天沟、檐沟损坏 (1)应在修复原状,补好洞眼,做好防锈处理后,再集中使用。 (2)檐沟的坡度 1/500～1/200,为接头应顺水流方向搭接紧密。撑攀或托钩间距不宜大于 500mm,硬质塑料檐沟托钩的间距不宜大于 1000mm。 2. 混凝土制成的天沟、檐沟损坏 (1)若混凝土局部损坏,则需修补混凝土。 (2)若防水层局部损坏,则需修补防水层。 3. 清理天沟、檐沟内灰尘杂物,保证其坡度符合要求	
	2. 雨水斗	1. 修补雨水斗周围的防水层,使雨水斗与防水层连接要牢固、不渗漏。 2. 清理雨水斗周围灰尘杂物,保证其排水通畅	
	3. 连接管	1. 加固连接管,使之连接牢固,保证排水畅通。 2. 更换损坏的连接管	
	4. 悬吊管	1. 加固悬吊管,使之连接牢固,保证排水畅通。 2. 更换损坏的悬吊管	
	5. 立管(落水管)	1. 加固立管,使之连接牢固,保证排水畅通。 2. 更换损坏的立管	
	6. 排出管	1. 加固排出管,使之连接牢固,保证排水畅通。 2. 更换损坏的排出管	
	7. 埋地管	1. 加固埋地管,使之连接牢固,保证排水畅通。 2. 更换损坏的埋地管	
	8. 检查井	维修、疏通检查井,保证排水畅通	
	9. 检查口井	维修、疏通检查口井,保证排水畅通	
	10. 排气井	维修、疏通排气井,保证排水畅通	
质量要求		保证排水畅通	
施工注意		1. 在高空作业时,要特别注意安全。 2. 维修管道井时,要防止有害气体中毒	

4.2 刚性防水层屋面

4.2.1 刚性防水层屋面防水检测及维修

4.2.1.1 刚性防水层屋面防水检测

刚性防水层屋面防水检测，见表 4-11。

刚性防水层屋面防水检测 表 4-11

项目类别		刚性防水层屋面	备注
项目编号		W2GM-1	
项目名称		刚性防水层屋面防水检测	
工作目的		搞清刚性防水层屋面防水是否有渗漏情况发生	
检测时间		年 月 日	
检测人员			
检查部位		刚性防水层屋面的防水层	
周期性		日常检查周期 4 月/次，季节性专项检查周期 7～10 月份，2 月/次	
工具		钢尺、塞尺、卡尺等测量仪	
注意		1. 注意安全。 2. 高空作业时做好安全措施。 3. 对屋面刚性防水层损坏的检查，每次都应记录损坏的位置、大小尺寸，注明日期，并附上必要的照片资料	
问题特征		根据漏水量的大小，可分为渗和漏两种情况	
准备工作	1	熟悉图纸：了解主要部位的工程做法	
	2	熟悉施工资料：了解有关材料的性能、施工操作的相关记录等	
检查工作程序	A1	普查：主要检查防水层是否存在如下问题： 裂缝渗漏（ ） 分格缝渗漏（ ） 有翻口泛水部位渗漏（ ） 无翻口泛水部位渗漏（ ） 刚性防水层与天沟、檐沟交接处渗漏（ ） 混凝土防水层表面风化、起砂及酥松、起壳（ ）	
	A2	重点检查：是主要检查防水层的受损程度及面积。 裂缝渗漏 渗（ ）漏（ ）面积（ ） 分格缝渗漏 渗（ ）漏（ ）面积（ ） 有翻口泛水部位渗漏 渗（ ）漏（ ）面积（ ） 无翻口泛水部位渗漏 渗（ ）漏（ ）面积（ ） 刚性防水层与天沟、檐沟交接处渗漏 渗（ ）漏（ ）面积（ ） 混凝土防水层表面风化、起砂及酥松、起壳 渗（ ）漏（ ）面积（ ）	渗漏点应进行统一编号，每个渗漏点宜布设两组观测标志，共同确定渗漏点的位置
	A3	记录： 1. 将存在问题的部位标注在建筑物屋顶上。 2. 将存在问题的部位标注在建筑物屋顶平面图上	1. 不要遗漏，保证资料的完整性、真实性。 2. 每次观测应在存在问题部位的一侧标出观察日期
	A4	核对记录与现场情况的一致性	

续表

项目类别		刚性防水层屋面		备注
资料处理	检查资料存档			
原因分析	1. 屋面的刚性防水层受到水浸泡,酸、碱腐蚀 2. 屋面的刚性防水层长期受到冻融影响 3. 受到外力的作用造成屋面的刚性防水层受损	( ) ( ) ( )		
结论	由于屋面的刚性防水层受到下列因素的影响: 1. 屋面的刚性防水层受到水浸泡,酸、碱腐蚀 2. 屋面的刚性防水层长期受到冻融影响 3. 受到外力的作用造成屋面的刚性防水层受损 需要马上对其进行修理	( ) ( ) ( )		

4.2.1.2 刚性防水层屋面防水损坏维修

刚性防水层屋面防水损坏维修,见表 4-12。

刚性防水层屋面防水损坏维修　　　表 4-12

项目类别		刚性防水层屋面	备注
项目编号		W2GM-1A	
项目名称		刚性防水层屋面损坏维修	
维修		局部拆除修补,特别严重时,拆除重做	
材料要求	水泥	宜采用普通硅酸盐水泥或硅酸盐水泥;当采用矿渣硅酸盐水泥时应采取减少泌水性的措施;水泥的强度等级不低于 42.5,不得使用火山灰质硅酸盐水泥。水泥应有出厂合格证,质量标准应符合国家标准的要求	
	砂 (细骨料)	应符合《普通混凝土用砂、石质量及检验方法标准》JGJ 52—2006 的规定,宜采用中砂或粗砂,含泥量不大于 2%,否则应冲洗干净。如用特细砂、山砂时,应符合《特细砂混凝土配制及应用技术规程》DBS 1/5002—92 的规定	
	石子 (粗骨料)	应符合《普通混凝土用砂、石质量及检验方法标准》JGJ 52—2006 的规定,宜采用质地坚硬,最大粒径不超过 15mm,级配良好,含泥量不超过 1%的碎石或砾石,否则应冲洗干净	
	水	水中不得含有影响水泥正常凝结硬化的糖类、油类及有机物等有害物质,硫酸盐及硫化物较多的水不能使用,pH 值不得小于 4。一般自来水和饮用水均可使用	
	混凝土及砂浆	混凝土水灰比不应大于 0.55;每立方米混凝土水泥最小用量不应小于 330kg;含砂率宜为 35%～40%;灰砂比应为 1∶2～1∶2.5,混凝土强度等级不应低于 C20;并宜掺入外加剂。普通细石混凝土、补偿收缩混凝土的自由膨胀率应为 0.05%～0.1%。 外加剂刚性防水层中使用的膨胀剂、减水剂、防水剂、引气剂等外加剂应根据不同品种的适用范围、技术要求来选择	
	配筋	配置直径为 4～6mm,间距为 100～200mm 的双向钢筋网片,可采用乙级冷拔低碳钢丝,性能符合标准要求。钢筋网片应在分格缝处断开,其保护层厚度不小于 10mm	
	聚丙烯抗裂纤	维聚丙烯抗裂纤维为短切聚丙烯纤维,纤维直径 0.48μm,长度 10～19mm,抗拉强度 276MPa,掺入细石混凝土中,抵抗混凝土的收缩应力,减少细石混凝土的开裂。掺量一般为每 m³ 细石混凝土中掺入 0.7～1.2kg	

项目类别		刚性防水层屋面	备注
材料要求	密封材料	合成高分子密封材料是以合成高分子材料为主体,加入适量的化学助剂、填充料和着色剂等,经过特定的生产工艺制成的膏状密封材料,按性状可分为弹性体、弹塑性体和塑性体三种。常用的有聚氨酯密封膏、丙烯酸酯密封膏、有机硅密封膏、丁基密封膏及聚硫密封膏等	
处理方法		1. 刚性防水层屋面产生裂缝、起壳的局部损坏情况严重,损坏的面积大于屋面面积的20%时,应对屋面防水层进行翻修。	
		2. 屋面大面积渗漏且渗漏总面积大于20%时应进行翻修	
		3. 翻修时应注意: (1)当屋面结构具有足够的承载能力时,宜采用在原防水层上增设一道刚性防水层的方法进行屋面翻修。翻修时应先清除原防水层表面损坏部分,渗漏的节点等部位进行维修后,再新增设一道刚性防水层,刚性防水材料宜采用补偿收缩混凝土,其做法应符合国家《屋面工程技术规范》GB 50345—2012的规定。 (2)原刚性防水层全部铲除重做刚性防水层时,应将屋面基层清理干净,并宜在屋面预制板缝等屋页节点及裂缝部位进行防水处理后,再按国家现行《屋面工程技术规范》GB 50345—2012的规定重做刚性防水层。 (3)在原刚性防水层上增设柔性防水层进行翻修时,应先清除原防水层表面损坏部分,对渗漏的节点等部位进行维修后,再铺设柔性防水层,其做法应符合国家现行《屋面工程技术规范》GB 50345—2012的规定	
构造做法		1. 刚性防水屋面的一般构造形式见附图4-1刚性防水屋面的一般构造形式	
		2. 檐沟做法详见附图4-2檐沟做法	
		3. 檐口做法详见附图4-3	
		4. 分隔缝做法详见附图4-4分隔缝做法	
		5. 立墙泛水做法详见附图4-5立墙泛水做法	
		6. 变形缝做法详见附图4-6变形缝做法	
		7. 伸出屋面管道 由室内伸出屋面的水管、通风等须在防层施工前安装,并周围凹槽以便嵌填密封材料。 做法详见附图4-7伸出屋面管道做法	
		8. 女儿墙泛水压顶做法详见附图4-8女儿墙泛水压顶做法	
施工要点	步骤	工程做法	
	施工准备	1. 屋面结构层为装配式钢筋混凝土板时,应用细石混凝土嵌缝其强度等级应不小于C20;灌缝的细石混凝土宜掺膨胀剂。当屋面板宽度大于40mm或上窄下宽时,板缝内应设置构造钢筋。灌高度与板面平齐。板端用密封材料嵌缝密封处理。 2. 由室内伸出屋面的水管、通风等须在防层施工前安装,并在周围留凹槽以便嵌填密封材料。 3. 刚性防水层的混凝土、砂浆配合比应按设计要求,由试验室通过试验确定。尤其是掺有各种外加剂的刚性防水层,其外加剂的掺量要严格试验,获得最佳掺量范围。 4. 按工程量的需要,宜一次备足水泥、砂、石等需要量,保证混凝土连续一次浇捣完成。原材料进场应按规定要求对材料进行抽样复验,原材料进场应按规定要求对行抽样复验,合格后才能使用。 5. 施工前应准备好机具,并检查是否完好。 6. 檐口挑出支模及分格缝模板应按要求制作并刷隔离剂	

项目类别		刚性防水层屋面	备注
	步骤	工程做法	
施工要点	隔离层施工	刚性防水层和结构层之间应脱离,即在刚性防水层与结构层之间增加一层低强度等级砂浆、卷材、塑料薄膜等材料,起隔离作用,使结构层和刚性防水层变形互不受约束,以减少因结构变形使防水混凝土产生的拉应力,减少刚性防水层层的开裂。 1. 黏土砂浆隔离层施工 预制板缝填嵌细石混凝土后板面应清扫干净,洒水湿润,但不得积水,将按石灰膏:砂:黏土=1:2.4:3.6 配合比的材料拌均匀,砂浆以干稠为宜,铺抹的厚度约 10～20mm,要求表面平整、压实、抹光,待砂浆基本干燥后,方可进行下道工序施工。 2. 石灰砂浆隔离层施工 施工方法同上。砂浆配合比为石灰膏:砂=1:4。 3. 水泥砂浆找平层铺卷材隔离施工 用 1:3 水泥砂浆将结构层找平,并压实抹光养护,再在干燥的找平层上铺一层 3～8mm 干细砂滑动层,在其上铺一层卷材,搭接缝用热沥青玛琋脂盖缝。也可以在找平层上直接铺一层塑料薄膜。 因为隔离层材料强度低,在隔离层继续施工时,要注意对隔离层加强保护,混凝土运输不能直接在隔离层表面进行,应采取垫板等措施,绑扎钢筋时不得扎破表面,浇捣混凝土时更不能振酥隔离层	
	分格缝留置	分格缝留置是为了减少因温差、混凝土干缩、徐变、荷载和振动、地基沉陷等变形造成刚性防水层开裂,分格缝部位应按设计要求设置。如无设计明确规定时,可按下述原则设置分格缝: 1. 分格缝应设置在结构层屋面板的支承端、屋面转折处(如屋脊)、防水层与突出屋面结构的交接处,并应与板缝对齐。 2. 纵横分格缝间距一般不大于 6m,或"一间分格",分面积不超过 36m² 为宜。 3. 现浇板与预制交接处,按结构要求留有伸收缩缝、变形缝的部位。 4. 分格缝宽宜为 10～20mm。 5. 分格缝可采用木板,在混凝土浇筑前支设,混凝土浇筑完毕,收水初凝后取出分格缝模板。或采用聚苯乙烯泡沫板支设,待混凝土养护完成、嵌填密封材料前按设计要求的高度用电烙铁熔去表面的泡沫板	
	钢筋网片施工	1. 钢筋网配置应按设计要求,一般直径为 4～6mm、间距为 100～200mm 双向钢筋网片。网片采用绑扎和焊接均可,其位置以居中偏上为宜,保护层不小于 10mm。 2. 钢筋要调直,不得有弯曲、锈蚀、沾油污。 3. 分格缝处钢筋网片要断开。为保证钢筋网片位置留置准确,可采用先在隔离层上满铺钢丝绑扎成型后,再按分格缝位置剪断的方法施工	

项目类别		刚性防水层屋面	备注
施工要点	步骤	工程做法	
	细石混凝土防水层施工	1. 浇捣混凝土前,应将隔离层表面浮渣、杂物清除干净;检查隔离层质量及平整度、排水坡度和完整性;支好分格缝模板,标出混凝土浇捣厚度,厚度不宜小于 40mm。 2. 材料及混凝土质量要严格保证,经常检查是否按配合比准确计量,每工作班进行不少于两次的坍落度检查,并按规定制作检验的试块。加入外剂时,应准确计量,投料顺序得当,搅拌均匀。 3. 混凝土搅拌应采用机械搅拌,搅拌时间不少于 2min。混凝土运输过程中应防止漏浆和离析。 4. 采用掺加抗裂纤维的细石混凝土时,应先入纤维干拌均匀后再加水,干拌时间不少于 2min。 5. 混凝土的浇捣按"先远后近、先高后低"原则进行。 6. 一个分格缝范围内的混凝土必须一次浇捣完成,不得留施工缝。 7. 混凝土宜采用小型机械振捣,如无振捣器,可先用木棍等插捣,再用小滚(30～40kg,长 600mm 左右)来回滚压,边插捣边滚压,直至密实和表面泛浆,泛浆后用铁抹子压实平,并要确保防水层的设计厚度和排水坡度。 8. 铺设、振动、滚压混凝土时必须严格保证钢筋间距及位置的准确。 9. 混凝土收水初凝后,及时取出分格缝隔板,用铁抹子第二次压实光,并及时修补分格缝的缺损部分,做到平直整齐;待混凝土终凝前进行第三次压实抹光,要求做到表面平光,不起砂、起皮、无板压痕为止。抹压时得洒干水泥或干水泥砂浆。 10. 待混凝土终凝后,必须立即进行养护,应优先采用表面喷洒养护剂养护,也可用蓄水养护法或稻草、麦草、锯末、草袋等覆盖后浇水养护,养护时间不少于 14d,养护期间保证覆盖材料的湿润,并禁止闲人上屋面踩踏或在上继续施工	
	小块体细石混凝土防水层施工	小块体细石混凝土防水层需掺入密实剂,以减少的收缩避,避免产生裂缝。混凝土中不配置钢筋,而实施除板端缝外,将大块体划分不大于 1.5m×1.5m 分格的小块体一种防水层。 设计和施工要求与普通细石混凝土完全相同,不同点只在 15～30m 范围内留置一条较宽的完全分格缝,宽度宜为 20～30mm,1.5m 的分格缝,宽宜为 7～10mm,分格缝中应填嵌高子密封材料。 1. 为防止小块体混凝土产生裂缝,细石中应掺入密实剂,也可以入膨 胀剂、抗裂纤维等材料。 2. 小块体细石混凝土的分格缝应根据建筑开间和进深均匀划,7～10mm 的缝宽,采用定型钢框模板留设,使分格位置准确、顺直,缝边压整;在 15～30m 范围内留设一条较宽的完全分格缝,20～30mm 缝宽,采用木模留设。 3. 分格缝中应嵌填合成高子密封材料	

项目类别	刚性防水层屋面		备注
质量要求	1. 刚性防水屋面不得有渗漏和积水现象。 2. 所用的混凝土、砂浆原材料,各种外加剂及配套使用的卷材、涂料、密封材料等必须符合质量标准和设计要求。进场材料应按规定检验合格。 3. 穿过屋面的管道等与交接处,周围要用柔性材料增强密封,不得渗漏;各节点做法应符合设计要求。 4. 混凝土、砂浆的强度等级、厚度及补偿收缩混凝土的自由膨胀率应符合设计要求。 5. 屋面坡度应准确,排水系统通畅。刚性防层厚度符合要求,表平整度不超过 5mm,不得起砂、起壳和裂缝 。防水层内钢筋位置应准确。分格缝应平直,位置正确。密封材料嵌填密实,盖缝卷材粘贴牢固,无脱开现象。 6. 在施工过程中要做好如下隐蔽工程的检查和记录: (1)屋面板细石混凝土灌缝是否密实,上口与板面是否齐平; (2)预埋件是否遗漏,位置是否正确; (3)钢筋位置是否正确,分格缝处是否断开; (4)混凝土和砂浆的配合比是否正确;外掺剂掺量是否正确; (5)混凝土防水层厚度最薄处不小于 40mm; (6)分格缝位置是否正确,嵌缝是否可靠; (7)混凝土和砂浆养护是否充分,方法是否正确		

	细石混凝土刚性防水层质量检验的项目、要求和检验方法		
	检验项目	要求	检验方法
主控项目	1. 细石混凝土的原材料	必须符合设计要求	检查出厂合格证、质量验检和现场抽样复验报告
	2. 细石混凝土的配合比和抗压强度	必须符合设计要求	检查配合比和试块验报告
	3. 细石混凝土防水层	不得有渗漏或积水现象	雨后或淋水检验
	4. 细石混凝土防水层在天沟、檐沟、檐口、水落口、泛水、变形缝和伸出屋面管道的防水构造	必须符合设计要求	观察检查和隐蔽工程验收记录
一般项目	1. 细石混凝土防水层表面	应密实、平整、光滑、不、得有裂缝、起壳、起皮、起砂	观察检查
	2. 细石混凝土防水层厚度	必须符合设计要求	观察和尺量检查
	3. 细石混凝土防水层分格缝的位置和间距	必须符合设计要求	观察和尺量检查
	4. 细石混凝土防水层表面平整度	允许偏差为 5mm	用 2m 靠尺和楔形塞尺检查

4.2.2 屋面刚性防水层裂缝检测及维修

4.2.2.1 屋面刚性防水层裂缝检测

屋面刚性防水层裂缝检测，见表4-13。

表 4-13

屋面刚性防水层裂缝检测

项目类别		刚性防水层屋面	备注
项目编号		W2GM-2	
项目名称		屋面刚性防水层裂缝的检测	
工作目的		搞清屋面刚性防水层裂缝渗漏的现状、提出处理意见	
检测时间		年　　月　　日	
检测人员			
检查部位		屋面刚性防水层裂缝的渗漏处	
周期性		日常检查周期4月/次，季节性专项检查周期7~10月份，2月/次	
工具		钢尺、塞尺、卡尺等测量仪	
注意		1. 注意安全。 2. 高空作业时做好安全措施。 3. 对屋面刚性防水层裂缝损坏的检查，每次都应记录损坏的位置、大小尺寸，注明日期，并附上必要的照片资料	
问题特征		屋面刚性防水层出现裂缝渗漏，根据漏水量的大小，可分为渗和漏两种情况	
准备工作	1	熟悉图纸：了解的工程做法	
	2	熟悉施工资料：了解有关材料的性能、施工操作的相关记录等	
检查工作程序	A1	检查并测量每一处屋面刚性防水层出现裂缝出现渗漏的面积	
	A2	将每一处屋面刚性防水层出现裂缝渗漏标注在屋面上	
	A3	将屋面刚性防水层出现裂缝渗漏的位置及面积标屋顶平面图上	应进行统一编号，每一处宜布设两组观测标志，共同确定其位置
	A4	核对记录与现场情况的一致性	
资料处理		检查资料存档	
原因分析		1. 受到水浸泡，酸、碱腐蚀使得屋面刚性防水层出现裂缝　　　（　　） 2. 长期受到冻融影响，使得屋面刚性防水层出现裂缝　　　（　　） 3. 受到外力的作用造成屋面刚性防水层出现裂缝　　　（　　）	
结论		由于水泥砂浆面层地面受到下列因素的影响： 1. 受到水浸泡，酸、碱腐蚀使得屋面刚性防水层出现裂缝　　　（　　） 2. 长期受到冻融影响，使得屋面刚性防水层出现裂缝　　　（　　） 3. 受到外力的作用造成屋面刚性防水层出现裂缝　　　（　　） 需要马上对其进行修理	

4.2.2.2 屋面刚性防水层裂缝维修

屋面刚性防水层裂缝维修，见表 4-14。

屋面刚性防水层裂缝维修 　　　　　　　　　　　　　　　　　　　表 4-14

项目类别		刚性防水层屋面	备注
项目编号		W2GM-2A	
项目名称		屋面刚性防水层裂缝维修	
维修		根据裂缝情况选择相应的维修方法	
材料要求	涂膜防水材料	涂膜防水材料必须有出厂合格证明,产品说明书,检验报告,材料的品种、规格、性能等应符合国家现行标准和设计要求。并需经见证取样送检合格。 涂膜防水材料为多组分材料时,配料应按配合比规定准确计量、搅拌均匀,每次配料量必须保证在规定的可操作时间内涂刷完毕,以免固化失效。 涂料防水层按设计要求可采用反应型、水乳型、聚合物水泥基防水涂料,或水泥基、水泥基渗透结晶型防水涂料。其厚度应符合设计和规范要求	
	卷材防水材料	材料的品种、规格、性能等应符合现行国家产品标准和设计要求,卷材防水层宜采用自粘型改性沥青防水卷材和合成高分子防水卷材。 所选用的基层处理剂、胶粘剂、密封材料等配套材料均应与铺贴的卷材材性相容,必须符合设计要求和产品标准的规定。 防水材料应有产品出厂合格证及检测报告,并按规定进行见证送检,出具检验报告。 防水卷材厚度应符合设计要求,外观质量和物理性能应符合设计或有关规定	
	密封嵌缝材料	常使用不定型密封材料,即各种膏状体,俗称密封膏、嵌缝油膏。材料的品种、规格、性能等应符合现行国家产品标准和设计要求。应有产品出厂合格证及检测报告,并按规定进行见证送检,出具检验报告	
	方法	适用范围 　　　　　　　工程做法	
处理方法	涂膜防水层贴缝法	屋面刚性防水层出现裂缝　采用涂膜防水层贴缝维修,宜选用高聚物改性沥青防水涂料或合成高分子防水涂料,涂膜防水层宜加铺胎体增强材料,贴缝防水层宽度不应小于350mm,其厚度为:高聚物改性沥青防水涂料不应小于3mm;合成高分子防水涂料不应小于2mm。沿缝设置宽度不应小于100mm的隔离层,贴缝防水涂料周边与防水层混凝土的有效粘结宽度不应小于100mm	
	防水卷材贴缝法	屋面刚性防水层出现裂缝　采用防水卷材贴缝维修,应将高出板面的原有板缝嵌缝材料及板缝两侧板面的浮灰或杂物清理干净。 铺贴卷材宽度不应小于300mm,沿缝设置宽度不应小于100mm隔离层,面层贴缝卷材周边与防水层混凝土有效粘结宽度应大于100mm,卷材搭接长度不应小于100mm,卷材粘贴应严实密封	
	密封材料嵌缝法	屋面刚性防水层出现裂缝　采用密封材料嵌缝维修,缝宽应剔凿调整为 20～40mm,深度为宽度的 0.5～0.7 倍。嵌缝前应先清除裂缝中嵌填材料及缝两侧表面的浮灰、杂物、喷、涂基层处理剂。 干燥后,缝槽底部设置背衬材料,上部嵌填密封材料。密封材料覆盖宽度应超出板缝两边不得小于30mm 并略高出缝口,与缝壁粘牢封严	

项目类别		刚性防水层屋面	备注
施工要点	方法	工程做法	
	涂膜防水层贴缝法	1. 基层采用水泥砂浆找平时,配比应符合设计要求,基层的阴阳角、管根等部位应做成半圆弧形,屋面柱脚设置水泥砂浆泛水	
		2. 女儿墙的交接处做圆弧、套管防水需做加强处理	
		3. 涂料涂刷之前需先在基层面上涂刷一层与涂料相容的基层处理剂,待其表面干燥后,随即涂刷防水涂料。涂料与基层必须粘贴牢固	
		4. 多组分防水涂料应按规定配比、计量准确、机械搅拌至均匀,不得有沉淀、分层现象	
		5. 涂膜应根据材料特点,分层涂刷至规定厚度,在涂刷干燥后,方可进行上一层涂刷,每层的接搓(搭接)应错开,接搓宽度30～50mm,上下两层涂膜的涂刷方向要交替改变。涂料防水层的施工缝(甩槎)应进行搭接	
		6. 当结构有高低差时,在平面上的涂刷应按"先高后低、先远后近"的原则涂刷。立面则由上而下,先转角及特殊加强部位,再涂大面	
		7. 有纤维增强层时,在涂层表面干燥之前,应完成纤维布铺贴,涂膜干燥后,再进行纤维布以上涂层涂刷	
	防水卷材贴缝法	1. 基层表面应平整坚实、清洁,阴阳角处应做成圆弧形,局部孔洞、蜂窝、裂缝应修补严密,表面应清洁,无起砂、脱皮现象	
		2. 阴阳角处应做成圆弧或45°(135°)折角,其尺寸视卷材品质确定,在转角处、阴阳角等特殊部位,应增贴1～2层相同的卷材,宽度不宜小于500mm	
		3. 卷材粘结牢固,无空鼓、起泡、翘边情况,边角及穿过防水卷材面的管道,预埋处构造应合理,封堵严密。卷材防水层铺贴施工中,应按施工工序、层次逐次进行检查,合格后方可进行下道工序、层次的作业	
	密封材料嵌缝法	1. 基层清理 密封防水施工前,应检查接缝尺寸符合设计要求后,用钢丝刷、压缩空气清除干净,并保持干燥	
		2. 铺放背衬材料 背衬材料的嵌入可使用专用压轮,压轮的深度应为密封材料的设计厚度,嵌入时背衬材料的搭接缝及其与缝壁间不得留有空隙。然后在接缝处的密封材料底部滚压	
		3. 涂刷基层处理剂 基层处理剂的涂刷宜在铺放背衬材料后进行。基层处理剂应配比准确,搅拌均匀,并与嵌缝密封材料相容。采用多组分基层处理剂时,应根据有效时间确定使用量。基层处理剂涂刷应均匀,不得漏涂,并刷过板面30mm	
		4. 嵌缝施工 待基层处理剂表干后,应立即嵌填密封材料	
		5. 保护层施工 嵌填的密封材料表干后,方可进行保护层施工。可采用防水卷材或玻璃布覆盖,先将分格缝两侧150mm宽的板面清扫干净,再涂刷冷底子油,然后用玛琋脂或冷胶料粘贴200～250mm宽卷材或玻璃布	

项目类别		刚性防水层屋面	备注
质量要求		涂膜防水施工质量要求： 　1. 涂膜防水层的基层应牢固,基层表面应洁净、平整、干燥,不得有空鼓、松动、起砂和脱皮现象。 　2. 涂膜防水层与基层应粘结牢固,表面平整,涂刷均匀,不得有流淌、皱折、鼓泡、露胎体和翘边等缺陷,胎体增强材料封边牢固无翘边。 　3. 涂膜防水层的平均厚度应符合设计要求,最小厚度不得小于设计厚度的 80%。 　4. 涂膜防水层不得有渗漏或积水现象	
		卷材防水施工质量要求 　1. 卷材防水及其转角处、变形缝、穿墙管道等细部做法必须符合规范要求。 　2. 应根据铺贴面积以及卷材规格,事先进行丈量并按规范及有关规定的搭接长度在铺贴基层上弹好粉线,施工时齐线铺贴;搭接形式亦应符合规定,立面铺贴自下而上,上层卷材应盖过下层卷材不少于 150mm。要注意长、短边搭接宽度(搭接长短边不小于100mm);上下层的卷材的接缝应错开 1/3 卷材宽度以上,不得相互垂直铺贴。 　3. 卷材防水层施工前,应该检查基层,使之符合规定要求;施工时应严格按施工规范和操作规程的要求进行。对于热作业铺贴垂直面卷材防水层更要一丝不苟、密切配合,必要时可轮换操作,保证铺贴质量。 　4. 卷材防水层的基层应牢固,基面应洁净、平整,不得有空鼓、松动、起砂和脱皮现象;基层阴阳角处应做成圆弧形,半径符合要求。检验方法:观察检查。 　5. 卷材防水层的搭接缝应粘结牢固,密封严密,不得有褶皱、翘边和鼓泡等缺陷。检验方法:观察检查。防水层严禁有破损和渗漏现象。 　6. 侧墙卷材防水层的保护层与防水层应粘结牢固,结合紧密、厚度均匀一致。检验方法:观察检查。 　7. 卷材搭接宽度的允许偏差为±10mm。检验方法:观察和尺量检查	
		密封嵌缝施工质量要求 　1. 密封材料嵌填必须密实,连续、饱满,粘结牢固,无气泡、开裂、脱落等缺陷。 　2. 涂料防水层必须平整、均匀、无脱皮、起壳、裂缝、鼓泡等缺陷。 　3. 嵌填密封材料的基层应牢固、干净、干燥,表面应平整、密实。 　4. 密封防水接缝宽度的允许偏差为±10%,接缝深度为宽度的 0.5~0.7 倍。 　5. 嵌填的密封材料表面应平滑,缝边应顺直,无凹凸不平现象	
施工注意	涂膜防水层贴缝法	1. 基层表面应平整、牢固,不得有起砂、空鼓等缺陷。基层表面应洁净干燥,含水不应大于 9%。 　2. 防水涂料严禁在雨天、雪天、雾天施工;五级风及其以上时不得施工。 　3. 预计涂膜固化前有雨时不得施工,施工中遇雨应采取遮盖保护措施。 　4. 严冬季节施工环境温度不得低于 5℃。 　5. 溶剂型高聚物改性沥青防水涂料和合成高分子防水涂料的施工环境温度宜为－5~35℃;水乳型防水涂料的施工温度必须符合规范规定要求,施工环境温度宜为5~35℃	
	防水卷材贴缝法	(1)基层表面平整、坚实、无开裂、空鼓、起砂,表面干燥。 (2)严禁在雨天、雪天、大雾、五级风及其五级风以上时施工;冷粘法施工时环境温度宜不低于 5℃,热熔法施工宜不低于－10℃	
	密封材料嵌缝	(1)基层含水率不超过 9%,并清扫干净。 (2)严禁在雨天或雪天施工;五级风及其以上时不得施工;施工环境气温宜为5~35℃	

4.2.3 屋面刚性防水层分格缝检测及维修

4.2.3.1 屋面刚性防水层分格缝检测

屋面刚性防水层分格缝检测,见表 4-15。

屋面刚性防水层分格缝检测   表 4-15

项目类别		刚性防水层屋面	备注
项目编号		W2GM-3	
项目名称		屋面刚性防水层分格缝的检测	
工作目的		搞清屋面刚性防水层分格缝渗漏的现状、提出处理意见	
检测时间		年　　　月　　　日	
检测人员			
检查部位		屋面刚性防水层分格缝的渗漏处	
周期性		日常检查周期 4 月/次,季节性专项检查周期 7～10 月份,2 月/次	
工具		钢尺、塞尺、卡尺等测量仪	
注意		1. 注意安全。 2. 高空作业时做好安全措施。 3. 对屋面刚性防水层分格缝损坏的检查,每次都应记录损坏的位置、大小尺寸,注明日期,并附上必要的照片资料	
问题特征		屋面刚性防水层出现分格缝渗漏,根据漏水量的大小,可分为渗和漏两种情况	
准备工作	1	熟悉图纸:了解工程做法	
	2	熟悉施工资料:了解有关材料的性能、施工操作的相关记录等	
检查工作程序	A1	检查并测量每一处屋面刚性防水层出现分格缝出现渗漏的面积	
	A2	将每一处屋面刚性防水层出现分格缝渗漏标注在屋面上	
	A3	将屋面刚性防水层出现分格缝渗漏的位置及面积标屋顶平面图上	应进行统一编号,每一处宜布设两组观测标志,共同确定其位置
	A4	核对记录与现场情况的一致性	
资料处理		检查资料存档	
原因分析		1. 屋面刚性防水层分格缝受到水浸泡,酸、碱腐蚀　　　　　（　　） 2. 屋面刚性防水层分格缝长期受到冻融影响　　　　　（　　） 3. 受到外力的作用造成屋面刚性防水层分格缝受损　（　　）	
结论		由于屋面刚性防水层分格缝受到下列因素的影响: 1. 屋面刚性防水层分格缝受到水浸泡,酸、碱腐蚀　　　（　　） 2. 屋面刚性防水层分格缝长期受到冻融影响　　　　（　　） 3. 受到外力的作用造成屋面刚性防水层分格缝受损　（　　） 需要马上对其进行修理	

4.2.3.2 屋面刚性防水层分格缝维修

屋面刚性防水层分格缝维修，见表 4-16。

屋面刚性防水层分格缝维修　　　　表 4-16

项目类别		刚性防水层屋面	备注
项目编号		W2GM-3A	
项目名称		屋面刚性防水层分格缝维修	
维修		根据分格缝情况选择相应的维修方法	
材料要求		密封嵌缝材料： 常使用不定型密封材料，即各种膏状体，俗称密封膏、嵌缝油膏。 材料的品种、规格、性能等应符合现行国家产品标准和设计要求。 应有产品出厂合格证及检测报告，并按规定进行见证送检，出具检验报告 涂膜防水材料必须有出厂合格证明，产品说明书，检验报告，材料的品种、规格、性能等应符合国家现行标准和设计要求。并需经见证取样送检合格。 涂膜防水材料为多组分材料时，配料应按配合比规定准确计量、搅拌均匀，每次配料量必须保证在规定的可操作时间内涂刷完毕，以免固化失效。 涂料防水层按设计要求可采用反应型、水乳型、聚合物水泥基防水涂料，或水泥基、水泥基渗透结晶型防水涂料。其厚度应符合设计和规范要求	
处理方法		采用密封材料嵌缝维修，缝宽应剔凿调整为 20～40mm，深度为宽度的 0.5～0.7 倍。嵌缝前应先清除分格缝中嵌填材料及缝两侧表面的浮灰、杂物、喷、涂基层处理剂。 干燥后，缝槽底部设置背衬材料，上部嵌填密封材料。密封材料覆盖宽度应超出板缝两边不得小于 30mm 并略高出缝口，与缝壁粘牢封严	
施工要点	填缝准备	1. 清理检查施工现场：所有分格缝纵横相互贯通，如有间断必须凿通，所有分格缝必须干净，清除缝外两侧各 50～60mm 范围内的水泥浮浆、残余水泥或杂物，无缺角、起皮 2. 选择填缝时间：屋面填缝工作应在混凝土含水率不大于 6％情况下进行，雾天、有霜露或混凝土表面冰冻时不得施工。填缝适宜施工温度一般为 5～35℃	
	嵌填方法	1. 加热软化原材料：合格缝填缝料常用油膏或胶泥等。在加热填缝料之前，应对其进行防水和变形性试验。油膏使用前需用热水烫，不能用火直接加热，防止油膏烧焦、碳化；陈放一段时间的胶泥会产生沉淀现象，使用前应预加热，加热温度 60℃，然后倒入搅拌机中加热塑化，控制最高温度为 130～140℃，并保持 5～10min，灌缝时胶泥温度不低于 110℃ 2. 涂刷冷底子油：为确保填缝材料与混凝土间粘结牢固要涂刷冷底子油，刷过冷底子油的板缝应在当天填料 3. 嵌、灌操作：手工嵌油膏。应先将油膏搓成长条，嵌入缝内，必须用小刮刀将油膏与板缝两侧面粘牢，不得有未粘结处。如用油膏枪挤压施工，要求枪嘴伸入缝内，油膏要挤满全缝。胶泥灌缝：水平缝一般为两次成型，坡缝宜分多次浇灌，防止胶泥流淌、填塞不实。填缝材料应覆盖板缝两侧各 2 厘米左右，防止板块收缩时与填料脱离 4. 保护层： 密封材料覆盖宽度应超出分格缝每边 5mm 以上。 采用卷材或涂膜保护层贴缝时，应清除高出分格缝的密封材料。面层贴缝卷材或涂膜保护层应与板面贴牢封严。附图 4-9 密封材料嵌缝(不加保护层)维修分隔缝和附图 4-10 卷材或涂膜保护层贴缝	

项目类别		刚性防水层屋面	备注
质量要求		密封嵌缝施工质量要求 1. 密封材料嵌填必须密实、连续、饱满，粘结牢固，无气泡、开裂、脱落等缺陷。 2. 嵌填密封材料的基层应牢固、干净、干燥，表面应平整、密实。 3. 嵌填的密封材料表面应平滑，缝边应顺直，无凹凸不平现象	
施工注意		1. 基层含水率不超过 6%，并清扫干净。 2. 严禁在雨天或雪天施工；五级风及其以上时不得施工；施工环境气温宜为 5～35℃	

4.2.4 屋面刚性防水层有翻口泛水部位渗漏检测及维修

4.2.4.1 屋面刚性防水层有翻口泛水部位渗漏检测

屋面刚性防水层有翻口泛水部位渗漏检测，见表 4-17。

屋面刚性防水层有翻口泛水部位渗漏检测　　　　　　　　　表 4-17

项目类别		刚性防水层屋面	备注
项目编号		W2GM-4	
项目名称		屋面刚性防水层有翻口泛水部位渗漏的检测	
工作目的		搞清屋面刚性防水层有翻口泛水部位渗漏的现状，提出处理意见	
检测时间		年　　月　　日	
检测人员			
检查部位		屋面刚性防水层有翻口泛水部位渗漏的渗漏处	
周期性		日常检查周期 4 月/次，季节性专项检查周期 7～10 月份，2 月/次	
工具		钢尺、塞尺、卡尺等测量仪	
注意		1. 注意安全。 2. 高空作业时做好安全措施。 3. 对屋面刚性防水层有翻口泛水部位渗漏损坏的检查，每次都应记录损坏的位置、大小尺寸，注明日期，并附上必要的照片资料	
问题特征		屋面刚性防水层出现有翻口泛水部位渗漏，根据漏水量的大小，可分为渗和漏两种情况	
准备工作	1	熟悉图纸：了解的工程作法	
	2	熟悉施工资料：了解有关材料的性能、施工操作的相关记录等	
检查工作程序	A1	检查并测量每一处屋面刚性防水层出现有翻口泛水部位出现渗漏的面积	
	A2	将每一处屋面刚性防水层出现有翻口泛水部位渗漏标注在屋面上	
	A3	将屋面刚性防水层出现有翻口泛水部位渗漏的位置及面积标屋顶平面图上	应进行统一编号，每一处宜布设两组观测标志，共同确定其位置
	A4	核对记录与现场情况的一致性	

续表

项目类别	刚性防水层屋面	备注
资料处理	检查资料存档	
原因分析	1. 屋面刚性防水层有翻口泛水部位受到水浸泡,酸、碱腐蚀　　　（　　） 2. 屋面刚性防水层有翻口泛水部位长期受到冻融影响　　　　　　（　　） 3. 受到外力的作用造成屋面刚性防水层有翻口泛水部位缝受损　　（　　）	
结论	由于屋面刚性防水层分格缝受到下列因素的影响: 1. 屋面刚性防水层有翻口泛水部位受到水浸泡,酸、碱腐蚀　　　（　　） 2. 屋面刚性防水层有翻口泛水部位长期受到冻融影响　　　　　　（　　） 3. 受到外力的作用造成屋面刚性防水层有翻口泛水部位缝受损　　（　　） 需要马上对其进行修理	

4.2.4.2　屋面刚性防水层有翻口泛水部位维修

屋面刚性防水层有翻口泛水部位维修,见表 4-18。

屋面刚性防水层有翻口泛水部位维修　　　　　　　　　　表 4-18

项目类别		刚性防水层屋面	备注
项目编号		W2GM-4A	
项目名称		屋面刚性防水层有翻口泛水部位维修	
维修		对屋面刚性防水层有翻口泛水部位进行维修	
材料要求		密封嵌缝材料: 常使用不定型密封材料,即各种膏状体,俗称密封膏、嵌缝油膏。 材料的品种、规格、性能等应符合现行国家产品标准和设计要求。 应有产品出厂合格证及检测报告,并按规定进行见证送检,出具检验报告 涂膜防水材料必须有出厂合格证明,产品说明书,检验报告,材料的品种、规格、性能等应符合国家现行标准和设计要求。并需经见证取样送检合格。 涂膜防水材料为多组分材料时,配料应按配合比规定准确计量、搅拌均匀,每次配料量必须保证在规定的可操作时间内涂刷完毕,以免固化失效。 涂料防水层按设计要求可采用反应型、水乳型、聚合物水泥基防水涂料,或水泥基、水泥基渗透结晶型防水涂料。其厚度应符合设计和规范要求	
处理方法		有翻口泛水渗漏的维修应用密封材料嵌缝,在泛水处铺设与嵌缝密封材料相容的带胎体增强材料涂膜附加层	
施工要点	工程做法	翻口泛水渗漏维修的工程做法,见附图 4-11 有翻口泛水部位渗漏的维修	
	密封材料嵌缝	采用密封材料嵌缝维修,缝宽应剔凿调整为 20～40mm,深度为宽度的 0.5～0.7 倍。嵌缝前应先清除裂缝中嵌填材料及缝两侧表面的浮灰、杂物,喷、涂基层处理剂,干燥后,缝槽底部设置背衬材料,上部嵌填密封材料。密封材料覆盖宽度应超出板缝两边不得小于 30mm 并略高出缝口,与缝壁粘牢封严	
	涂膜附加层	采用涂膜防水层贴缝维修,宜选用高聚物改性沥青防水涂料或合成高分子防水涂料,涂膜防水层宜加铺胎体增强材料,贴缝防水层宽度不应小于 350mm,其厚度为:高聚物改性沥青防水涂料不应小于 3mm;合成高分子防水涂料不应小于 2mm。沿缝设置宽度不应小于 100mm 的隔离层,贴缝防水涂料周边与防水层混凝土的有效粘结宽度不应小于 100mm	

项目类别	刚性防水层屋面	备注
质量 要求	密封嵌缝施工质量要求： 1. 密封材料嵌填必须密实、连续、饱满，粘结牢固，无气泡、开裂、脱落等缺陷。 2. 嵌填密封材料的基层应牢固、干净、干燥，表面应平整、密实。 3. 嵌填的密封材料表面应平滑，缝边应顺直，无凹凸不平现象	
施工 注意	1. 基层含水率不超过 6%，并清扫干净。 2. 严禁在雨天或雪天施工；五级风及其以上时不得施工；施工环境气温宜为 5～35℃	

4.2.5 屋面刚性防水层无翻口泛水部位渗漏检测及维修

4.2.5.1 屋面刚性防水层无翻口泛水部位渗漏检测

屋面刚性防水层无翻口泛水部位渗漏检测，见表 4-19。

屋面刚性防水层无翻口泛水部位渗漏检测 表 4-19

项目类别		刚性防水层屋面	备注
项目编号		W2GM-5	
项目名称		屋面刚性防水层无翻口泛水部位渗漏的检测维修	
工作目的		搞清屋面刚性防水层无翻口泛水部位渗漏的现状、提出处理意见	
检测时间		年　　　　月　　　　日	
检测人员			
检查部位		屋面刚性防水层无翻口泛水部位渗漏的渗漏处	
周期性		日常检查周期 4 月/次，季节性专项检查周期 7～10 月份，2 月/次	
劳力（小时）		2 人	
工具		钢尺、塞尺、卡尺等测量仪	
注意		1. 注意安全。 2. 高空作业时做好安全措施。 3. 对屋面刚性防水层无翻口泛水部位渗漏损坏的检查，每次都应记录损坏的位置、大小尺寸，注明日期，并附上必要的照片资料	
问题特征		屋面刚性防水层出现无翻口泛水部位渗漏，根据漏水量的大小，可分为渗和漏两种情况	
准备 工作	1	熟悉图纸：了解工程做法	
	2	熟悉施工资料：了解有关材料的性能、施工操作的相关记录等	
检 查 工 作 程 序	A1	检查并测量每一处屋面刚性防水层出现无翻口泛水部位出现渗漏的面积	
	A2	将每一处屋面刚性防水层出现无翻口泛水部位渗漏标注在屋面上	
	A3	将屋面刚性防水层出现无翻口泛水部位渗漏的位置及面积标屋顶平面图上	应进行统一编号，每一处宜布设两组观测标志，共同确定其位置
	A4	核对记录与现场情况的一致性	

项目类别	刚性防水层屋面		备注
资料 处理	检查资料存档		
原因 分析	1. 屋面刚性防水层无翻口泛水部位受到水浸泡、酸、碱腐蚀 2. 屋面刚性防水层无翻口泛水部位长期受到冻融影响 3. 受到外力的作用造成屋面刚性防水层无翻口泛水部位缝受损	(　　) (　　) (　　)	
结论	由于屋面刚性防水层无翻口泛水部位受到下列因素的影响: 1. 屋面刚性防水层无翻口泛水部位受到水浸泡、酸、碱腐蚀 2. 屋面刚性防水层无翻口泛水部位长期受到冻融影响 3. 受到外力的作用造成屋面刚性防水层无翻口泛水部位缝受损 需要马上对其进行修理	(　　) (　　) (　　)	

4.2.5.2 屋面刚性防水层无翻口泛水部位维修

屋面刚性防水层无翻口泛水部位维修,见表4-20。

屋面刚性防水层无翻口泛水部位维修　　　　　　　　表4-20

项目类别	刚性防水层屋面	备注
项目编号	W2GM-5A	
项目名称	屋面刚性防水层无翻口泛水部位维修	
维修	对屋面刚性防水层无翻口泛水部位进行维修	
材料要求	1. 密封嵌缝材料 常使用不定型密封材料,即各种膏状体,俗称密封膏、嵌缝油膏。 材料的品种、规格、性能等应符合现行国家产品标准和设计要求。 应无产品出厂合格证及检测报告,并按规定进行见证送检,出具检验报告 2. 卷材防水材料 材料的品种、规格、性能等应符合现行国家产品标准和设计要求,卷材防水层宜采用自粘型改性沥青防水卷材和合成高分子防水卷材。 所选用的基层处理剂、胶粘剂、密封材料等配套材料均应与铺贴的卷材材性相容,必须符合设计要求和产品标准的规定。 防水材料应有产品出厂合格证及检测报告,并按规定进行见证送检,出具检验报告。 防水卷材厚度应符合设计要求,外观质量和物理性能应符合设计或有关规定 涂膜防水材料必须有出厂合格证明,产品说明书,检验报告,材料的品种、规格、性能等应符合国家现行标准和设计要求。并需经见证取样送检合格。 涂膜防水材料为多组分材料时,配料应按配合比规定准确计量、搅拌均匀,每次配料量必须保证在规定的可操作时间内涂刷完毕,以免固化失效。 涂料防水层按设计要求可采用反应型、水乳型、聚合物水泥基防水涂料,或水泥基、水泥基渗透结晶型防水涂料。其厚度应符合设计和规范要求	
处理方法	无翻口泛水渗漏的维修应用密封材料嵌缝,在泛水处铺设与嵌缝密封材料相容的带胎体增强材料涂膜附加层或卷材附加层	

项目类别		刚性防水层屋面	备注
施工要点	密封材料嵌缝	无翻口泛水渗漏的维修应用密封材料嵌缝,在泛水处铺设与嵌缝密封材料相容的卷材或带胎体增强材料的涂膜附加层。 　　采用密封材料嵌缝维修,缝宽应剔凿调整为 20～40mm,深度为宽度的 0.5～0.7 倍。嵌缝前应先清除裂缝中嵌填材料及缝两侧表面的浮灰、杂物,喷、涂基层处理剂,干燥后,缝槽底部设置背衬材料,上部嵌填密封材料。密封材料覆盖宽度应超出板缝两边不得小于 30mm 并略高出缝口,与缝壁粘牢封严。 　　无翻口泛水渗漏维修的工程做法,见附图 4-12 采用卷材附加层维修无翻口泛水部位的渗漏	
	卷材附加层	当泛水处采用卷材附加层时,卷材粘贴后,应将卷材上端用经防锈处理的薄钢板固定在墙内预埋木砖上,薄钢板与墙之间的缝隙应用密封材料封严并将钉帽盖没。当原墙内无预埋木砖时,应钻出直径为 12mm、深度为 60mm、间距不大于 300mm 的孔,内埋防腐木楔,将卷材上端和压缝薄钢板用钉固定在墙内木楔上。 　　采用防水卷材贴缝维修,应将高出板面的原无板缝嵌缝材料及板缝两侧板面的浮灰或杂物清理干净。铺贴卷材宽度不应小于 300mm,沿缝设置宽度不应小于 100mm 隔离层,面层贴缝卷材周边与防水层混凝土无效粘结宽度应大于 100mm,卷材搭接长度不应小于 100mm,卷材粘贴应严实密封。 　　工程做法,见附图 4-13 防水卷材贴缝维修裂缝	
	涂膜附加层	当泛水处采用涂膜附加层时,涂膜附加层上端外露边缘应用涂料多遍涂刷封固。 　　采用涂膜防水层贴缝维修,宜选用高聚物改性沥青防水涂料或合成高分子防水涂料,涂膜防水层宜加铺胎体增强材料,贴缝防水层宽度不应小于 350mm,其厚度为:高聚物改性沥青防水涂料不应小于 3mm;合成高分子防水涂料不应小于 2mm。沿缝设置宽度不应小于 100mm 的隔离层,贴缝防水涂料周边与防水层混凝土的无效粘结宽度不应小于 100mm。见附图 4-14 采用涂膜附加层维修无翻口泛水部位的渗漏	
质量要求		1. 屋面防水层修缮完成后应平整,不得积水、渗漏。 　　2. 天沟、檐沟、水落口等防水层构造治理措施应合理,封固严密,无翘边、空鼓、折皱,排水畅通。 　　3. 泛水处裂缝应用密封材料嵌缝封严,并做好增强处理。 　　4. 选用材料应与原防水层相容,与基层应结合牢固。 　　5. 卷材的铺贴应顺屋面流水方向,卷材的搭接顺序应符合规范要求,接缝严密,无折皱、翘边、空鼓,卷材收头应采取固定措施并封严。 　　6. 涂膜防水层厚度应符合规范要求,涂料应浸透胎体,涂膜防水层覆盖完全,表面平整,无流淌、堆积、皱皮、鼓泡、露胎现象,防水层收头应贴牢封严。 　　7. 屋面刚性防水层与伸出屋面结构的交接处密封处理应密实,粘结牢固;防水层表面及接缝处应抹平压光,无裂缝、起壳、起砂。 　　8. 铺设保护层应与屋面原保护层一致,覆盖均匀,粘结牢固,多余保护层材料应清除	
施工注意		1. 基层含水率不超过 6%,并清扫干净。 　　2. 严禁在雨天或雪天施工;五级风及其以上时不得施工;施工环境气温宜为 5～35℃	

4.2.6 屋面刚性防水层天沟、檐沟及伸出屋面管道交接部位渗漏检测及维修

4.2.6.1 屋面刚性防水层天沟、檐沟及伸出屋面管道交接部位渗漏检测

屋面刚性防水层天沟、檐沟及伸出屋面管道交接部位渗漏检测，见表4-21。

屋面刚性防水层天沟、檐沟及伸出屋面管道交接部位渗漏检测　　　　　表4-21

项目类别		刚性防水层屋面	备注
项目编号		W2GM-6	
项目名称		屋面刚性防水层天沟、檐沟及伸出屋面管道交接部位渗漏的检测	
工作目的		搞清屋面刚性防水层天沟、檐沟及伸出屋面管道交接部位渗漏的现状、提出处理意见	
检测时间		年　　　月　　　日	
检测人员			
检查部位		屋面刚性防水层天沟、檐沟及伸出屋面管道交接部位渗漏的渗漏处	
周期性		日常检查周期4月/次,季节性专项检查周期7～10月份,2月/次	
工具		钢尺、塞尺、卡尺等测量仪	
注意		1. 注意安全。 2. 高空作业时做好安全措施。 3. 对屋面刚性防水层天沟、檐沟及伸出屋面管道交接部位渗漏损坏的检查,每次都应记录损坏的位置、大小尺寸,注明日期,并附上必要的照片资料	
问题特征		屋面刚性防水层出现天沟、檐沟及伸出屋面管道交接部位渗漏,根据漏水量的大小,可分为渗和漏两种情况	
准备工作	1	熟悉图纸:了解的工程做法	
	2	熟悉施工资料:了解有关材料的性能、施工操作的相关记录等	
检查工作程序	A1	检查并测量每一处屋面刚性防水层出现天沟、檐沟及伸出屋面管道交接部位出现渗漏的面积	
	A2	将每一处屋面刚性防水层出现天沟、檐沟及伸出屋面管道交接部位渗漏标注在屋面上	
	A3	将屋面刚性防水层出现天沟、檐沟及伸出屋面管道交接部位渗漏的位置及面积标屋顶平面图上	应进行统一编号,每一处宜布设两组观测标志,共同确定其位置
	A4	核对记录与现场情况的一致性	
资料处理		检查资料存档	
原因分析		1. 屋面刚性防水层天沟、檐沟及伸出屋面管道交接部位受到水浸泡,酸、碱腐蚀　　　　　　　　　　　　　　　　　　　　（　　） 2. 屋面刚性防水层天沟、檐沟及伸出屋面管道交接部位长期受到冻融影响　　（　　） 3. 受到外力的作用造成屋面刚性防水层天沟、檐沟及伸出屋面管道交接部位缝受损　　　　　　　　　　　　　　　　　　　　　　　（　　）	

续表

项目类别	刚性防水层屋面	备注
结论	由于屋面刚性防水层天沟、檐沟及伸出屋面管道交接部位受到下列因素的影响： 1. 屋面刚性防水层天沟、檐沟及伸出屋面管道交接部位受到水浸泡,酸、碱腐蚀 　　　　　　　　　　　　　　　　　　　(　) 2. 屋面刚性防水层天沟、檐沟及伸出屋面管道交接部位长期受到冻融影响 　　　　　　　　　　　　　　　　　　　(　) 3. 受到外力的作用造成屋面刚性防水层天沟、檐沟及伸出屋面管道交接部位缝受损 　　　　　　　　　　　　　　　　　(　) 需要马上对其进行修理	

4.2.6.2 屋面刚性防水层天沟、檐沟及伸出屋面管道交接部位维修

屋面刚性防水层天沟、檐沟及伸出屋面管道交接部位维修，见表 4-22。

屋面刚性防水层天沟、檐沟及伸出屋面管道交接部位维修　　表 4-22

项目类别		刚性防水层屋面	备注
项目编号		W2GM-6A	
项目名称		屋面刚性防水层天沟、檐沟及伸出屋面管道交接部位维修	
维修		对屋面刚性防水层天沟、檐沟及伸出屋面管道交接部位进行维修	
材料要求		密封嵌缝材料 常使用不定型密封材料,即各种膏状体,俗称密封膏、嵌缝油膏。 材料的品种、规格、性能等应符合现行国家产品标准和设计要求。 应无产品出厂合格证及检测报告,并按规定进行见证送检,出具检验报告	
		涂膜防水材料必须有出厂合格证明,产品说明书,检验报告,材料的品种、规格、性能等应符合国家现行标准和设计要求。并需经见证取样送检合格。 涂膜防水材料为多组分材料时,配料应按配合比规定准确计量、搅拌均匀,每次配料量必须保证在规定的可操作时间内涂刷完毕,以免固化失效。 涂料防水层按设计要求可采用反应型、水乳型、聚合物水泥基防水涂料,或水泥基、水泥基渗透结晶型防水涂料。其厚度应符合设计和规范要求	
处理方法		天沟、檐沟及伸出屋面管道交接渗漏的维修应用密封材料嵌缝,并铺设与嵌缝密封材料相容的带胎体增强材料涂膜附加层	
施工要点	密封材料嵌缝	天沟、檐沟及伸出屋面管道交接渗漏的维修应用密封材料嵌缝,在泛水处铺设与嵌缝密封材料相容的卷材或带胎体增强材料的涂膜附加层。 采用密封材料嵌缝维修,缝宽应剔凿调整为 20~40mm,深度为宽度的 0.5~0.7 倍。嵌缝前应先清除裂缝中嵌填材料及缝两侧表面的浮灰、杂物,喷、涂基层处理剂,干燥后,缝槽底部设置背衬材料,上部嵌填密封材料。密封材料覆盖宽度应超出板缝两边不得小于 30mm 并略高出缝口,与缝壁粘牢封严。 天沟、檐沟及伸出屋面管道交接渗漏维修的工程做法,见附图 4-15 刚性防水层与天沟交接处渗漏的维修和附图 4-16 刚性防水层与伸出屋面管道交接处渗漏的维修	
	涂膜附加层	当泛水处采用涂膜附加层时,涂膜附加层上端外露边缘应用涂料多遍涂刷封固。 采用涂膜防水层贴缝维修,宜选用高聚物改性沥青防水涂料或合成高分子防水涂料,涂膜防水层宜加铺胎体增强材料,贴缝防水层宽度不应小于 350mm,其厚度为:高聚物改性沥青防水涂料不应小于 3mm;合成高分子防水涂料不应小于 2mm。沿缝设置宽度不应小于 100mm 的隔离层,贴缝防水涂料周边与防水层混凝土的无效粘结宽度不应小于 100mm	

项目类别	刚性防水层屋面	备注
质量要求	1. 屋面防水层修缮完成后应平整,不得积水、渗漏。 2. 天沟、檐沟、水落口等防水层构造治理措施应合理,封固严密,无翘边、空鼓、折皱,排水畅通。 3. 泛水处裂缝应用密封材料嵌缝封严,并做好增强处理。 4. 选用材料应与原防水层相容,与基层应结合牢固。 5. 卷材的铺贴应顺屋面流水方向,卷材的搭接顺序应符合规范要求,接缝严密,无折皱、翘边、空鼓,卷材收头应采取固定措施并封严。 6. 涂膜防水层厚度应符合规范要求,涂料应浸透胎体,涂膜防水层覆盖完全,表面平整,无流淌、堆积、皱皮、鼓泡、露胎现象,防水层收头应贴牢封严。 7. 屋面刚性防水层与伸出屋面结构的交接处密封处理应密实,粘结牢固;防水层表面及接缝处应抹平压光,无裂缝、起壳、起砂。 8. 铺设保护层应与屋面原保护层一致,覆盖均匀,粘结牢固,多余保护层材料应清除	
施工注意	1. 基层含水率不超过 6%,并清扫干净。 2. 严禁在雨天或雪天施工;五级风及其以上时不得施工;施工环境气温宜为 5~35℃	

4.2.7 屋面刚性防水层表面局部损坏部位渗漏检测及维修

4.2.7.1 屋面刚性防水层表面局部损坏部位渗漏检测

屋面刚性防水层表面局部损坏部位渗漏检测,见表 4-23。

屋面刚性防水层表面局部损坏部位渗漏检测　　　　　表 4-23

项目类别		刚性防水层屋面	备注
项目编号		W2GM-7	
项目名称		屋面刚性防水层表面局部损坏部位渗漏的检测	
工作目的		搞清屋面刚性防水层表面局部损坏部位渗漏的现状、提出处理意见	
检测时间		年　　月　　日	
检测人员			
检查部位		屋面刚性防水层表面局部损坏部位渗漏的渗漏处	
周期性		日常检查周期 4 月/次,季节性专项检查周期 7~10 月份,2 月/次	
劳力(小时)		2 人	
工具		钢尺、塞尺、卡尺等测量仪	
注意		1. 注意安全。 2. 高空作业时做好安全措施。 3. 对屋面刚性防水层表面局部损坏部位渗漏损坏的检查,每次都应记录损坏的位置、大小尺寸,注明日期,并附上必要的照片资料	
问题特征		屋面刚性防水层出现表面局部损坏部位渗漏,根据漏水量的大小,可分为渗和漏两种情况	
准备工作	1	熟悉图纸:了解工程做法	
	2	熟悉施工资料:了解有关材料的性能、施工操作的相关记录等	

项目类别		刚性防水层屋面	备注
检查工作程序	A1	检查并测量每一处屋面刚性防水层出现表面局部损坏部位出现渗漏的面积	
	A2	将每一处屋面刚性防水层出现表面局部损坏部位渗漏标注在屋面上	
	A3	将屋面刚性防水层出现表面局部损坏部位渗漏的位置及面积标屋顶平面图上	应进行统一编号,每一处宜布设两组观测标志,共同确定其位置
	A4	核对记录与现场情况的一致性	
资料处理		检查资料存档	
原因分析		1. 屋面刚性防水层表面局部损坏部位受到水浸泡、酸、碱腐蚀　　　　（　　） 2. 屋面刚性防水层表面局部损坏部位长期受到冻融影响　　　　　　（　　） 3. 受到外力的作用造成屋面刚性防水层表面局部损坏部位缝受损　　（　　）	
结论		由于屋面刚性防水层表面局部损坏部位受到下列因素的影响: 1. 屋面刚性防水层表面局部损坏部位受到水浸泡、酸、碱腐蚀　　　（　　） 2. 屋面刚性防水层表面局部损坏部位长期受到冻融影响　　　　　　（　　） 3. 受到外力的作用造成屋面刚性防水层表面局部损坏部位缝受损　　（　　） 需要马上对其进行修理	

4.2.7.2　屋面刚性防水层表面局部损坏部位维修

屋面刚性防水层表面局部损坏部位维修，见表 4-24。

屋面刚性防水层表面局部损坏部位维修　　　　　　　　表 4-24

项目类别		刚性防水层屋面	备注
项目编号		W2GM-7A	
项目名称		屋面刚性防水层表面局部损坏部位维修	
维修		对屋面刚性防水层表面局部损坏部位进行维修	
材料要求		1. 水泥 (1)水泥品种应按设计要求选用,宜采用强度等级不低于 42.5 的普通硅酸盐水泥,亦可采用矿渣硅酸盐水泥,火山灰硅酸盐水泥。 (2)不应使用过期或受潮结块水泥;禁止将不同品种或强度等级的水泥混用。 (3)水泥应有出厂合格证和复检报告	
		2. 砂子 砂宜采用中砂,砂颗粒应坚硬、粗糙洁净,粒径 3mm 以下,含泥量不得大于 1%,硫化物和硫酸盐含量不得大于 1%,使用前必须过 3～5mm 孔径的筛	
		3. 水 水中不得含有影响水泥正常凝结硬化的糖类、油类及有机物等有害物质,硫酸盐及硫化物较多的水不能使用,pH 值不得小于 4。一般自来水和饮用水均可使用	
		4. 掺合料 砂浆中掺用的聚合物乳液的外观质量应无颗粒、异物和凝固物	
		5. 外加剂 外加剂的技术性能应符合国家或行业标准一等品及以上的质量要求	

项目类别		刚性防水层屋面	备注
处理方法		应用聚合物水泥砂浆等分层抹平压实至原混凝土防水层标高	
施工要点	1. 基层处理	表面应剔除松散附着物,基层表面的蜂窝孔洞、凹凸不平处应根据不同情况分别进行处理,混凝土基层应作凿毛处理,使基层表面平整、坚实、粗糙、洁净,并充分润湿,无积水	
	2. 涂刷素水泥浆	根据防水水泥浆配合比要求,将材料拌合均匀,在混凝土基层表面均匀涂刷素水泥浆,随即抹底层砂浆。如基层为砌体时,则抹灰前1天用水管把墙浇透,第2天洒水湿润即可进行底层砂浆施工。每次调制的素水泥浆应在初凝前用完	
	3. 抹底层砂浆	施工时按照配合比调制砂浆,搅拌均匀后进行抹灰操作,底灰抹灰厚度为5～10mm,砂浆刮平后要用力抹压使之与基层粘结成一体,在砂浆凝固之前用扫帚扫毛。砂浆要随拌随用,拌合后应在限定时间内用完,严禁使用拌合后超过初凝时间的砂浆	
	4. 涂刷水泥素浆	抹完底层水泥砂浆1～2天后,再涂刷素水泥浆,做法与第一层相同	
	5. 抹面层砂浆	素水泥浆刷完后,再抹面层砂浆,配合比同底层砂浆,抹灰厚度在6～8mm左右,抹灰方向宜与第一层垂直,先用木抹子搓平,后用铁抹子分层压实,抹压次数2～3次,最后再压光	
	6. 涂刷素水泥浆	面层粉刷完1天后,涂刷素水泥浆,做法与第一层相同	
	7. 抹灰程序及特殊部位施工要求	抹灰程序及特殊部位施工要求: 1. 抹灰程序宜先抹立面后抹地面,分层铺抹,接茬不宜留在阴阳角处,铺抹时应压实抹光和表面压光。 2. 防水砂浆各层应紧密结合,每层宜连续施工,必须留施工缝时应采用阶梯坡形茬,接茬层层搭接紧密,但离开阴阳角处不得小于200mm。 3. 防水层阴阳角应做成圆弧形,阳角直径一般为10mm,阴角直径一般为50mm	
	8. 聚合物水泥砂浆施工要点	聚合物水泥砂浆施工要点: 1. 掺入聚合物要准确计量,要严格按照生产厂家提供的配方配料。 2. 聚合物砂浆配制要拌合均匀,在施工中不能来回抹压,以免将砂浆带空鼓,同时应找准砂浆的搓毛时间。 3. 拌合物应在限定时间内用完。超过限定时间,严禁使用。 4. 当防水砂浆中掺入外加剂、掺合料、聚合物等材料进行改性时,改性后防水砂浆的性能应符合《地下工程防水技术规范》GB 50108—2008中的规定	
质量要求		1. 屋面防水层修缮完成后应平整,不得积水、渗漏。 2. 选用材料应与原防水层相容,与基层应结合牢固。 3. 屋面刚性防水层与伸出屋面结构的交接处应密封处理应密实,粘结牢固;防水层表面及接缝处应抹平压光,无裂缝、起皮、起砂	
施工注意		1. 基层含水率不超过6%,并清扫干净。 2. 严禁在雨天或雪天施工;五级风及以上时不得施工;施工环境气温宜为5～35℃	

4.3 平屋面卷材防水

4.3.1 平屋面卷材防水检测与翻修

4.3.1.1 平屋面卷材防水检测

平屋面卷材防水检测，见表 4-25。

平屋面卷材防水检测 表 4-25

项目类别		平屋面卷材防水	备注
项目编号		W3JM-1	
项目名称		平屋面卷材防水渗漏	
工作目的		搞清平屋面卷材防水是否有渗漏情况发生	
检测时间		年　　月　　日	
检测人员			
检查部位		平屋面卷材防水层	
周期性		日常检查周期 4 月/次,季节性专项检查周期 7～10 月份,2 月/次	
工具		钢尺、卡尺等测量仪	
注意		1. 注意安全。 2. 高空作业时做好安全措施。 3. 对屋面卷材防水层损坏的检查,每次都应记录损坏的位置、大小尺寸,注明日期,并附上必要的照片资料	
问题特征		根据漏水量的大小,可分为渗和漏两种情况	
准备工作	1	熟悉图纸:了解主要部位的工程作法	
	2	熟悉施工资料:了解有关材料的性能、施工操作的相关记录等	
检查工作程序	A1	普查:主要检查防水层平面、立面卷材面是否有:裂缝、空鼓、流淌、翘边、龟裂、断离、张口及破损的情况	
	A2	重点部位检查:是指对檐口、天沟、女儿墙、屋脊、水落口、变形缝、阴阳角(转角)、伸出屋面管道等易出现问题的部位进行检查	
	A3	普查存在如下情况: 裂缝　　　　　　　　　　　　　( ) 空鼓　　　　　　　　　　　　　( ) 流淌　　　　　　　　　　　　　( ) 翘边　　　　　　　　　　　　　( ) 龟裂　　　　　　　　　　　　　( ) 断离　　　　　　　　　　　　　( ) 张口　　　　　　　　　　　　　( ) 破损　　　　　　　　　　　　　( )	渗漏点应进行统一编号,每个渗漏点宜布设两组观测标志,共同确定渗漏点的位置

项目类别		平屋面卷材防水	备注
检查工作程序	A4	重点部位检查,如下部位存在问题: 檐口 （　　） 天沟 （　　） 女儿墙 （　　） 水落口 （　　） 变形缝 （　　） 阴阳角(转角) （　　） 伸出屋面管道 （　　）	待观察点应进行统一编号,每个待观察点宜布设两组观测标志,共同确定观察点的位置
	A5	记录: 1. 将存在问题的部位标注在建筑物屋顶上。 2. 将存在问题的部位标注在建筑物屋顶平面图上	1. 不要遗漏,保证资料的完整性、真实性。 2. 每次观察应在存在问题部位的一侧标出观察日期
	A6	核对记录与现场情况的一致性	
资料处理		检查资料存档	
处理方法		1. 平屋面卷材裂缝、空鼓、龟裂、断离等局部损坏应进行修复;损坏总面积大于20%时应进行翻修	
		2. 檐口、天沟、女儿墙、屋脊、水落口、变形缝、阴阳角(转角)、伸出屋面管道等部位特别要加强处理,对突出屋面的建构筑物与屋面交换处,应设置高度不小于250mm的泛水防水,并做好柔性密封处理	
		3. 当屋面大面积渗漏且渗漏总面积大于20%时应进行翻修	

4.3.1.2 平屋面卷材防水损坏翻修

平屋面卷材防水损坏翻修,见表4-26。

平屋面卷材防水损坏翻修　　　　表4-26

项目类别		平屋面卷材防水	备注
项目编号		W3JM-1	
项目名称		平屋面卷材防水损坏翻修	
维修		将原损坏的平屋面卷材防水翻修	
材料要求	常用材料	1. 高聚物改性沥青油毡 (1)SBS改性沥青柔性油毡; (2)铝箔塑胶油毡; (3)化纤胎改性沥青油毡; (4)彩砂面聚酯胎弹性体油毡; (5)胶粘剂,常用的胶粘剂为氯丁橡胶改性沥青胶粘剂。 2. 合成高分子防水油毡 (1)三元乙丙橡胶防水油毡; (2)氯化聚乙烯防水油毡; (3)氯化聚乙烯—橡胶共混防水油毡; (4)胶粘剂,油毡接缝密封剂一般选用单组分氯磺化聚乙烯密封膏或双组分聚氨酯密封膏; (5)辅助材料,采用二甲苯作为基层处理剂的稀释剂和清洗剂	
	质量要求	要符合现行规范和行业标准	

项目类别		平屋面卷材防水	备注
构造做法		根据不同卷材材料选择相应的构造做法	
施工要点	**步骤**	**工程做法**	
	1. 基层处理	1. 找平层,找平层的强度、坡度和平整度要符合设计要求,不得有酥松、起砂、起皮现象,否则,必须进行修补。找平层必须干净、干燥。 2. 屋面基层与女儿墙、立墙、天窗壁、烟囱、变形缝等突出屋面结构的连接处以及基层的转角处(各水落口、檐口、天沟、檐沟、屋脊等),均应做成圆弧。	
	2. 喷、刷冷底子油	冷底子油的选用应与卷材的材性相容。喷、刷均匀,待第一遍干燥后再进行第二遍喷、刷,待最后一遍干燥后,方可铺贴卷材;喷、刷基层处理剂前,应先在屋面节点、拐角、周边等处进行喷、刷。	
	3. 施工顺序	1. 卷材铺贴应采取"先高后低、先远后近"的施工顺序,避免已铺屋面因材料运输遭人员踩踏和破坏。 2. 卷材大面积施工前,应先做好节点密封处理,附加层和屋面排水较集中部位(屋面与水落口连接处、檐口、天沟、檐沟、屋面转角处、板端缝等)的处理,分格缝的空铺条处理等,然后由低标高处向高标高处施工。铺贴卷材时,应顺天沟、檐沟方向铺贴,从水落楼处向分水线方向铺贴,以减少搭接。 3. 施工段应设置在屋脊、天沟、变形缝处	
	4. 铺贴方向	卷材的铺贴方向应根据屋面坡度和屋面是否受振动来确定。当屋面坡度小于 3% 时,卷材应平行于屋脊铺贴;屋面坡度在 3%～5% 之间时,卷材可平行或垂直屋脊铺贴;屋面坡度大于 15% 或受振动时,沥青卷材防水应垂直于屋脊铺贴,高聚物改性沥青防水卷材和合成高分子防水卷材可平行或垂直屋脊铺贴,但上下层卷材不得相互垂直铺贴	
	5. 搭接方法、宽度和要求	1. 卷材铺贴应采用搭接法,各种卷材的搭接宽度应符合下表要求,同时,相邻两幅卷材的接头还应相互错开 300mm 以上,以免接头处多层卷材相重叠而粘贴不实。叠层铺贴,上下两幅卷材的搭接缝也应错开 1/3 幅宽。当用聚酯胎改性沥青防水卷材点粘或空铺时,两头部分必须全粘 500mm 以上。 2. 高聚物改性沥青防水卷材和合成高分子防水卷材的搭接缝,宜用材性相容的密封材料封严。 3. 平行于屋脊的搭接缝,应顺水方向搭接;垂直于屋脊的搭接缝应顺溺爱最大频率风向搭接。 4. 叠层铺设的各层卷材,在天沟和屋面的连接处,应采用叉接法搭接,搭接缝应错开;接缝应留在屋面或天沟的侧面,不应留在沟底。 5. 铺贴卷材时,不得污染檐口的外侧和墙面。 高聚物改性沥青防水卷材采用冷粘法施工时,搭接边部分应有多余的冷粘剂挤出;热熔法施工时,搭接边应溢出沥青形成一道沥青条	
质量要求		防水卷材铺贴质量要求: 1. 卷材防水及其转角处、变形缝、穿墙管道等细部做法必须符合规范要求。 2. 应根据铺贴面积以及卷材规格,事先进行丈量并按规范及有关规定的搭接长度在铺贴基层上弹好粉线,施工时齐线铺贴;搭接形式亦应符合规定,立面铺贴自下而上,上层卷材应盖过下层卷材不少于 150mm。要注意长、短边搭接宽度(搭接长短边不小于 100mm);上下层的卷材的接缝应错开 1/3 卷材宽度以上,不得相互垂直铺贴。 3. 卷材防水层施工前,应该检查基层,使之符合规定要求;施工时应严格按施工规范和操作规程的要求进行。对于热作业铺贴垂直面卷材方水层更要一丝不苟、密切配合,必要时可轮换操作,保证铺贴质量。 4. 卷材防水层的基层应牢固,基面应洁净、平整,不得有空鼓、松动、起砂和脱皮现象;基层阴阳角处应做成圆弧形,半径符合要求。检验方法:观察检查。 5. 卷材防水层的搭接缝应粘结牢固,密封严密,不得有褶皱、翘边和鼓泡等缺陷。检验方法:观察检查。防水层严禁有破损和渗漏现象。 6. 侧墙卷材防水层的保护层与防水层应粘结牢固,结合紧密、厚度均匀一致。检验方法:观察检查。 7. 卷材搭接宽度的允许偏差为 —10mm。检验方法:观察和尺量检查	

4.3.2 卷材防水层有规则裂缝检测及维修

4.3.2.1 卷材防水层有规则裂缝检测

卷材防水层有规则裂缝检测，见表4-27。

卷材防水层有规则裂缝检测　　　　　　　　表 4-27

项目类别		平屋面卷材防水	备注
项目编号		W3JM-2	
项目名称		卷材防水层有规则裂缝检测	
工作目的		搞清卷材防水层有规则裂缝渗漏现状、产生原因、提出处理意见	
检测时间		年　　月　　日	
检测人员			
检查部位		卷材防水层有规则裂缝处	
周期性		日常检查周期4月/次，季节性专项检查周期7～10月,2月/次	
工具		钢尺、卡尺等测量仪	
注意		1. 注意安全。 2. 高空作业时做好安全措施。 3. 对屋面卷材防水层损坏的检查，每次都应记录损坏的位置、大小尺寸,注明日期,并附上必要的照片资料	
问题特征		屋面卷材防水层出现有规则裂缝情况,根据漏水量的大小,可分为渗和漏两种情况	
准备工作	1	熟悉图纸:了解工程做法	
	2	熟悉施工资料:了解有关材料的性能、施工操作的相关记录等	
检查工作程序	A1	检查并测量每一处卷材防水层有规则裂缝的面积	
	A2	将每一处卷材防水层有规则裂缝标注在屋面上	
	A3	将卷材防水层有规则裂缝渗漏的位置及面积标屋顶平面图上	应进行统一编号,每一处宜布设两组观测标志,共同确定裂缝的位置
	A4	核对记录与现场情况的一致性	
资料处理		检查资料存档	
原因分析		1. 防水层长期受到水浸泡、酸、碱腐蚀　　　　（　　） 2. 防水层长期受到冻融影响　　　　　　　　（　　） 3. 材料老化造成防水层受损　　　　　　　　（　　）	
结论		由于防水层受到下列因素的影响: 1. 防水层长期受到水浸泡、酸、碱腐蚀　　　（　　） 2. 防水层长期受到冻融影响　　　　　　　　（　　） 3. 材料老化造成防水层受损　　　　　　　　（　　） 需要马上对其进行修理	

4.3.2.2 卷材防水层有规则裂缝维修

卷材防水层有规则裂缝维修，见表4-28。

107

卷材防水层有规则裂缝维修　　表 4-28

项目类别	平屋面卷材防水		备注
项目编号	W3JM-2A		
项目名称	平屋面卷材防水层有规则裂缝维修		
维修	局部维修		
材料要求	1. 密封材料:应具有弹塑性、粘结性、施工性、耐候性、水密性、气密性和位移性。 2. 防水涂料:聚氨酯涂料、丙烯酸涂料、硅橡胶涂料等,其质量及性能应符合有关现行国家标准的规定,并有出厂质量合格证。 3. 防水卷材质量及性能应符合有关现行国家标准的规定,并有出厂质量合格证。 4. 纤维布:可采用聚酯纤维无纺布、玻璃纤维布、中碱玻璃纤维布($\geqslant 50g/m^2$),并符合有关现行国家标准的规定		

施工方法	方法	适用范围	工程做法
	缝内嵌填法	卷材防水层有规则裂缝	1. 清除缝内杂物及裂缝两侧面层浮灰。 2. 喷、涂基层处理剂。 3. 缝内嵌填密封材料,要求:缝上单边点粘宽度不应小于 100mm 卷材隔离层,面层应用宽度大于 300mm 卷材铺贴覆盖,其与原防水层有效粘结宽度不应小于 100mm
	密封法	卷材防水层有规则裂缝	1. 清除裂缝宽 50mm 范围卷材,沿缝剔成宽 20～40mm,深为宽度的 0.5～0.7 倍的缝槽。 2. 清理干净后喷、涂基层处理剂并设置背衬材料,缝内嵌填密封材料要求:超出缝两侧不应小于 30mm,高出屋面不应小于 3mm,表面应呈弧形
	防水涂料法	卷材防水层有规则裂缝	1. 应沿裂缝清理面层浮灰、杂物。 2. 铺设两层带有胎体增强材料的涂膜防水层,其宽度不应小于 300mm。 3. 裂缝与防水层之间设置宽度为 100mm 隔离层。 4. 涂料多遍涂刷封严

| 质量要求 | 1. 屋面防水层修缮完成后应平整,不得积水、渗漏。
2. 选用材料应与原防水层相容,与基层应结合牢固。
3. 涂膜防水层厚度应符合规范要求,涂料应浸透胎体,涂膜防水需覆盖完全,表面平整,无流淌、堆积、皱皮、鼓泡、露胎现象,防水层收头应贴牢封严 | | |

4.3.3　卷材防水层无规则裂缝检测及维修

4.3.3.1　卷材防水层无规则裂缝检测

卷材防水层无规则裂缝检测,见表 4-29。

卷材防水层无规则裂缝检测　　表 4-29

项目类别	平屋面卷材防水		备注
项目编号	W3JM-3		
项目名称	卷材防水层无规则裂缝检测及维修		
工作目的	搞清卷材防水层无规则裂缝渗漏现状、产生原因、提出处理意见		
检测时间	年　　　月　　　日		
检测人员			
检查部位	卷材防水层无规则裂缝处		

项目类别		平屋面卷材防水	备注
周期性		日常检查周期 4 月/次,季节性专项检查周期 7～10 月份,2 月/次	
劳力(小时)		2 人	
工具		钢尺、卡尺等测量仪	
注意		1. 注意安全。 2. 高空作业时做好安全措施。 3. 对屋面卷材防水层损坏的检查,每次都应记录损坏的位置、大小尺寸,注明日期,并附上必要的照片资料	
问题特征		屋面卷材防水层出现无规则裂缝情况,根据漏水量的大小,可分为渗和漏两种情况	
准备工作	1	熟悉图纸:了解工程做法	
	2	熟悉施工资料:了解有关材料的性能、施工操作的相关记录等	
检查工作程序	A1	检查并测量每一处卷材防水层无规则裂缝的面积	
	A2	将每一处卷材防水层无规则裂缝标注在屋面上	
	A3	将卷材防水层无规则裂缝渗漏的位置及面积标屋顶平面图上	应进行统一编号,每一处宜布设两组观测标志,共同确定裂缝的位置
	A4	核对记录与现场情况的一致性	
资料处理		检查资料存档	
原因分析		1. 防水层长期受到水浸泡,酸、碱腐蚀 （ ） 2. 防水层长期受到冻融影响 （ ） 3. 材料老化造成防水层受损 （ ）	
结论		由于防水层受到下列因素的影响: 1. 防水层长期受到水浸泡,酸、碱腐蚀 （ ） 2. 防水层长期受到冻融影响 （ ） 3. 材料老化造成防水层受损 （ ） 需要马上对其进行修理	

4.3.3.2 卷材防水层无规则裂缝损坏维修

卷材防水层无规则裂缝损坏维修,见表 4-30。

卷材防水层无规则裂缝损坏维修 表 4-30

项目类别	平屋面卷材防水	备注
项目编号	W3JM-3A	
项目名称	平屋面卷材防水层无规则裂缝翻修	
维修	局部维修	

项目类别		平屋面卷材防水		备注
材料要求		1. 密封材料:应具有弹塑性、粘结性、施工性、耐候性、水密性、气密性和位移性。 2. 防水涂料:聚氨酯涂料、丙烯酸涂料、硅橡胶涂料等,其质量及性能应符合有关现行国家标准的规定,并有出厂质量合格证。 3. 防水卷材质量及性能应符合有关现行国家标准的规定,并有出厂质量合格证。 4. 纤维布:可采用聚酯纤维无纺布、玻璃纤维布、中碱玻璃纤维布(≥50g/m²),并符合有关现行国家标准的规定		
施工方法	方法	适用范围	工程做法	
	防水涂料法	卷材防水层无规则裂缝	1. 应沿裂缝清理面层浮灰、杂物。 2. 铺设两道带无胎体增强材料的涂膜防水层,其宽度不应小于300mm。 3. 裂缝与防水层之间设置宽度为100mm隔离层。 4. 涂料多遍涂刷封严	
质量要求		1. 屋面防水层修缮完成后应平整,不得积水、渗漏。 2. 选用材料应与原防水层相容,与基层应结合牢固。 3. 涂膜防水层厚度应符合规范要求,涂料应浸透胎体,涂膜防水需覆盖完全,表面平整,无流淌、堆积、皱皮、鼓泡、露胎现象,防水层收头应贴牢封严		

4.3.4 卷材防水层鼓泡检测及维修

4.3.4.1 卷材防水层鼓泡检测

卷材防水层鼓泡检测,见表4-31。

卷材防水层鼓泡检测 表 4-31

项目类别	平屋面卷材防水	备注
项目编号	W3JM-4	
项目名称	卷材防水层鼓泡检测	
工作目的	搞清卷材防水层鼓泡检测渗漏现状,提出处理意见	
检测时间	年　　　月　　　日	
检测人员		
检查部位	卷材防水层鼓泡处	
周期性	日常检查周期4月/次,季节性专项检查周期7~10月份,2月/次	
工具	钢尺、卡尺等测量仪	
注意	1. 注意安全。 2. 高空作业时做好安全措施。 3. 对屋面卷材防水层鼓泡损坏的检查,每次都应记录损坏的位置、大小尺寸,注明日期,并附上必要的照片资料	
问题特征	屋面卷材防水层出现鼓泡损坏情况,根据漏水量的大小,可分为渗和漏两种情况	

项目类别		平屋面卷材防水	备注
准备工作	1	熟悉图纸:了解工程做法	
	2	熟悉施工资料:了解有关材料的性能、施工操作的相关记录等	
检查工作程序	A1	检查并测量每一处卷材防水层鼓泡裂缝的面积	
	A2	将每一处卷材防水层鼓泡裂缝标注在屋面上	
	A3	将卷材防水层鼓泡裂缝渗漏的位置及面积标屋顶平面图上	应进行统一编号,每一处宜布设两组观测标志,共同确定裂缝的位置
	A4	核对记录与现场情况的一致性	
资料处理		检查资料存档	
原因分析		1. 防水层长期受到水浸泡,酸、碱腐蚀　　　　　　　　( ) 2. 防水层长期受到冻融影响　　　　　　　　　　　　( ) 3. 材料老化造成防水层受损　　　　　　　　　　　　( )	
结论		由于防水层受到下列因素的影响: 1. 防水层长期受到水浸泡,酸、碱腐蚀　　　　　　　( ) 2. 防水层长期受到冻融影响　　　　　　　　　　　　( ) 3. 材料老化造成防水层受损　　　　　　　　　　　　( ) 需要马上对其进行修理	

4.3.4.2 卷材防水层鼓泡损坏维修

卷材防水层鼓泡损坏维修,见表 4-32。

卷材防水层鼓泡损坏维修　　　　　　表 4-32

项目类别			平屋面卷材防水	备注
项目编号			W3JM-4A	
项目名称			卷材防水层鼓泡损坏维修	
维修			局部维修	
材料要求			1. 密封材料:应具有弹塑性、粘结性、施工性、耐候性、水密性、气密性和位移性。 2. 防水涂料:聚氨酯涂料、丙烯酸涂料、硅橡胶涂料等,其质量及性能应符合有关现行国家标准的规定,并有出厂质量合格证。 3. 防水卷材质量及性能应符合有关现行国家标准的规定,并有出厂质量合格证。 4. 纤维布:可采用聚酯纤维无纺布、玻璃纤维布、中碱玻璃纤维布($\geqslant$50g/m²),并符合有关现行国家标准的规定	
施工方法	方法	适用范围	工程做法	
	钻眼法	直径小于或等于 300nm 的鼓泡	直径小于或等于 300nm 的鼓泡维修,可采用钻眼或割破鼓泡的方法,排出泡内气体,使卷材复平。在鼓泡范围面层上部铺贴一层卷材或铺设带有胎体增强材料涂膜防水层,其外露边缘应封严	
	斜十字形切割法	直径大于或等于 300nm 的鼓泡	直径在 300mm 以上的鼓泡维修,可按斜十字形将鼓泡切割,翻开晾干,清除原有胶粘材料,将切割翻开部分的防水层卷材重新分片按屋面流水方向粘贴,并在面上增铺贴一层卷材(其边长应比开刀范围大 100mm),将切割翻开部分卷材的上片压贴,粘牢封严。 如采取割除起鼓部位卷材重新铺贴卷材时,应分片与周边搭接密实,并在面上增铺贴一层卷材(大于割除范围四边 100mm),粘牢贴实	

续表

项目类别	平屋面卷材防水	备注
质量 要求	1 屋面防水层修缮完成后应平整,不得积水、渗漏。 2. 选用材料应与原防水层相容,与基层应结合牢固。 3. 卷材的铺贴应顺屋面流水方向,卷材的搭接顺序应符合规范要求,接缝严密,无折皱、翘边、空鼓,卷材收头应采取固定措施并封严	

4.3.5 卷材防水层龟裂检测及维修

4.3.5.1 卷材防水层龟裂检测

卷材防水层龟裂检测,见表 4-33。

卷材防水层龟裂检测　　　　　　　　　　　　　　　　表 4-33

项目类别		平屋面卷材防水	备注
项目编号		W3JM-6	
项目名称		卷材防水层龟裂检测维修	
工作目的		搞清卷材防水层龟裂、收缩、腐烂、发脆的渗漏现状、提出处理意见	
检测时间		年　　月　　日	
检测人员			
检查部位		卷材防水层龟裂处	
周期性		日常检查周期 4 月/次,季节性专项检查周期 7～10 月,2 月/次	
工具		钢尺、卡尺等测量仪	
注意		1. 注意安全。 2. 高空作业时做好安全措施。 3. 对屋面卷材防水层龟裂损坏的检查,每次都应记录损坏的位置、大小尺寸,注明日期,并附上必要的照片资料	
问题特征		屋面卷材防水层出现龟裂、收缩、腐烂、发脆等情况,根据漏水量的大小,可分为渗和漏两种情况	
准备 工作	1	熟悉图纸:了解工程做法	
	2	熟悉施工资料:了解有关材料的性能、施工操作的相关记录等	
检 查 工 作 程 序	A1	检查并测量每一处卷材防水层龟裂裂缝的面积	
	A2	将每一处卷材防水层龟裂裂缝标注在屋面上	
	A3	将卷材防水层龟裂裂缝渗漏的位置及面积标屋顶平面图上	应进行统一编号,每一处宜布设两组观测标志,共同确定裂缝的位置
	A4	核对记录与现场情况的一致性	
资料 处理		检查资料存档	
原因 分析		1. 防水层长期受到水浸泡,酸、碱腐蚀　　　　　　　　　( ) 2. 防水层长期受到冻融影响　　　　　　　　　　　　( ) 3. 材料老化造成防水层受损　　　　　　　　　　　　( )	
结 论		由于防水层受到下列因素的影响: 1. 防水层长期受到水浸泡,酸、碱腐蚀　　　　　　　　( ) 2. 防水层长期受到冻融影响　　　　　　　　　　　　( ) 3. 材料老化造成防水层受损　　　　　　　　　　　　( ) 需要马上对其进行修理	

4.3.5.2 卷材防水层龟裂损坏维修

卷材防水层龟裂损坏维修，见表 4-34。

卷材防水层龟裂损坏维修　　　表 4-34

项目类别			平屋面卷材防水	备注
项目编号			W3JM-6A	
项目名称			卷材防水层龟裂损坏维修	
维修			局部维修。	
材料要求			1. 密封材料：应具有弹塑性、粘结性、施工性、耐候性、水密性、气密性和位移性。 2. 防水涂料：聚氨酯涂料、丙烯酸涂料、硅橡胶涂料等，其质量及性能应符合有关现行国家标准的规定，并有出厂质量合格证。 3. 防水卷材质量及性能应符合有关现行国家标准的规定，并有出厂质量合格证。 4. 纤维布：可采用聚酯纤维无纺布、玻璃纤维布、中碱玻璃纤维布（≥50g/m²），并符合有关现行国家标准的规定	
施工方法	方法	适用范围	工程做法	
	折皱处理法	防水层折皱、卷材拉开脱空、搭接错动	防水层出现大面积的折皱、卷材拉开脱空、搭接错动，应将折皱、脱空卷材切除，修整找平层，用耐热性相适应的卷材维修。卷材铺贴宜垂直屋脊，避免卷材短边搭接	
	脱空处理法	卷材脱空、耸肩	卷材脱空、耸肩部位，应切开脱空卷材，清除原有胶粘材料及杂物、将切开的下部卷材重新粘贴，增铺一层卷材压盖下部卷材，将上部卷材覆盖，与新铺卷材搭接不应小于 150mm，压实封严	
	折皱成团处理法	卷材折皱成团	卷材折皱成团部位，应切除折皱、成团卷材，清除原有胶粘材料及基层污物。应用卷材重新铺贴并压入原防水层卷材 150mm，搭接处应压实封严	
质量要求			1. 屋面防水层修缮完成后应平整，不得积水、渗漏。 2. 选用材料应与原防水层相容，与基层应结合牢固。 3. 卷材的铺贴应顺屋面流水方向，卷材的搭接顺序应符合规范要求，接缝严密，无折皱、翘边、空鼓，卷材收头应采取固定措施并封严	

4.3.6 天沟、檐沟、泛水部位卷材开裂检测及维修

4.3.6.1 天沟、檐沟、泛水部位卷材开裂检测

天沟、檐沟、泛水部位卷材开裂检测，见表 4-35。

天沟、檐沟、泛水部位卷材开裂检测　　　表 4-35

项目类别	平屋面卷材防水	备　注
项目编号	PWJS-7	
项目名称	卷材防水层天沟、檐沟、泛水部位卷材开裂检测	
工作目的	搞清卷材防水层天沟、檐沟、泛水部位卷材开裂的渗漏现状、提出处理意见	
检测时间	年　　月　　日	
检测人员		
检查部位	卷材防水层天沟、檐沟、泛水部位卷材开裂处	
周期性	日常检查周期 4 月/次，季节性专项检查周期 7～10 月份，2 月/次	
工具	钢尺、卡尺等测量仪	

项目类别		平屋面卷材防水	备　注
注意		1. 注意安全。 2. 高空作业时做好安全措施。 　3. 对屋面卷材防水层天沟、檐沟、泛水部位卷材开裂损坏的检查，每次都应记录损坏的位置、大小尺寸，注明日期，并附上必要的照片资料	
问题特征		屋面卷材防水层出现天沟、檐沟、泛水部位卷材开裂等情况，根据漏水量的大小，可分为渗和漏两种情况	
准备工作	1	熟悉图纸：了解工程做法	
	2	熟悉施工资料：了解有关材料的性能、施工操作的相关记录等	
检查工作程序	A1	检查并测量每一处卷材防水层天沟、檐沟、泛水部位卷材开裂的面积	
	A2	将每一处卷材防水层天沟、檐沟、泛水部位卷材开裂标注在屋面上	
	A3	将卷材防水层天沟、檐沟、泛水部位卷材开裂渗漏的位置及面积标屋顶平面图上	应进行统一编号，每一处宜布设两组观测标志，共同确定其位置
	A4	核对记录与现场情况的一致性	
资料处理		检查资料存档	
原因分析		1. 防水层长期受到水浸泡，酸、碱腐蚀　　　　　　　　（　　） 2. 防水层长期受到冻融影响　　　　　　　　　　　　（　　） 3. 材料老化造成防水层受损　　　　　　　　　　　　（　　）	
结论		由于防水层受到下列因素的影响： 1. 防水层长期受到水浸泡，酸、碱腐蚀　　　　　　　（　　） 2. 防水层长期受到冻融影响　　　　　　　　　　　　（　　） 3. 材料老化造成防水层受损　　　　　　　　　　　　（　　） 需要马上对其进行修理	

4.3.6.2　天沟、檐沟、泛水部位卷材开裂损坏维修

天沟、檐沟、泛水部位卷材开裂损坏维修，见表 4-36。

天沟、檐沟、泛水部位卷材开裂损坏维修　　　　　　　　　表 4-36

项目类别	平屋面卷材防水	备注
项目编号	W3JM-7A	
项目名称	天沟、檐沟、泛水部位卷材开裂损坏维修	
维修	局部维修	
材料要求	1. 密封材料：应具有弹塑性、粘结性、施工性、耐候性、水密性、气密性和位移性。 2. 防水涂料：聚氨酯涂料、丙烯酸涂料、硅橡胶涂料等，其质量及性能应符合有关现行国家标准的规定，并有出厂质量合格证。 3. 防水卷材质量及性能应符合有关现行国家标准的规定，并有出厂质量合格证。 4. 纤维布：可采用聚酯纤维无纺布、玻璃纤维布、中碱玻璃纤维布（≥50g/m²），并符合有关现行国家标准的规定	
施工方法	清除基层酥松、起砂及凸起物，表面平整、牢固、密实，基层干燥。基层与伸出屋面结构（女儿墙、山墙、变形缝、天窗壁、烟囱、管道等）的连接处，以及基层的转角处，应做成圆弧。内排水的水落口周围 500mm 范围内坡度不应小于 5%，呈凹坑。 应清除破损卷材及胶结材料，在裂缝内嵌填密封材料，缝上铺设卷材附加层或带有胎体增强材料的涂膜附加层，面层贴盖的卷材应封严	
质量要求	1. 屋面防水层修缮完成后应平整，不得积水、渗漏。 2. 选用材料应与原防水层相容，与基层应结合牢固。 3. 天沟、檐沟、水落口等防水层构造治理措施应合理，封固严密，无翘边、空鼓、折皱，排水畅通	

4.3.7　女儿墙、山墙拐角处卷材开裂检测及维修

4.3.7.1　女儿墙、山墙拐角处卷材开裂检测

女儿墙、山墙拐角处卷材开裂检测，见表4-37。

<table>
<tr><td colspan="3" align="right">女儿墙、山墙拐角处卷材开裂检测</td><td align="right">表 4-37</td></tr>
<tr><td>项目类别</td><td colspan="2">平屋面卷材防水</td><td>备注</td></tr>
<tr><td>项目编号</td><td colspan="2">W3JM-8</td><td></td></tr>
<tr><td>项目名称</td><td colspan="2">卷材防水层女儿墙、山墙拐角处卷材开裂检测</td><td></td></tr>
<tr><td>工作目的</td><td colspan="2">搞清卷材防水层女儿墙、山墙拐角处卷材开裂的渗漏现状、提出处理意见</td><td></td></tr>
<tr><td>检测时间</td><td colspan="2">年　　　月　　　日</td><td></td></tr>
<tr><td>检测人员</td><td colspan="2"></td><td></td></tr>
<tr><td>检查部位</td><td colspan="2">卷材防水层女儿墙、山墙拐角的卷材开裂处</td><td></td></tr>
<tr><td>周期性</td><td colspan="2">日常检查周期 4 月/次，季节性专项检查周期 7～10 月份，2 月/次</td><td></td></tr>
<tr><td>工具</td><td colspan="2">钢尺、卡尺等测量仪</td><td></td></tr>
<tr><td>注意</td><td colspan="2">1. 注意安全。
2. 高空作业时做好安全措施。
3. 对屋面卷材防水层女儿墙、山墙拐角处卷材开裂损坏的检查，每次都应记录损坏的位置，大小尺寸，注明日期，并附上必要的照片资料</td><td></td></tr>
<tr><td>问题特征</td><td colspan="2">女儿墙、山墙等高出屋面结构与屋面基层的连接处卷材开裂的情况，根据漏水量的大小，可分为渗和漏两种情况</td><td></td></tr>
<tr><td rowspan="2">准备
工作</td><td>1</td><td>熟悉图纸：了解工程做法</td><td></td></tr>
<tr><td>2</td><td>熟悉施工资料：了解有关材料的性能、施工操作的相关记录等</td><td></td></tr>
<tr><td rowspan="4">检查
工作
程序</td><td>A1</td><td>检查并测量每一处卷材防水层女儿墙、山墙拐角处卷材开裂的面积</td><td></td></tr>
<tr><td>A2</td><td>将每一处卷材防水层女儿墙、山墙拐角处卷材开裂标注在屋面上</td><td></td></tr>
<tr><td>A3</td><td>将卷材防水层女儿墙、山墙拐角处卷材开裂渗漏的位置及面积标屋顶平面图上</td><td>应进行统一编号，每一处宜布设两组观测标志，共同确定其位置</td></tr>
<tr><td>A4</td><td>核对记录与现场情况的一致性</td><td></td></tr>
<tr><td>资料
处理</td><td colspan="2">检查资料存档</td><td></td></tr>
<tr><td>原因
分析</td><td colspan="2">1. 防水层长期受到水浸泡、酸、碱腐蚀　　　　　　（　　）
2. 防水层长期受到冻融影响　　　　　　　　　　（　　）
3. 材料老化造成防水层受损　　　　　　　　　　（　　）</td><td></td></tr>
<tr><td>结
论</td><td colspan="2">由于防水层受到下列因素的影响：
1. 防水层长期受到水浸泡，酸、碱腐蚀　　　　　（　　）
2. 防水层长期受到冻融影响　　　　　　　　　　（　　）
3. 材料老化造成防水层受损　　　　　　　　　　（　　）
需要马上对其进行修理</td><td></td></tr>
</table>

4.3.7.2　女儿墙、山墙拐角处卷材损坏维修

女儿墙、山墙拐角处卷材损坏维修，见表4-38。

女儿墙、山墙拐角处卷材损坏维修　　　表 4-38

项目类别	平屋面卷材防水	备注
项目编号	W3JM-8A	
项目名称	女儿墙、山墙拐角处卷材损坏维修	
维修	局部维修	
材料要求	1. 密封材料:应具有弹塑性、粘结性、施工性、耐候性、水密性、气密性和位移性。 2. 防水涂料:聚氨酯涂料、丙烯酸涂料、硅橡胶涂料等,其质量及性能应符合有关现行国家标准的规定,并有出厂质量合格证。 3. 防水卷材质量及性能应符合有关现行国家标准的规定,并有出厂质量合格证。 4. 纤维布:可采用聚酯纤维无纺布、玻璃纤维布、中碱玻璃纤维布(≥50g/m²),并符合有关现行国家标准的规定。	
施工方法	1. 应将裂缝处清理干净,缝内嵌填密封材料,上面铺贴卷材或铺设带有胎体增强材料涂膜防水层并压入立面卷材下面,封严搭接缝。 2. 砖墙泛水处收头卷材张口、脱落,应清除原有胶粘材料及密封材料,重新贴实卷材,卷材收头压入凹槽内固定,上部覆盖一层卷材并将卷材收头压入凹槽内固定密封。 3. 压顶砂浆开裂、剥落,应剔除后铺设 1:2.5 水泥砂浆或 C20 细石混凝土,重做防水处理。 4. 采用预制混凝土压顶时,应将收头卷材铺设在压顶下,并做好防水处理。 5. 混凝土墙体泛水处收头卷材张口、脱落,应将卷材收头端部裁齐,用压条钉压固定,密封材料封严	
质量要求	1. 屋面防水层修缮完成后应平整,不得积水、渗漏。 2. 选用材料应与原防水层相容,与基层应结合牢固。 3. 卷材的铺贴应顺屋面流水方向,卷材的搭接顺序应符合规范要求,接缝严密,无折皱、翘边、空鼓,卷材收头应采取固定措施并封严	

4.3.8　水落口防水构造渗漏检测及维修

4.3.8.1　水落口防水构造渗漏检测

水落口防水构造渗漏检测,见表 4-39。

水落口防水构造渗漏检测　　　表 4-39

项目类别	平屋面卷材防水	备注
项目编号	W3JM-9	
项目名称	卷材防水层水落口防水构造渗漏检测	
工作目的	搞清卷材防水层水落口防水构造渗漏的渗漏现状、提出处理意见	
检测时间	年　　月　　日	
检测人员		
检查部位	卷材防水层水落口防水构造渗漏处	
周期性	日常检查周期 4 月/次,季节性专项检查周期 7~10 月份,2 月/次	
工具	钢尺、卡尺等测量仪	
注意	1. 注意安全。 2. 高空作业时做好安全措施。 3. 对屋面卷材防水层水落口防水构造渗漏损坏的检查,每次都应记录损坏的位置、大小尺寸,注明日期,并附上必要的照片资料	
问题特征	水落口上部墙体卷材收头处张口、脱落,水落口与基层接触处出现渗漏,根据漏水量的大小,可分为渗和漏两种情况	

续表

项目类别		平屋面卷材防水	备注
准备工作	1	熟悉图纸:了解工程做法	
	2	熟悉施工资料:了解有关材料的性能、施工操作的相关记录等	
检查工作程序	A1	检查并测量每一处卷材防水层水落口防水构造渗漏的位置	
	A2	将每一处卷材防水层水落口防水构造渗漏标注在屋面上	
	A3	将卷材防水层水落口防水构造渗漏的位置标屋顶平面图上	应进行统一编号,每一处宜布设两组观测标志,共同确定其位置
	A4	核对记录与现场情况的一致性	
资料处理		检查资料存档	
原因分析		1. 防水层长期受到水浸泡,酸、碱腐蚀 　　　　　　　(　) 2. 防水层长期受到冻融影响 　　　　　　　　　　　(　) 3. 材料老化造成防水层受损 　　　　　　　　　　　(　) 4. 受到外力的作用造成水落口受损 　　　　　　　　(　)	
结论		由于防水层受到下列因素的影响: 1. 防水层长期受到水浸泡,酸、碱腐蚀 　　　　　　　(　) 2. 防水层长期受到冻融影响 　　　　　　　　　　　(　) 3. 材料老化造成防水层受损 　　　　　　　　　　　(　) 4. 受到外力的作用造成水落口受损 　　　　　　　　(　) 需要马上对其进行修理	

4.3.8.2 水落口防水构造渗漏维修

水落口防水构造渗漏维修,见表 4-40。

水落口防水构造渗漏维修　　　　　　　　　　　　　　　　　表 4-40

项目类别	平屋面卷材防水	备注
项目编号	W3JM-9A	
项目名称	水落口防水构造渗漏维修	
维修	局部维修	
材料要求	1. 密封材料:应具有弹塑性、粘结性、施工性、耐候性、水密性、气密性和位移性。 2. 防水涂料:聚氨酯涂料、丙烯酸涂料、硅橡胶涂料等,其质量及性能应符合有关现行国家标准的规定,并有出厂质量合格证。 3. 防水卷材质量及性能应符合有关现行国家标准的规定,并有出厂质量合格证。 4. 纤维布:可采用聚酯纤维无纺布、玻璃纤维布、中碱玻璃纤维布($\geqslant 50g/m^2$),并符合有关现行国家标准的规定	
施工方法	1. 水落口上部墙体卷材收头处张口、脱落,应将卷材收头端部裁齐,用压条钉压固定,密封材料封严。 2. 水落口与基层接触处出现渗漏,应将接触处凹槽清除干净,重新嵌填密封材料,上面增铺一层卷材或铺设带有胎体增强材料的涂膜防水层,将原防水层卷材覆盖封严	
质量要求	1. 屋面防水层修缮完成后应平整,不得积水、渗漏。 2. 选用材料应与原防水层相容,与基层结合牢固。 3. 水落口的防水层构造治理措施应合理,封固严密,无翘边、空鼓、折皱,排水畅通	

4.3.9 伸出屋面管道根部渗漏检测及维修

4.3.9.1 伸出屋面管道根部渗漏检测

伸出屋面管道根部渗漏检测，见表 4-41。

表 4-41

伸出屋面管道根部渗漏检测

项目类别	平屋面卷材防水		备注
项目编号	W3JM-10		
项目名称	卷材防水层伸出屋面管道根部渗漏检测		
工作目的	搞清卷材防水层伸出屋面管道根部渗漏的现状、提出处理意见		
检测时间	年　　　月　　　日		
检测人员			
检查部位	卷材防水层伸出屋面管道根部渗漏处		
周期性	日常检查周期 4 月/次，季节性专项检查周期 7～10 月份，2 月/次		
工具	钢尺、卡尺等测量仪		
注意	1. 注意安全。 2. 高空作业时做好安全措施。 3. 对屋面卷材防水层伸出屋面管道根部渗漏损坏的检查，每次都应记录损坏的位置、大小尺寸，注明日期，并附上必要的照片资料		
问题特征	水落口上部墙体卷材收头出现张口、脱落，水落口与基层接触处出现渗漏，根据漏水量的大小，可分为渗和漏两种情况		
准备工作	1	熟悉图纸：了解工程做法	
	2	熟悉施工资料：了解有关材料的性能、施工操作的相关记录等	
检查工作程序	A1	检查并测量每一处卷材防水层伸出屋面管道根部渗漏的位置	
	A2	将每一处卷材防水层伸出屋面管道根部渗漏标注在屋面上	
	A3	将卷材防水层伸出屋面管道根部渗漏的位置标屋顶平面图上	应进行统一编号，每一处宜布设两组观测标志，共同确定其位置
	A4	核对记录与现场情况的一致性	
资料处理	检查资料存档		
原因分析	1. 防水层长期受到水浸泡，酸、碱腐蚀　　　　　　　　　（　　） 2. 防水层长期受到冻融影响　　　　　　　　　　　　　（　　） 3. 材料老化造成防水层受损　　　　　　　　　　　　　（　　） 4. 受到外力的作用造成水落口受损　　　　　　　　　　（　　）		
结论	由于防水层受到下列因素的影响： 1. 防水层长期受到水浸泡，酸、碱腐蚀　　　　　　　　（　　） 2. 防水层长期受到冻融影响　　　　　　　　　　　　　（　　） 3. 材料老化造成防水层受损　　　　　　　　　　　　　（　　） 4. 受到外力的作用造成水落口受损　　　　　　　　　　（　　） 需要马上对其进行修理		

4.3.9.2 伸出屋面管道根部渗漏维修

伸出屋面管道根部渗漏维修，见表 4-42。

伸出屋面管道根部渗漏维修		表 4-42
项目类别	平屋面卷材防水	备注
项目编号	W3JM-10A	
项目名称	伸出屋面管道根部渗漏维修	
维修	局部维修	
材料要求	1. 密封材料:应具有弹塑性、粘结性、施工性、耐候性、水密性、气密性和位移性。 2. 防水涂料:聚氨酯涂料、丙烯酸涂料、硅橡胶涂料等,其质量及性能应符合有关现行国家标准的规定,并有出厂质量合格证。 3. 防水卷材质量及性能应符合有关现行国家标准的规定,并有出厂质量合格证。 4. 纤维布:可采用聚酯纤维无纺布、玻璃纤维布、中碱玻璃纤维布(≥50g/m²),并符合有关现行国家标准的规定	
施工方法	1. 伸出屋面管道根部渗漏,应将管道周围的卷材、胶粘材料及密封材料清除干净,管道与找平层间剔成凹槽并修整找平层。槽内嵌填密封材料,增设附加层,用面层卷材覆盖。 2. 卷材收头应用金属箍箍紧或缠麻封固,并用密封材料或胶粘剂封严	
质量要求	1. 屋面防水层修缮完成后应平整,不得积水、渗漏。 2. 选用材料应与原防水层相容,与基层应结合牢固。 3. 水落口的防水层构造治理措施应合理,封固严密,无翘边、空鼓、折皱,排水畅通	

4.4 涂膜屋面防水

4.4.1 涂膜防水屋面检测及维修

4.4.1.1 涂膜防水屋面检测及维修

涂膜防水屋面检测及维修,见表 4-43。

涂膜防水屋面检测及维修		表 4-43
项目类别	涂膜屋面防水	备注
项目编号	W4TM-1	
项目名称	平屋面涂膜防水渗漏检测	
工作目的	搞清平屋面涂膜防水是否有渗漏情况发生	
检测时间	年　　月　　日	
检测人员		
检查部位	平屋面涂膜防水层	
周期性	日常检查周期4月/次,季节性专项检查周期7~10月份,2月/次	
工具	钢尺、卡尺等测量仪	
注意	1. 注意安全。 2. 高空作业时做好安全措施。 3. 对屋面涂膜防水层损坏的检查,每次都应记录损坏的位置、大小尺寸,注明日期,并附上必要的照片资料	
问题特征	根据漏水量的大小,可分为渗和漏两种情况	

续表

项目类别		涂膜屋面防水	备注
准备工作	1	熟悉图纸：了解主要部位的工程做法	
	2	熟悉施工资料：了解有关材料的性能、施工操作的相关记录等	
	A1	涂膜防水屋面渗漏查勘应包括下列内容： 　1. 暴露式防水层应检查平面、立面、阴阳角及收头部位涂膜的剥离、开裂、起鼓、老化及积水现象　　　　　　　　　　　　　　　（　　） 　有保护层的防水层应检查保护层开裂、分格缝嵌填材料剥离、断裂现象　　　　　　　　　　　　　　　　　　　　　（　　） 　2. 女儿墙压顶部位应检查压顶部位开裂、脱落及缺损等现象（　　） 　3. 水落口及天沟、檐沟应检查该部位破损、封堵、排水不畅等现象　　　　　　　　　　　　　　　　　　　　　　　（　　） 　4. 涂膜防水层局部裂缝、空鼓、脱落　　　　　　　　　（　　） 　5. 涂膜防水层大面积老化、损坏、严重渗漏，应进行翻修（　　）	渗漏点应进行统一编号，每个渗漏点宜布设两组观测标志，共同确定渗漏点的位置
	A2	核对记录与现场情况的一致性	
资料处理		检查资料存档	
原因分析		1. 防水层长期受到水浸泡，酸、碱腐蚀　　　　　　　　（　　） 2. 防水层长期受到冻融影响　　　　　　　　　　　　　（　　） 3. 材料老化造成防水层受损　　　　　　　　　　　　　（　　） 4. 受到外力的作用造成防水层受损　　　　　　　　　　（　　）	
结论		由于防水层受到下列因素的影响： 1. 防水层长期受到水浸泡，酸、碱腐蚀　　　　　　　　（　　） 2. 防水层长期受到冻融影响　　　　　　　　　　　　　（　　） 3. 材料老化造成防水层受损　　　　　　　　　　　　　（　　） 4. 受到外力的作用造成防水层受损　　　　　　　　　　（　　） 需要马上对其进行修理	

4. 4. 1. 2　涂膜防水屋面损坏维修

涂膜防水屋面损坏维修，见表 4-44。

涂膜防水屋面损坏维修　　　　　　　　　　　　　　表 4-44

项目类别	涂膜屋面防水	备注
项目编号	W4TM-1A	
项目名称	涂膜防水屋面损坏维修	
维修	局部维修	
材料要求	1. 密封材料：应具有弹塑性、粘结性、施工性、耐候性、水密性、气密性和位移性。 2. 防水涂料：聚氨酯涂料、丙烯酸涂料、硅橡胶涂料等，其质量及性能应符合有关现行国家标准的规定，并有出厂质量合格证。 3. 纤维布：可采用聚酯纤维无纺布、玻璃纤维布、中碱玻璃纤维布（$\geqslant 50g/m^2$），并符合有关现行国家标准的规定	
施工方法	根据屋面涂膜防水层出现的不同情况做相应的处理	
施工要求	1. 涂膜防水层的最小厚度：沥青基防水涂膜厚度不应小于 8mm；高聚物改性沥青防水涂膜厚度不应小于 3mm；合成高分子防水涂膜厚度不应小于 2mm。 2. 涂膜施工，两遍涂层相隔时间，应达到实干为准。 3. 雨天、雪天严禁施工，五级风以上不得施工。沥青基防水涂膜在气温低于 5℃或高于 35℃时不宜施工。高聚物改性沥青防水涂膜和合成高分子防水涂膜施工环境气温宜为：溶剂型涂料 −5～35℃；水乳型涂料 5～35℃。 4. 涂膜防水层维修或翻修时，应先做涂膜附加层，附加层宜加铺胎体增强材料	

续表

项目类别	涂膜屋面防水	备注
质量要求	1. 屋面防水层修缮完成后应平整,不得积水、渗漏。 2. 选用材料应与原防水层相容,与基层应结合牢固。 3. 涂膜防水层厚度应符合规范要求,涂料应浸透胎体,涂膜防水需覆盖完全,表面平整,无流淌、堆积、皱皮、鼓泡、露胎现象,防水层收头应贴牢封严	

4.4.2 涂膜防水层规则裂缝的检测及维修

4.4.2.1 涂膜防水层规则裂缝的检测

涂膜防水层规则裂缝的检测,见表 4-45。

涂膜防水层规则裂缝的检测   表 4-45

项目类别		涂膜屋面防水	备注
项目编号		W4TM-2	
项目名称		涂膜防水层规则裂缝的检测	
工作目的		搞清涂膜防水层规则裂缝渗漏的现状、提出处理意见	—
检测时间		年　　　月　　　日	
检测人员			
检查部位		涂膜防水层规则裂缝的渗漏处	
周期性		日常检查周期 4 月/次,季节性专项检查周期 7~10 月份,2 月/次	
劳力(小时)		2 人	
工具		钢尺、卡尺等测量仪	
注意		1. 注意安全。 2. 高空作业时做好安全措施。 3. 对屋面涂膜防水层损坏的检查,每次都应记录损坏的位置,大小尺寸,注明日期,并附上必要的照片资料	
问题特征		涂膜防水层出现规则裂缝的渗漏,根据漏水量的大小,可分为渗和漏两种情况	
准备工作	1	熟悉图纸:了解工程做法	
	2	熟悉施工资料:了解有关材料的性能、施工操作的相关记录等	
检查工作程序	A1	检查并测量每一处涂膜防水层有规则裂缝的面积	
	A2	将每一处涂膜防水层有规则裂缝渗漏处标注在屋面上	
	A3	将涂膜防水层有规则裂缝渗漏的位置及面积标在屋顶平面图上	应进行统一编号,每一处宜布设两组观测标志,共同确定其位置
	A4	核对记录与现场情况的一致性	
资料处理		检查资料存档	
原因分析		1. 防水层长期受到水浸泡,酸、碱腐蚀　　　　　　　　( ) 2. 防水层长期受到冻融影响　　　　　　　　　　　　( ) 3. 材料老化造成防水层受损　　　　　　　　　　　　( ) 4. 受到外力的作用造成防水层受损　　　　　　　　　( )	

续表

项目类别	涂膜屋面防水	备注
结 论	由于防水层受到下列因素的影响： 1. 防水层长期受到水浸泡,酸、碱腐蚀　　　　　　（　　） 2. 防水层长期受到冻融影响　　　　　　　　　　（　　） 3. 材料老化造成防水层受损　　　　　　　　　　（　　） 4. 受到外力的作用造成防水层受损　　　　　　　（　　） 需要马上对其进行修理	

4.4.2.2 涂膜防水层规则裂缝维修

涂膜防水层规则裂缝维修，见表 4-46。

涂膜防水层规则裂缝维修 表 4-46

项目类别	涂膜屋面防水			备注
项目编号	W4TM-2A			
项目名称	涂膜防水层规则裂缝维修			
维修	局部维修			
材料要求	1. 密封材料：应具有弹塑性、粘结性、施工性、耐候性、水密性、气密性和位移性。 2. 防水涂料：聚氨酯涂料、丙烯酸涂料、硅橡胶涂料等，其质量及性能应符合有关现行国家标准的规定，并有出厂质量合格证。 3. 纤维布：可采用聚酯纤维无纺布、玻璃纤维布、中碱玻璃纤维布（≥50g/m²），并符合有关现行国家标准的规定			
施工方法	**方 法**	**适用范围**	**工程做法**	
	嵌填法	涂膜防水层有规则裂缝	1. 清除裂缝部位的防水涂膜。 2. 应将裂缝剔凿扩宽，清理干净。 3. 用密封材料嵌填。 4. 干燥后，缝上干铺或单边点粘宽度为 200～300mm 的隔离层	
	覆盖法	涂膜防水层有规则裂缝	面层铺设带有胎体增强材料的涂膜防水层，其与原防水层有效粘结宽度 不应小于100mm。涂料涂刷应均匀，不得露胎，新旧防水层搭接应严密	
施工要求	1. 涂膜防水层的最小厚度：沥青基防水涂膜厚度不应小于 8mm；高聚物改性沥青防水涂膜厚度不应小于 3mm；合成高分子防水涂膜厚度不应小于 2mm。 2. 涂膜施工，两遍涂层相隔时间，应达到实干为准。 3. 雨天、雪天严禁施工，五级风以上不得施工。沥青基防水涂膜在气温低于 5℃ 或高于 35℃ 时不宜施工。高聚物改性沥青防水涂膜和合成高分子防水涂膜施工环境气温宜为：溶剂型涂料 -5～35℃；水乳型涂料 5～35℃。 4. 涂膜防水层维修或翻修时，应先做涂膜附加层，附加层宜加铺胎体增强材料			
质量要求	1. 屋面防水层修缮完成后应平整，不得积水、渗漏。 2. 选用材料应与原防水层相容，与基层应结合牢固。 3. 涂膜防水层厚度应符合规范要求，涂料应浸透胎体，涂膜防水需覆盖完全，表面平整，无流淌、堆积、皱皮、鼓泡、露胎现象，防水层收头应贴牢封严			

4.4.3 涂膜防水层无规则裂缝的检测及维修

4.4.3.1 涂膜防水层无规则裂缝的检测

涂膜防水层无规则裂缝的检测，见表 4-47。

涂膜防水层无规则裂缝的检测　　　　　　　　　表 4-47

项目类别		涂膜屋面防水	备注
项目编号		W4TM-3	
项目名称		涂膜防水层无规则裂缝的检测	
工作目的		搞清涂膜防水层无规则裂缝渗漏的现状、提出处理意见	
检测时间		年　　月　　日	
检测人员			
检查部位		涂膜防水层无规则裂缝的渗漏处	
周期性		日常检查周期 4 月/次,季节性专项检查周期 7~10 月份,2 月/次	
工具		钢尺、卡尺等测量仪	
注意		1. 注意安全。 2. 高空作业时做好安全措施。 3. 对屋面涂膜防水层无规则裂缝损坏的检查,每次都应记录损坏的位置、大小尺寸,注明日期,并附上必要的照片资料	
问题特征		涂膜防水层出现无规则裂缝的渗漏,根据漏水量的大小,可分为渗和漏两种情况	
准备工作	1	熟悉图纸:了解工程做法	
	2	熟悉施工资料:了解有关材料的性能、施工操作的相关记录等	
检查工作程序	A1	检查并测量每一处涂膜防水层无规则裂缝的面积	
	A2	将每一处涂膜防水层无规则渗漏处标注在屋面上	
	A3	将涂膜防水层无规则裂缝渗漏的位置及面积标在屋顶平面图上	应进行统一编号,每一处宜布设两组观测标志,共同确定其位置
	A4	核对记录与现场情况的一致性	
资料处理		检查资料存档	
原因分析		1. 防水层长期受到水浸泡,酸、碱腐蚀　　　　　　（　　） 2. 防水层长期受到冻融影响　　　　　　　　　　（　　） 3. 材料老化造成防水层受损　　　　　　　　　　（　　） 4. 受到外力的作用造成防水层受损　　　　　　　（　　）	
结论		由于防水层受到下列因素的影响: 1. 防水层长期受到水浸泡,酸、碱腐蚀　　　　　　（　　） 2. 防水层长期受到冻融影响　　　　　　　　　　（　　） 3. 材料老化造成防水层受损　　　　　　　　　　（　　） 4. 受到外力的作用造成防水层受损　　　　　　　（　　） 需要马上对其进行修理	

4.4.3.2　涂膜防水层无规则裂缝维修

涂膜防水层无规则裂缝维修,见表 4-48。

涂膜防水层无规则裂缝维修　　　　　　　　　表 4-48

项目类别	涂膜屋面防水	备注
项目编号	W4TM-3A	
项目名称	涂膜防水层规则裂缝维修	
维修	局部维修	

项目类别	涂膜屋面防水	备注
材料要求	1. 密封材料:应具有弹塑性、粘结性、施工性、耐候性、水密性、气密性和位移性。 2. 防水涂料:聚氨酯涂料、丙烯酸涂料、硅橡胶涂料等,其质量及性能应符合有关现行国家标准的规定,并有出厂质量合格证。 3. 纤维布:可采用聚酯纤维无纺布、玻璃纤维布、中碱玻璃纤维布(≥50g/m²),并符合有关现行国家标准的规定	
施工方法	应铲除损坏的涂膜防水层,清除裂缝周围浮灰及杂物。沿裂缝涂刷基层处理剂,待其干燥后,铺设涂膜防水层。防水涂膜应由两层以上涂层组成。新铺设的防水层应与原防水层粘结牢固并封严	
施工要求	1. 涂膜防水层的最小厚度:沥青基防水涂膜厚度不应小于 8mm;高聚物改性沥青防水涂膜厚度不应小于 3mm;合成高分子防水涂膜厚度不应小于 2mm。 2. 涂膜施工,两遍涂层相隔时间,应达到实干为准。 3. 雨天、雪天严禁施工,五级风以上不得施工。沥青基防水涂膜在气温低于 5℃ 或高于 35℃ 时不宜施工。高聚物改性沥青防水涂膜和合成高分子防水涂膜施工环境气温宜为:溶剂型涂料 -5~35℃;水乳型涂料 5~35℃。 4. 涂膜防水层维修或翻修时,应先做涂膜附加层,附加层宜加铺胎体增强材料	
质量要求	1. 屋面防水层修缮完成后应平整,不得积水、渗漏。 2. 选用材料应与原防水层相容,与基层应结合牢固。 3. 涂膜防水层厚度应符合规范要求,涂料应浸透胎体,涂膜防水需覆盖完全,表面平整,无流淌、堆积、皱皮、鼓泡、露胎现象,防水层收头应贴牢封严	

4.4.4 涂膜防水层起鼓的检测及维修

4.4.4.1 涂膜防水层起鼓的检测

涂膜防水层起鼓的检测,见表 4-49。

涂膜防水层起鼓的检测　　　　　　　　　　　　　表 4-49

项目类别		涂膜屋面防水	备注
项目编号		W4TM-4	
项目名称		涂膜防水层起鼓的检测	
工作目的		搞清涂膜防水层起鼓渗漏的现状、提出处理意见	
检测时间		年　　　月　　　日	
检测人员			
检查部位		涂膜防水层起鼓的渗漏处	
周期性		日常检查周期 4 月/次,季节性专项检查周期 7~10 月份,2 月/次	
工具		钢尺、卡尺等测量仪	
注意		1. 注意安全。 2. 高空作业时做好安全措施。 3. 对屋面涂膜防水层起鼓损坏的检查,每次都应记录损坏的位置、大小尺寸,注明日期,并附上必要的照片资料	
问题特征		涂膜防水层出现起鼓的渗漏,根据漏水量的大小,可分为渗和漏两种情况	
准备工作	1	熟悉图纸:了解工程做法	
	2	熟悉施工资料:了解有关材料的性能、施工操作的相关记录等	

项目类别		涂膜屋面防水	备注
检查工作程序	A1	检查并测量每一处涂膜防水层有起鼓的面积	应进行统一编号,每一处宜布设两组观测标志,共同确定其位置
	A2	将每一处涂膜防水层有起鼓的渗漏处标注在屋面上	
	A3	将涂膜防水层有起鼓渗漏的位置及面积标在屋顶平面图上	
	A4	核对记录与现场情况的一致性	
资料处理		检查资料存档	
原因分析		1. 防水层长期受到水浸泡,酸、碱腐蚀　　　　　　　　　(　　) 2. 防水层长期受到冻融影响　　　　　　　　　　　　　(　　) 3. 材料老化造成防水层受损　　　　　　　　　　　　　(　　) 4. 受到外力的作用造成防水层受损　　　　　　　　　　(　　)	
结论		由于防水层受到下列因素的影响: 1. 防水层长期受到水浸泡,酸、碱腐蚀　　　　　　　　　(　　) 2. 防水层长期受到冻融影响　　　　　　　　　　　　　(　　) 3. 材料老化造成防水层受损　　　　　　　　　　　　　(　　) 4. 受到外力的作用造成防水层受损　　　　　　　　　　(　　) 需要马上对其进行修理	

4.4.4.2　涂膜防水层起鼓的维修

涂膜防水层起鼓的维修,见表 4-50。

涂膜防水层起鼓的维修　　　　　　　　　　　　　　　　　　表 4-50

项目类别	涂膜屋面防水	备注
项目编号	W4TM-4A	
项目名称	涂膜防水层起鼓的维修	
维修	局部维修	
材料要求	1. 密封材料:应具有弹塑性、粘结性、施工性、耐候性、水密性、气密性和位移性。 2. 防水涂料:聚氨酯涂料、丙烯酸涂料、硅橡胶涂料等,其质量及性能应符合有关现行国家标准的规定,并有出厂质量合格证。 3. 纤维布:可采用聚酯纤维无纺布、玻璃纤维布、中碱玻璃纤维布($\geq 50 \mathrm{g/m^2}$),并符合有关现行国家标准的规定	
施工方法	将起鼓部位的防水层,用刀呈斜十字切割,排出泡内气体,翻开切割的防水层,清除杂物并晾干。将切割翻开部分的防水层重新粘贴牢固,上面铺设带有胎体增强材料的涂膜防水层,周边应大于原防水层切割部位,搭接宽度不应小于 100mm,外露边缘应用涂料多遍涂刷封严。 防水层已起鼓、老化、腐烂,应铲除防水层并修整或重做找平层。水泥砂浆找平层应抹平压光。再做防水层	
施工要求	1. 涂膜防水层的最小厚度:沥青基防水涂膜厚度不应小于 8mm;高聚物改性沥青防水涂膜厚度不应小于 3mm;合成高分子防水涂膜厚度不应小于 2mm。 2. 涂膜施工,两遍涂层相隔时间,应达到实干为准。 3. 雨天、雪天严禁施工,五级风以上不得施工。沥青基防水涂膜在气温低于 5℃或高于 35℃时不宜施工。高聚物改性沥青防水涂膜和合成高分子防水涂膜施工环境气温宜为:溶剂型涂料 -5~35℃;水乳型涂料 5~35℃。 4. 涂膜防水层维修或翻修时,应先做涂膜附加层,附加层宜加铺胎体增强材料	

项目类别	涂膜屋面防水	备注
质量要求	1. 屋面防水层修缮完成后应平整,不得积水、渗漏。 2. 选用材料应与原防水层相容,与基层应结合牢固。 3. 涂膜防水层厚度应符合规范要求,涂料应浸透胎体,涂膜防水需覆盖完全,表面平整,无流淌、堆积、皱皮、鼓泡、露胎现象,防水层收头应贴牢封严	

4.4.5 涂膜防水层老化的检测及维修

4.4.5.1 涂膜防水层老化的检测

涂膜防水层老化的检测,见表 4-51。

涂膜防水层老化的检测

表 4-51

项目类别		涂膜屋面防水	备注
项目编号		W4TM-5	
项目名称		涂膜防水层老化的检测	
工作目的		搞清涂膜防水层老化渗漏的现状、提出处理意见	
检测时间		年　　月　　日	
检测人员			
检查部位		涂膜防水层老化的渗漏处	
周期性		日常检查周期 4 月/次,季节性专项检查周期 7~10 月份,2 月/次	
工具		钢尺、卡尺等测量仪	
注意		1. 注意安全。 2. 高空作业时做好安全措施。 3. 对屋面涂膜防水层老化损坏的检查,每次都应记录损坏的位置、大小尺寸,注明日期,并附上必要的照片资料	
问题特征		涂膜防水层出现老化的渗漏,根据漏水量的大小,可分为渗和漏两种情况	
准备工作	1	熟悉图纸:了解工程做法	
	2	熟悉施工资料:了解有关材料的性能、施工操作的相关记录等	
检查工作程序	A1	检查并测量每一处涂膜防水层有老化的面积	
	A2	将每一处涂膜防水层有老化的渗漏处标注在屋面上	
	A3	将涂膜防水层有老化渗漏的位置及面积标在屋顶平面图上	应进行统一编号,每一处宜布设两组观测标志,共同确定其位置
	A4	核对记录与现场情况的一致性	
资料处理		检查资料存档	
原因分析		1. 防水层长期受到水浸泡,酸、碱腐蚀 （　　　） 2. 防水层长期受到冻融影响 （　　　） 3. 材料老化造成防水层受损 （　　　） 4. 受到外力的作用造成防水层受损 （　　　）	

项目类别		涂膜屋面防水	备注
结论	由于防水层受到下列因素的影响： 1. 防水层长期受到水浸泡，酸、碱腐蚀　　　（　　） 2. 防水层长期受到冻融影响　　　　　　　　（　　） 3. 材料老化造成防水层受损　　　　　　　　（　　） 4. 受到外力的作用造成防水层受损　　　　　（　　） 需要马上对其进行修理		

4.4.5.2 涂膜防水层老化损坏维修

涂膜防水层老化损坏维修，见表 4-52。

涂膜防水层老化损坏维修　　　　　　　　　　　　　表 4-52

项目类别	涂膜屋面防水	备注
项目编号	W4TM-5A	
项目名称	涂膜防水层老化损坏维修	
维修	局部维修	
材料要求	1. 密封材料：应具有弹塑性、粘结性、施工性、耐候性、水密性、气密性和位移性。 2. 防水涂料：聚氨酯涂料、丙烯酸涂料、硅橡胶涂料等，其质量及性能应符合有关现行国家标准的规定，并有出厂质量合格证。 3. 纤维布：可采用聚酯纤维无纺布、玻璃纤维布、中碱玻璃纤维布($\geqslant 50g/m^2$)，并符合有关现行国家标准的规定	
施工方法	将剥落、露胎、腐烂、严重失油部分的涂膜防水层清除干净，修整或重做找平层。 重做带胎体增强材料的涂膜防水层，新旧防水层搭接宽度不应小于 100mm，外露边缘应用涂料多遍涂刷封严	
施工要求	1. 涂膜防水层的最小厚度：沥青基防水涂膜厚度不应小于 8mm；高聚物改性沥青防水涂膜厚度不应小于 3mm；合成高分子防水涂膜厚度不应小于 2mm。 2. 涂膜施工，两遍涂层相隔时间，应达到实干为准。 3. 雨天、雪天严禁施工，五级风以上不得施工。沥青基防水涂膜在气温低于 5℃或高于 35℃时不宜施工。高聚物改性沥青防水涂膜和合成高分子防水涂膜施工环境气温宜为：溶剂型涂料 -5～35℃；水乳型涂料 5～35℃。 4. 涂膜防水层维修或翻修时，应先做涂膜附加层，附加层宜加铺胎体增强材料	
质量要求	1. 屋面防水层修缮完成后应平整，不得积水、渗漏。 2. 选用材料应与原防水层相容，与基层应结合牢固。 3. 涂膜防水层厚度应符合规范要求，涂料应浸透胎体，涂膜防水需覆盖完全，表面平整，无流淌、堆积、皱皮、鼓泡、露胎现象，防水层收头应贴牢封严	

4.4.6 涂膜屋面泛水部位的检测与维修

4.4.6.1 涂膜屋面泛水部位的检测

涂膜屋面泛水部位的检测，见表 4-53。

涂膜屋面泛水部位的检测　　　　　　　　　　　　　表 4-53

项目类别	涂膜屋面防水	备注
项目编号	W4TM-6	
项目名称	涂膜屋面泛水部位的检测	

项目类别	涂膜屋面防水		备注
工作目的	搞清涂膜屋面泛水部位渗漏的现状、提出处理意见		
检测时间	年　　　月　　　日		
检测人员			
检查部位	涂膜屋面泛水部位的渗漏处		
周期性	日常检查周期4月/次,季节性专项检查周期7~10月份,2月/次		
工具	钢尺、卡尺等测量仪		
注意	1. 注意安全。 2. 高空作业时做好安全措施。 3. 对屋面涂膜屋面泛水部位损坏的检查,每次都应记录损坏的位置、大小尺寸,注明日期,并附上必要的照片资料		
问题特征	涂膜屋面泛水部位的防水层出现渗漏,根据漏水量的大小,可分为渗和漏两种情况		
准备工作	1	熟悉图纸:了解工程做法	
	2	熟悉施工资料:了解有关材料的性能、施工操作的相关记录等	
检查工作程序	A1	检查并测量每一处涂膜防水层有屋面泛水部位出现渗漏的面积	
	A2	将每一处涂膜防水层伸出屋面泛水部位渗漏标注在屋面上	
	A3	将涂膜防水层有屋面泛水部位渗漏的位置及面积标在屋顶平面图上	应进行统一编号,每一处宜布设两组观测标志,共同确定其位置
	A4	核对记录与现场情况的一致性	
资料处理	检查资料存档		
原因分析	1. 防水层长期受到水浸泡,酸、碱腐蚀　　　　　　　　　（　　） 2. 防水层长期受到冻融影响　　　　　　　　　　　　（　　） 3. 材料老化造成防水层受损　　　　　　　　　　　　（　　） 4. 受到外力的作用造成防水层受损　　　　　　　　　（　　）		
结论	由于防水层受到下列因素的影响: 1. 防水层长期受到水浸泡,酸、碱腐蚀　　　　　　　　（　　） 2. 防水层长期受到冻融影响　　　　　　　　　　　　（　　） 3. 材料老化造成防水层受损　　　　　　　　　　　　（　　） 4. 受到外力的作用造成防水层受损　　　　　　　　　（　　） 需要马上对其进行修理		

4.4.6.2 涂膜屋面泛水部位损坏维修

涂膜屋面泛水部位损坏维修,见表4-54。

涂膜屋面泛水部位损坏维修　　　　　　　　　　　表4-54

项目类别	涂膜屋面防水	备注
项目编号	W4TM-6A	
项目名称	涂膜屋面泛水部位损坏维修	
维修	局部维修	

项目类别	涂膜屋面防水	备注
材料要求	1. 密封材料:应具有弹塑性、粘结性、施工性、耐候性、水密性、气密性和位移性。 2. 防水涂料:聚氨酯涂料、丙烯酸涂料、硅橡胶涂料等,其质量及性能应符合有关现行国家标准的规定,并有出厂质量合格证。 3. 纤维布:可采用聚酯纤维无纺布、玻璃纤维布、中碱玻璃纤维布($\geqslant 50g/m^2$),并符合有关现行国家标准的规定	
施工方法	清理泛水部位的涂膜防水层,面层应干燥、洁净。 泛水部位应增设有胎体增强材料的附加层,涂膜防水层泛水高度不应小于250mm	
施工要求	1. 涂膜防水层的最小厚度:沥青基防水涂膜厚度不应小于8mm;高聚物改性沥青防水涂膜厚度不应小于3mm;合成高分子防水涂膜厚度不应小于2mm。 2. 涂膜施工,两遍涂层相隔时间,应达到实干为准。 3. 雨天、雪天严禁施工,五级风以上不得施工。沥青基防水涂膜在气温低于5℃或高于35℃时不宜施工。高聚物改性沥青防水涂膜和合成高分子防水涂膜施工环境气温宜为:溶剂型涂料—5～35℃;水乳型涂料5～35℃。 4. 涂膜防水层维修或翻修时,应先做涂膜附加层,附加层宜加铺胎体增强材料	
质量要求	1. 屋面防水层修缮完成后应平整,不得积水、渗漏。 2. 选用材料应与原防水层相容,与基层结合牢固。 3. 涂膜防水层厚度应符合规范要求,涂料应浸透胎体,涂膜防水需覆盖完全,表面平整,无流淌、堆积、皱皮、鼓泡、露胎现象,防水层收头应贴牢封严	

4.4.7 涂膜屋面天沟、水落口的检测及维修

4.4.7.1 涂膜屋面天沟、水落口的检测

涂膜屋面天沟、水落口的检测,见表4-55。

涂膜屋面天沟、水落口的检测 表4-55

项目类别		涂膜屋面防水	备注
项目编号		W4TM-7	
项目名称		涂膜屋面天沟、水落口的检测	
工作目的		搞清涂膜屋面天沟、水落口渗漏的现状,提出处理意见	
检测时间		年　　　月　　　日	
检测人员			
检查部位		涂膜屋面天沟、水落口的渗漏处	
周期性		日常检查周期4月/次,季节性专项检查周期7～10月份,2月/次	
工具		钢尺、卡尺等测量仪	
注意		1. 注意安全。 2. 高空作业时做好安全措施。 3. 对屋面涂膜屋面天沟、水落口损坏的检查,每次都应记录损坏的位置、大小尺寸,注明日期,并附上必要的照片资料	
问题特征		涂膜屋面天沟、水落口的防水层出现渗漏,根据漏水量的大小,可分为渗和漏两种情况	
准备工作	1	熟悉图纸:了解工程做法	
	2	熟悉施工资料:了解有关材料的性能、施工操作的相关记录等	

续表

项目类别		涂膜屋面防水	备注
检查工作程序	A1	检查并测量每一处涂膜防水层有屋面天沟、水落口出现渗漏的面积	
	A2	将每一处涂膜防水层伸出屋面天沟、水落口渗漏标注在屋面上	应进行统一编号,每一处宜布设两组观测标志,共同确定其位置
	A3	将涂膜防水层有屋面天沟、水落口渗漏的位置及面积标屋顶平面图上	
	A4	核对记录与现场情况的一致性	
资料处理		检查资料存档	
原因分析		1. 防水层长期受到水浸泡,酸、碱腐蚀　　　　　　　　　（　　） 2. 防水层长期受到冻融影响　　　　　　　　　　　　　（　　） 3. 材料老化造成防水层受损　　　　　　　　　　　　　（　　） 4. 受到外力的作用造成防水层受损　　　　　　　　　　（　　）	
结论		由于防水层受到下列因素的影响: 1. 防水层长期受到水浸泡,酸、碱腐蚀　　　　　　　　　（　　） 2. 防水层长期受到冻融影响　　　　　　　　　　　　　（　　） 3. 材料老化造成防水层受损　　　　　　　　　　　　　（　　） 4. 受到外力的作用造成防水层受损　　　　　　　　　　（　　） 需要马上对其进行修理	

4.4.7.2　涂膜屋面天沟、水落口损坏维修

涂膜屋面天沟、水落口损坏维修,见表 4-56。

涂膜屋面天沟、水落口损坏维修　　　　　　　　表 4-56

项目类别	涂膜屋面防水	备注
项目编号	W4TM-7A	
项目名称	涂膜屋面天沟、水落口损坏维修	
维修	局部维修	
材料要求	1. 密封材料:应具有弹塑性、粘结性、施工性、耐候性、水密性、气密性和位移性。 2. 防水涂料:聚氨酯涂料、丙烯酸涂料、硅橡胶涂料等,其质量及性能应符合有关现行国家标准的规定,并有出厂质量合格证。 3. 纤维布:可采用聚酯纤维无纺布、玻璃纤维布、中碱玻璃纤维布($\geqslant$50g/m²),并符合有关现行国家标准的规定	
施工方法	应清理防水层及基层,天沟应无积水且干燥,水落口杯应与基层锚固。施工时先做水落口的增强附加层,其直径应比水落口大 100mm,铺设涂膜防水层应加铺胎体增强材料	
施工要求	1. 涂膜防水层的最小厚度:沥青基防水涂膜厚度不应小于 8mm;高聚物改性沥青防水涂膜厚度不应小于 3mm;合成高分子防水涂膜厚度不应小于 2mm。 2. 涂膜施工,两遍涂膜相隔时间,应达到实干为准。 3. 雨天、雪天严禁施工,五级风以上不得施工。沥青基防水涂膜在气温低于 5℃或高于 35℃时不宜施工。高聚物改性沥青防水涂膜和合成高分子防水涂膜施工环境气温宜为:溶剂型涂料 -5~35℃;水乳型涂料 5~35℃。 4. 涂膜防水层维修或翻修时,应先做涂膜附加层,附加层宜加铺胎体增强材料	
质量要求	1. 屋面防水层修缮完成后应平整,不得积水、渗漏。 2. 选用材料应与原防水层相容,与基层应结合牢固。 3. 涂膜防水层厚度应符合规范要求,涂料应浸透胎体,涂膜防水需覆盖完全,表面平整,无流淌、堆积、皱皮、鼓泡、露胎现象,防水层收头应贴牢封严	

4.4.8 涂膜伸出屋面管道根部渗漏检测及维修

4.4.8.1 涂膜伸出屋面管道根部渗漏检测

涂膜伸出屋面管道根部渗漏检测，见表4-57。

涂膜伸出屋面管道根部渗漏检测 表 4-57

项目类别		涂膜屋面防水	备注
项目编号		W4TM-8	
项目名称		涂膜伸出屋面管道根部渗漏检测	
工作目的		搞清涂膜伸出屋面管道根部渗漏的现状、提出处理意见	
检测时间		年　　月　　日	
检测人员			
检查部位		涂膜伸出屋面管道根部的渗漏处	
周期性		日常检查周期4月/次,季节性专项检查周期7～10月份,2月/次	
劳力(小时)		2人	
工具		钢尺、卡尺等测量仪	
注意		1. 注意安全。 2. 高空作业时做好安全措施。 3. 对屋面涂膜防水层伸出屋面管道根部渗漏损坏的检查,每次都应记录损坏的位置、大小尺寸,注明日期,并附上必要的照片资料	
问题特征		涂膜防水层出现裂缝的渗漏,根据漏水量的大小,可分为渗和漏两种情况	
准备工作	1	熟悉图纸:了解工程做法	
	2	熟悉施工资料:了解有关材料的性能、施工操作的相关记录等	
检查工作程序	A1	检查并测量每一处涂膜防水层有规则裂缝的面积	
	A2	将每一处涂膜防水层伸出屋面管道根部渗漏标注在屋面上	
	A3	将涂膜防水层有规则裂缝渗漏的位置及面积标屋顶平面图上	应进行统一编号,每一处宜布设两组观测标志,共同确定其位置
	A4	核对记录与现场情况的一致性	
资料处理		检查资料存档	
原因分析		1. 防水层长期受到水浸泡,酸、碱腐蚀　　　（　　） 2. 防水层长期受到冻融影响　　　（　　） 3. 材料老化造成防水层受损　　　（　　） 4. 受到外力的作用造成防水层受损　　　（　　）	
结论		由于防水层受到下列因素的影响: 1. 防水层长期受到水浸泡,酸、碱腐蚀　　　（　　） 2. 防水层长期受到冻融影响　　　（　　） 3. 材料老化造成防水层受损　　　（　　） 4. 受到外力的作用造成防水层受损　　　（　　） 需要马上对其进行修理	

4.4.8.2 涂膜伸出屋面管道根部渗漏维修

涂膜伸出屋面管道根部渗漏维修，见表 4-58。

涂膜伸出屋面管道根部渗漏维修   表 4-58

项目类别		涂膜屋面防水	备注
项目编号	W4TM-8A		
项目名称	涂膜伸出屋面管道根部渗漏维修		
维修	局部维修		
材料要求		1. 密封材料:应具有弹塑性、粘结性、施工性、耐候性、水密性、气密性和位移性。 2. 防水涂料:聚氨酯涂料、丙烯酸涂料、硅橡胶涂料等,其质量及性能应符合有关现行国家标准的规定,并有出厂质量合格证。 3. 纤维布:可采用聚酯纤维无纺布、玻璃纤维布、中碱玻璃纤维布(≥50g/m²),并符合有关现行国家标准的规定	
施工方法	方法 / 适用范围 / 工程做法		
	嵌填法 / 涂膜防水层有规则裂缝 / 1. 清除裂缝部位的防水涂膜。 2. 应将裂缝剔凿扩宽,清理干净。 3. 用密封材料嵌填。 4. 干燥后,缝上干铺或单边点粘宽度为 200~300mm 的隔离层		
	覆盖法 / 涂膜防水层有规则裂缝 / 面层铺设带有胎体增强材料的涂膜防水层,其与原防水层有效粘结宽度不应小于 100mm。涂料涂刷应均匀,不得露胎,新旧防水层搭接应严密		
施工要求		1. 涂膜防水层的最小厚度:沥青基防水涂膜厚度不应小于 8mm;高聚物改性沥青防水涂膜厚度不应小于 3mm;合成高分子防水涂膜厚度不应小于 2mm。 2. 涂膜施工,两遍涂层相隔时间,应达到实干为准。 3. 雨天、雪天严禁施工,五级风以上不得施工。沥青基防水涂膜在气温低于 5℃或高于 35℃时不宜施工。高聚物改性沥青防水涂膜和合成高分子防水涂膜施工环境气温宜为:溶剂型涂料 −5~35℃;水乳型涂料 5~35℃。 4. 涂膜防水层维修或翻修时,应先做涂膜附加层,附加层宜加铺胎体增强材料	
质量要求		1. 屋面防水层修缮完成后应平整,不得积水、渗漏。 2. 选用材料应与原防水层相容,与基层应结合牢固。 3. 涂膜防水层厚度应符合规范要求,涂料应浸透胎体,涂膜防水需覆盖完全,表面平整,无流淌、堆积、皱皮、鼓泡、露胎现象,防水层收头应贴牢封严	

5. 防 水 工 程

5.1 地下室防水

5.1.1 地下室混凝土防水检测

地下室混凝土防水检测，见表 5-1。

地下室混凝土防水检测 表 5-1

项目类别		地下室防水	备注
项目编号		F1DH-1	
项目名称		地下室混凝土防水渗漏	
工作目的		搞清地下室混凝土防水是否有渗漏情况发生	
检测时间		年 月 日	
检测人员			
检查部位		地下室混凝土墙、底板	
周期性		7~10月份，2月/次	
工具		钢尺、塞尺、卡尺等测量仪	
注意		1. 佩戴安全帽。 2. 注意上方的掉落物。 3. 高空作业时做好安全措施。 4. 对裂缝进行观测，每次都应绘出防水的位置、大小尺寸，注明日期，并附上必要的照片资料	
问题特征		根据漏水量的大小，可分为渗和漏两种情况	
准备工作	1	熟悉图纸：了解主要部位的配筋情况、预埋件、穿墙管情况，沉降缝、伸收缩缝、止水带、防水层的工程作法	
	2	熟悉施工资料：了解有关材料的性能、施工操作的相关记录，如施工缝、止水带的设置情况等	
检查工作程序	A1	普查：全面查看地下室的墙面、地面、屋顶等部位，是否有漏水、渗水、结露等情况	
	A2	重点部位检查： 本检查的目的是为检查易发生渗漏部位是否存在渗漏或渗漏隐患。其部位如下： 1. 地下室混凝土孔眼部位。 2. 地下室混凝土裂缝部位。 3. 地下室混凝土施工缝部位。 4. 地下室变形缝部位。 5. 地下室穿墙管道部位。 6. 地下室预埋件部位。 7. 地下室转角部位。 8. 地下室混凝土止水带部位	

133

续表

项目类别		地下室防水	备注
检查工作程序	A3	渗漏点检测： 确定渗漏点部位。 1 号渗漏点位置。 2 号渗漏点位置。 3 号渗漏点位置。 确定渗漏点性质。 1. 地下室混凝土孔眼部位渗漏 （　） 2. 地下室混凝土裂缝部位渗漏 （　） 3. 地下室混凝土施工缝部位渗漏 （　） 4. 地下室变形缝部位渗漏 （　） 5. 地下室穿墙管道部位渗漏 （　） 6. 地下室预埋件部位渗漏 （　） 7. 地下室转角部位渗漏 （　） 8. 地下室混凝土止水带部位渗漏 （　）	渗漏点应进行统一编号，每个渗漏点宜布设两组观测标志，共同确定渗漏点的位置
	A4	未渗漏但存在隐患需进一步观察的部位。 1 号待观察点位置。 2 号待观察点位置。 3 号待观察点位置。 未渗漏但存在隐患需进一步观察的因素： 1. 预埋铁件、钢筋锈蚀。 2. 混凝土膨胀。 3. 混凝土表面裂缝。 4. 防水层损坏。	待观察点应进行统一编号，每个待观察点宜布设两组观测标志，共同确定观察点的位置
	A5	记录： 1. 将渗漏点及待观察点标注在建筑物的墙面、地面或顶面上。 2. 将检查情况，包括将渗漏点、待观察点的分布情况详细地标在墙体的立面图、平面图或砖柱展开图上	1. 不要遗漏，保证资料的完整性、真实性。 2. 每次观测应在渗漏点、待观察点一侧标出观察日期
	A6	核对记录与现场情况的一致性	
资料处理		检查资料存档	

5.1.2 地下室混凝土裂缝渗漏检测与维修

5.1.2.1 地下室混凝土裂缝渗漏检测

地下室混凝土裂缝渗漏检测，见表 5-2。

地下室混凝土裂缝渗漏检测 　　表 5-2

项目类别	地下室防水	备注
项目编号	F1DH-2	
项目名称	地下室混凝土裂缝渗漏	
工作目的	搞清事故现状、分析事故原因、提出处理意见	
检测时间	年　　月　　日	
检测人员		
发生部位	地下室混凝土墙（　　）、底板（　　）	

续表

项目类别		地下室防水	备注
周期性		裂缝观测的周期应视裂缝变化速度及渗漏速度而定	
工具		钢尺、塞尺、卡尺等测量仪	
注意		1. 佩戴安全帽。 2. 注意上方的掉落物。 3. 高空作业时做好安全措施。 4. 对裂缝的观测,每次都应绘出裂缝的位置、形态和尺寸,注明日期,并附上必要的照片资料	
问题特征		在混凝土表面的裂缝,开始出现时极细小,以后逐渐扩大,裂缝的形状不规则,有竖向裂缝、水平裂缝、斜向裂缝等,地下水沿这些裂缝渗入室内,造成渗漏。 1. 绝大多数裂缝为竖向裂缝,多数缝长接近墙高,两端逐渐变细而消失。 2. 裂缝数量较多,宽度一般不大,超过 0.3mm 宽的很少见,大多数缝宽度 ≤0.2mm。 3. 沿地下室墙长两端附近裂缝较少,墙长中部附近较多。 4. 随着时间裂缝发展,数量增多,但缝宽加大不多,发展情况与混凝土是否暴露在大气中和暴露时间的长短有关	
准备工作	1	观察裂缝的分布情况,裂缝的走向、数量以及形态	
	2	将裂缝的走向、数量以及形态应详细地标在墙体的立面图或砖柱展开图上	
	3	根据漏水量的大小,可分为慢渗、快渗、急流和高压急流等四种情况	
检查工作程序	A1	选择具有代表性、说服力的裂缝并做好编号	需要观测的裂缝应进行统一编号,每条裂缝宜布设两组观测标志,其中一组应在裂缝的最宽处,另一组可在裂缝的末端
	A2	用钢卷尺测量其长度: 编号1: $L_1=$ mm 编号2: $L_2=$ mm	
	A3	用塞尺、卡尺或专用裂缝宽度测量仪进行测量其宽度和深度: 编号1: 宽度 $B_1=$ mm;深度 $H_1=$ mm 编号2: 宽度 $B_2=$ mm;深度 $H_2=$ mm	
	A4	漏水量: 慢渗 ( ) 快渗 ( ) 急流 ( ) 高压急流 ( )	
	A5	根据需要在检查记录中绘制墙体的立面图、地面平面图或柱展开图。将检查情况,包括裂缝的走向、数量以及形态应详细地标在检查记录中绘制墙体的立面图、地面平面图或柱展开图上	1. 不要遗漏,保证资料的完整性真实性。 2. 每次观测应在裂缝末端标出观察日期和相应的最大裂缝宽度值
	A6	核对记录与现场情况的一致性	
	A7	裂缝检查资料存档	

项目类别	地下室防水	备注
原因分析	混凝土裂缝既有收缩裂缝，也有结构裂缝，主要原因有： 1. 设计考虑不周，建筑物发生不均匀下沉，使混凝土墙、板断裂，出现裂缝 （ ） 2. 混凝土结构缺乏足够的刚度，在土的侧压力及水压作用下发生变形，出现裂缝 （ ） 3. 混凝土内外温差大、昼夜温差、日照下混凝土阴阳面的温差、拆模过早及气候突变等因素的影响 （ ） 4. 薄而长的结构对温度、湿度变化较敏感，常因附加的温度收缩应力导致墙体开裂 （ ） 5. 原材料质量不良、配合比不当、使用过期的外加剂、坍落度控制差、施工中任意加水以及混凝土养护不良等因素，均会导致混凝土收缩加大而裂缝 （ ）	
结论	根据现场判断此渗漏属： 1. 水压较小的混凝土裂缝渗漏 （ ） 2. 水压较大，裂缝长度较短的裂缝漏水 （ ） 3. 地下水压力较大，裂缝长度较大 （ ） 4. 水压较大的裂缝急流漏水 （ ）	

5.1.2.2 地下室混凝土结构裂缝的维修

地下室混凝土结构裂缝的维修，见表 5-3。

地下室混凝土结构裂缝的维修 表 5-3

项目类别			地下室防水	备注
项目编号		F1DH-2A		
项目名称		地下室混凝土结构裂缝的维修		
	方法	适用范围	工程做法	
处理方法	裂缝直接堵漏法	水压较小的混凝土裂缝渗漏	沿裂缝剔出八字形边坡沟槽，用水冲洗干净，将快硬水泥胶浆搓成条形，待胶浆开始凝固时，迅速填入沟槽中，并向两侧用力挤压密实，使水泥胶浆与槽壁紧密结合，如果裂缝较长，可分段堵塞。经检查无渗漏后，用素灰和水泥砂浆将沟槽表面抹平，待有一定强度后，随其他部位一起作防水层。（材料也可使用环氧砂浆、沥青油膏、高分子密封材料或各种成品堵漏剂等材料封闭裂缝）。见附图 5-1 直接堵漏法	
	下线堵漏法	水压较大，裂缝长度较短时的裂缝漏水处理	先沿裂缝剔凿凹槽，在槽底沿裂缝放置一根小绳，绳径视漏水量确定，长 200～300mm 按"裂缝直接堵漏法"在缝槽中填塞快硬水泥胶浆，堵塞后立即将小绳抽出，使漏水沿绳孔流出，最后堵塞绳孔，见附图 5-2 下线堵漏法	
	下钉堵漏法	地下水压力较大，且裂缝长度较大时	裂缝较长，可按下线法分段堵塞，每段长 100～150mm，中间留 20mm 的间隙，然后用水泥胶浆裹上圆钉，待胶浆快凝固时插入间隙中，并迅速把胶浆向钉子的四周空隙中压实，同时转动钉子，并立即拔出，使水顺钉孔流出。然后沿缝抹素灰和水泥砂浆，压实抹平，待凝固后按以上方法封孔。如水流较大时，可在孔中注入灌浆材料进行封孔，见附图 5-3 下钉堵漏法	
	下半圆铁片法	适用于水压较大的裂缝急流漏水	先沿裂缝剔出凹槽和边坡，尺寸视漏水大小而定。在沟槽底部每隔 500～1000mm，扣上一带有圆孔的半圆铁片，并把软管插入铁片上的圆孔内，然后按裂缝直接堵漏法分段堵塞，漏水由软管流出，检查裂缝无渗漏后，沿沟槽抹素灰，水泥砂浆各一道，再拔管堵孔。见附图 5-4 下半圆铁片法	
	表面涂抹法	水压较小、裂缝较多的混凝土裂缝渗漏	常用材料有环氧树脂类、氰凝、聚氨酯类等。混凝土表面应坚实、清洁，有的表面根据材料要求，还要求干燥。以涂抹环氧树脂类为例，其处理要点是先清洁需处理的表面，然后用丙酮或二甲苯或酒精擦洗，待干燥后用毛刷反复涂刷环氧浆液，每隔 3～5min 涂一次，至涂层厚度达到 1mm 左右为止。国外曾报道用这种维修的环氧浆液渗入深度可达 16～84mm，能有效防止渗漏	

续表

项目类别			地下室防水	备注
处理方法	方 法	适用范围	工程做法	
	表面涂刷加玻璃丝布法	水压较小、裂缝较多的混凝土裂缝渗漏	目前常用的有聚氨酯涂膜或环氧树脂胶料加玻璃丝布。以前者为例,其施工要点如下。将聚氨酯按甲乙组分和二甲苯按1:1.5:2的重量配合比搅拌均匀后,涂布在基层表面上,要求涂层厚薄均匀,涂完第一遍后一般需要固化5h以上,基本不粘手时,再涂以后几层。一般涂4~5层,总厚度不小于1.5mm。若加玻璃丝布,一般加在第2至第3层间	
	灌浆法	水压较小、裂缝较宽的混凝土裂缝渗漏	灌浆材料常用的有环氧树脂类、甲基丙烯酸甲酯、丙凝、氰凝和水溶性聚氨酯等。其中环氧类材料来源广,施工较方便,建筑工程中应用较广;甲基丙烯酸甲酯粘度低,可灌性好,扩散能力强,不少工程用来修补缝宽≥0.05mm的裂缝,补强和防渗效果良好。灌浆方法常用以下两类:一类是用低压灌入器具向裂缝中注入环氧树脂浆液,便裂缝封闭,修补后无明显的痕迹;另一类是压力灌浆,压力常用0.2~0.4MPa	
质量要求			1. 选用材料应与原防水层相容,与基层应结合牢固。 2. 维修后达到不渗不漏	

5.1.3 地下室混凝土施工缝漏水检测与维修

5.1.3.1 地下室混凝土施工缝漏水检测

地下室混凝土施工缝漏水检测,见表5-4。

地下室混凝土施工缝漏水检测　　　表5-4

项目类别		地下室防水	备注
项目编号		F1DH-3	
项目名称		地下室混凝土施工缝漏水	
工作目的		搞清混凝土施工缝漏水现状、产生原因、提出处理意见	
检测时间		年　　月　　日	
检测人员			
发生部位		地下室混凝土墙(　)、底板(　)	
周期性		漏水施工缝观测的周期应视渗漏速度而定	
工具		钢尺、塞尺、卡尺等测量仪	
注意		1. 佩戴安全帽。 2. 注意上方的掉落物。 3. 高空作业时做好安全措施。 4. 对水施工缝的观测,每次都应绘出漏水施工缝的位置、大小尺寸,注明日期,并附上必要的照片资料	
问题特征		地下室工程的底板、墙体以及底板和墙体交接处,不是一次连续浇筑完毕,而在新旧混凝土接头处留设了施工缝,这些施工缝是防水的薄弱环节,地下水沿这些缝隙渗入室内,造成渗漏	
准备工作	1	观察漏水施工缝的分布情况,漏水施工缝的大小、数量以及深度	
	2	将漏水施工缝的分布情况,漏水施工缝的大小、数量以及深度详细地标在墙体的立面图或地面平面图上	
	3	根据漏水量的大小,可分为慢渗、快渗、急流和高压急流等四种情况	

137

续表

项目类别		地下室防水	备注
检查工作程序	A1	选择具有代表性、说服力的漏水施工缝并做好编号	需要观测的漏水施工缝应进行统一编号，每条漏水施工缝宜布设两组观测标志，其中一组应在漏水施工缝的最宽处，另一组可在漏水施工缝的末端
	A2	用钢卷尺测量其长度： 编号1： $L_1=$　　　mm 编号2： $L_2=$　　　mm	
	A3	用塞尺、卡尺或专用裂缝宽度测量仪进行测量其宽度和深度： 编号1：　直径 $L_1=$　　　mm；深度 $H_1=$　　　mm 编号2：　直径 $L_2=$　　　mm；深度 $H_2=$　　　mm	
	A4	漏水量： 慢渗　　　　　　　　　　　　　　　（　　） 快渗　　　　　　　　　　　　　　　（　　） 急流　　　　　　　　　　　　　　　（　　） 高压急流　　　　　　　　　　　　　（　　）	
	A5	根据需要在检查记录中绘制墙体的立面图、地面平面图或柱展开图。将检查情况，包括将漏水施工缝的分布情况，漏水施工缝的大小、数量以及深度详细地标在墙体的立面图或砖柱展开图上	1. 不要遗漏，保证资料的完整性真实性。 2. 每次观测应在漏水施工缝一侧标出观察日期和相应的最大漏水施工缝直径值
	A6	核对记录与现场情况的一致性	
	A7	漏水施工缝检查资料存档	
原因分析		1. 留设施工缝的位置不当，如将施工缝留设在底板上，或在混凝土墙上留垂直施工缝　　　　　　　　　　　　　　　　　　　　　（　　） 2. 在支模、绑钢筋过程中，锯屑、铁钉、砖块等掉入接头部位，新浇筑混凝土时未将这些杂物清除，而在接头处形成夹心层　　（　　） 3. 新浇筑混凝土时，未在接头处先铺一层水泥砂浆，造成新旧浇筑的混凝土不能紧密结合，或者在接头处出现蜂窝　　　　　（　　） 4. 钢筋过密，内外模板间距狭窄，混凝土未按要求振捣，尤其是新旧混凝土接头处不易振捣密实　　　　　　　　　　　（　　） 5. 下料方法不当，骨料集中于施工缝处　　　　　　　　　（　　） 6. 新旧混凝土接头部位产生收缩，使施工缝开裂　　　　　（　　）	
结论		根据现场判断此渗漏属： 1. 水压较小的混凝土漏水施工缝渗漏　　　　　　　　　（　　） 2. 水压较大，漏水施工缝长度较短的漏水施工缝漏水　　（　　） 3. 地下水压力较大，漏水施工缝长度较大　　　　　　　（　　） 4. 水压较大的漏水施工缝急流漏水　　　　　　　　　　（　　）	

5.1.3.2　混凝土漏水施工缝堵漏方法

混凝土漏水施工缝堵漏方法，见表5-5。

混凝土漏水施工缝堵漏方法   表 5-5

项目类别	地下室防水		备注
项目编号	F1DH-3A		
项目名称	地下室混凝土结构裂缝的维修		
	方法	适用范围	工程做法
处理方法	V形槽处理	适用于一般尚未渗漏的施工缝	在混凝土上沿缝剔成V形槽，遇有松散部位时应将松散石子剔除，清洗干净后用水泥素浆打底，用1∶2.5水泥砂浆分层抹平压实。见附图5-5V形槽处理法
	快硬水泥胶浆堵漏法	适用于地下室混凝土施工缝已出现渗漏	如水压较小时可参照"直接堵漏法"封堵；如水压较大时，可用"下线堵漏法""或下钉堵漏法"封堵；如为水压大的裂缝急流漏水，可采用"下半圆铁片法"进行土封堵
	灌浆堵漏法	适用于当混凝土内部结构不密实，新旧混凝土施工缝结合不严，出现较大裂缝时	处理时，先将混凝土接头缝隙处用压缩空气或钢丝刷清洗干净，用丙酮或二甲苯擦去表面油污，并沿缝隙凿出V形边坡沟槽，冲洗干净。然后将灌浆孔选择在漏水旺盛处或裂缝交叉处，凿出灌浆孔，孔深不小于50mm，孔距500～1000mm，清孔后用快硬水泥胶浆把灌浆嘴牢固于孔洞内，将半圆形铁片沿缝通长放置，用快硬水泥胶浆将漏水部位封闭，待其达到一定强度后，用带颜色的水试灌，检查封闭是否严密，各孔是否通畅。无问题后开始灌注氰凝浆液，水平缝自一端向另一端灌；垂直缝先下后上顺序进行。先选其中一孔灌浆，一般选最低处或渗水量最大处，浆压力宜大于地下水压力0.05～0.1MPa，待邻近灌浆孔见浆后，立即关闭其孔，仍继续压浆，使浆液沿逆水通道向前推进，直至不进浆时，立即关闭注浆嘴阀门，再停止灌浆，逐个进行至结束。经检查无漏水现象后，剔灌浆嘴，用水泥胶浆将孔堵塞封严。见附图5-6灌浆堵漏法
质量要求	1. 选用材料应与原防水层相容，与基层应结合牢固。 2. 维修后达到不渗不漏		

5.1.4 地下室混凝土孔眼渗漏检测与维修

5.1.4.1 地下室混凝土孔眼渗漏检测

地下室混凝土孔眼渗漏检测，见表 5-6。

地下室混凝土孔眼渗漏检测   表 5-6

项目类别	地下室防水	备注
项目编号	F1DH-4	
项目名称	地下室混凝土孔眼渗漏检测	
工作目的	搞清混凝土孔眼渗漏现状、产生原因、提出处理意见	
检测时间	年　　　月　　　日	
检测人员		
发生部位	地下室混凝土墙（　　）、底板（　　）	
周期性	孔眼观测的周期应视渗漏速度而定	
工具	钢尺、塞尺、卡尺等测量仪	
注意	1. 佩戴安全帽。 2. 注意上方的掉落物。 3. 高空作业时做好安全措施。 4. 对裂缝的观测，每次都应绘出孔眼的位置、大小尺寸，注明日期，并附上必要的照片资料	

项目类别		地下室防水		备注
问题特征		在地下室的墙壁或底板上,有明显的渗漏水孔眼,其孔眼有大有小,还有呈蜂窝状,地下水由这些孔眼中渗出或流出		
准备工作	1	观察孔眼的分布情况,孔眼的大小、数量以及深度		
	2	将孔眼的分布情况,孔眼的大小、数量以及深度详细地标在墙体的立面图或砖柱展开图上		
	3	根据漏水量的大小,可分为慢渗、快渗、急流和高压急流等四种情况		
检查工作程序	A1	选择具有代表性、说服力的孔眼并做好编号		需要观测的孔眼应进行统一编号,每条孔眼宜布设两组观测标志,其中一组应在孔眼的最宽处,另一组可在孔眼的末端
	A2	用钢卷尺测量其长度: 编号1:　　$L_1=$　　　　mm 编号2:　　$L_2=$　　　　mm		
	A3	用塞尺、卡尺或专用孔眼直径测量仪进行测量其直径和深度: 编号1:　　直径$L_1=$　　　mm;深度$H_1=$　　　mm 编号2:　　直径$L_2=$　　　mm;深度$H_2=$　　　mm		
	A4	漏水量: 慢渗 快渗 急流 高压急流	(　　) (　　) (　　) (　　)	
	A5	根据需要在检查记录中绘制墙体的立面图、地面平面图或柱展开图。将检查情况,包括将孔眼的分布情况,孔眼的大小、数量以及深度详细地标在墙体的立面图或砖柱展开图上		1. 不要遗漏,保证资料的完整性真实性。 2. 每次观测应在孔眼一侧标出观察日期和相应的最大孔眼直径值
	A6	核对记录与现场情况的一致性		
	A7	孔眼检查资料存档		
原因分析		混凝土孔眼既有收缩孔眼,也有结构孔眼,主要原因有: 1. 在混凝土中有密集的钢筋或有大量预埋件处,混凝土振捣不密实,出现孔洞	(　　)	
		2. 混凝土浇灌时下料过高,产生离析石子成堆,中间无水泥砂浆,出现成片的蜂窝,有的甚至贯通墙壁	(　　)	
		3. 混凝土浇筑时漏振,或一次下料过多振捣器的作用范围达不到,而使混凝土出现蜂窝,孔洞	(　　)	
		4. 施工操作不认真,在混凝土中掺入了泥块,木块等较大的杂物	(　　)	
结论		根据现场判断此渗漏属: 1. 水压较小的混凝土孔眼渗漏 2. 水压较大,孔眼长度较短的孔眼漏水 3. 地下水压力较大,孔眼长度较大 4. 水压较大的孔眼急流漏水	(　　) (　　) (　　) (　　)	

5.1.4.2　混凝土孔眼堵漏方法

混凝土孔眼堵漏方法,见表5-7。

混凝土孔眼堵漏方法 表 5-7

项目类别		地下室防水		备注
项目编号		F1DH-4A		
项目名称		地下室混凝土结构裂缝的维修		
处理方法	方法	适用范围	工程做法	
	直接快速堵漏法	水压不大,一般在水位 1m 以下,漏水孔眼较小时采用	在混凝土上以漏点为圆心,剔成直径 10～30mm 深 20～50mm 的圆孔,孔壁必须垂直基面,然后用水将圆孔冲洗干净,随即用快硬水泥胶浆,(水泥:促凝剂=1:0.6),捻成与孔直径接近的圆锥体,待胶浆开始凝固时,迅速用拇指将胶浆用力堵塞入孔内,并向孔壁四周挤压严密,使胶浆与孔壁紧密结合,持续挤压 1min 即可,检查无渗漏后,再做防水面层。见附图 5-7 直接快速堵漏法	
	下管堵漏法	水压较大,水位为 5m 以内,且渗漏水孔不大时采用	根据渗漏水处混凝土的具体情况,决定剔凿孔洞的大小和深度。可在孔底铺碎石一层,上面盖一层油毡或铁片,并用一胶管穿透油毡至碎石层内,然后用快硬水泥胶浆将孔洞四周填实、封严,表面低于基面 10～20mm,经检查无漏后,拔出胶管,用快硬水泥胶浆将孔洞堵塞。如系地面孔洞漏水,在漏水处四周砌挡水墙,将漏水引出墙外。见附图 5-8 下管堵漏法	
	木楔堵漏法	当水压很大,水位在 5m 以上,漏水孔不大时采用	用水泥胶浆将一直径适当的铁管,稳牢于漏水处已剔好的孔洞内,铁管外端应比基面低 2～3mm,管口四周用素灰和砂浆抹好,待有强度后,将浸泡过沥青的木楔打入铁管内,并填入干硬性砂浆表面再抹素灰及砂浆各一道,经 24h 后,再做防水面层。见附图 5-9 木楔堵漏法	
质量要求		1. 选用材料应与原防水层相容,与基层应结合牢固。 2. 维修后达到不渗不漏		

5.1.5 地下室变形缝渗漏检测与维修

5.1.5.1 地下室变形缝渗漏检测

地下室变形缝渗漏检测,见表 5-8。

地下室变形缝渗漏检测 表 5-8

项目类别	地下室防水	备注
项目编号	F1DH-5	
项目名称	地下室混凝土变形缝渗漏检测	
工作目的	搞清混凝土变形缝渗漏现状、产生原因、提出处理意见	
检测时间	年　　　月　　　日	
检测人员		
发生部位	地下室混凝土墙(　　)、底板(　　)	
周期性	变形缝观测的周期应视渗漏速度而定	
工具	钢尺、塞尺、卡尺等测量仪	
注意	1. 佩戴安全帽。 2. 注意上方的掉落物。 3. 高空作业时做好安全措施。 4. 对裂缝的观测,每次都应绘出变形缝的位置、大小尺寸,注明日期,并附上必要的照片资料	

141

项目类别		地下室防水	备注
问题特征		1. 埋入式止水带变形缝渗漏,多发生于变形缝下部及止水带的转角处。 2. 后埋式止水带变形缝渗漏,沿后浇覆盖层混凝土的两侧产生裂缝渗漏水。 3. 粘贴式氯丁胶片变形缝渗漏,表面覆盖层空鼓、收缩、出现裂缝漏水。 4. 涂刷式氯丁胶片变形缝渗漏,表面覆盖层空鼓、收缩、出现裂缝漏水	
准备工作	1	观察变形缝的分布情况,变形缝的大小、数量以及深度	
	2	将变形缝的分布情况,变形缝的大小、数量以及深度详细地标在墙体的立面图或砖柱展开图上	
	3	根据漏水量的大小,可分为慢渗、快渗、急流和高压急流等四种情况	
检查工作程序	A1	选择具有代表性、说服力的变形缝并做好编号	需要观测的变形缝应进行统一编号,每条变形缝宜布设两组观测标志,其中一组应在变形缝的最宽处,另一组可在变形缝的末端
	A2	用钢卷尺测量其长度: 编号1: $L_1=$ ____ mm 编号2: $L_2=$ ____ mm	
	A3	用塞尺、卡尺或专用变形缝直径测量仪进行测量其直径和深度: 编号1: 直径 $L_1=$ ____ mm;深度 $H_1=$ ____ mm 编号2: 直径 $L_2=$ ____ mm;深度 $H_2=$ ____ mm	
	A4	漏水量: 慢渗 ( ) 快渗 ( ) 急流 ( ) 高压急流 ( )	
	A5	根据需要在检查记录中绘制墙体的立面图、地面平面图或柱展开图。将检查情况,包括将变形缝的分布情况,变形缝的大小、数量以及深度详细地标在墙体的立面图或砖柱展开图上	1. 不要遗漏,保证资料的完整性真实性。 2. 每次观测应在变形缝一侧标出观察日期和相应的最大变形缝直径值
	A6	核对记录与现场情况的一致性	
	A7	变形缝检查资料存档	
原因分析		混凝土变形缝既有收缩变形缝,也有结构变形缝,主要原因有: 1. 埋入式止水带变形缝 (1)止水带未采取固定措施,浇筑混凝土时被挤偏 ( ) (2)止水带两翼的混凝土包裹不严,振捣不密实 ( ) (3)钢筋过密,混凝土浇筑方法不当,骨料集中下部 ( ) (4)浇筑混凝土时马虎,止水带周围的灰垢,杂物未清除干净,或止水带被破坏 ( ) 见附图5-10 埋入式止水带变形缝	
		2. 后埋式止水带变形缝 (1)预留凹槽位置不准,止水带在两侧宽度不一 ( ) (2)凹槽表面不平,过分干燥,素浆层薄,防水带下有残存空气 ( ) (3)铺止水带与覆盖层施工间隔过长,素灰层干燥或混凝土收缩 ( ) (4)止水带未按有关规定进行预处理,与混凝土衔接不良 ( ) 见附图5-11 后埋式止水带变形缝	

续表

项目类别	地下室防水		备注
原因分析	3. 粘贴式氯丁胶片变形缝 (1)粘贴胶片的基层表面不平整、不坚实、不干燥 (2)胶粘剂不符合要求,粘贴时间掌握不好,粘贴时局部有气泡 (3)覆盖层过薄,胶片在水压力下剥离,使覆盖层开裂破坏 (4)胶片搭接长度不够,粘结不严 (5)当用水泥砂浆作覆盖层时,过厚开裂 见附图 5-12 粘贴式氯丁胶片变形缝	(　　) (　　) (　　) (　　) (　　)	
	4. 涂刷式氯丁胶片变形缝 (1)变形缝两侧基面粗糙,胶层涂刷厚薄不均匀,或胶层被割破 (2)转角部位及半圆沟槽上的玻璃布粘贴不实,局部出现气泡 (3)缝隙处的半圆凹槽被覆盖层填实,不能伸缩变形 (4)覆盖层过薄或过厚,产生空鼓或干缩裂缝 见附图 5-13 涂刷式氯丁胶片变形缝	(　　) (　　) (　　) (　　)	
结论	根据现场判断此渗漏属: 1. 水压较小的混凝土变形缝渗漏 2. 水压较大,变形缝长度较短的变形缝漏水 3. 地下水压力较大,变形缝长度较大 4. 水压较大的变形缝急流漏水	(　　) (　　) (　　) (　　)	

5.1.5.2 混凝土变形缝堵漏方法

混凝土变形缝堵漏方法,见表 5-9。

混凝土变形缝堵漏方法　　　　　　　　表 5-9

项目类别	地下室防水		备注
项目编号	F1DH-5		
项目名称	混凝土变形缝堵漏方法		

处理方法(据变形缝的形态、数量及渗漏程度的不同可采取不同的维修方法)	方法	适用范围	工程做法
	埋入式渗水止水法	适用于埋入式渗水	沿裂缝剔出八字形边坡沟槽,用水冲洗干净,将快硬水泥胶浆搓成条形,待胶浆开始凝固时,迅速填入沟槽中,并向两侧用力挤压密实,使水泥胶浆与槽壁紧密结合,如果裂缝较长,可分段堵塞。经检查无渗漏后,用素灰和水泥砂浆将沟槽表面抹平,待有一定强度后,随其他部位一起作防水层。(材料也可使用环氧砂浆、沥青油膏、高分子密封材料或各种成品堵漏剂等材料封闭裂缝)。见附图 5-14 埋入式渗水止水法
	后埋式止水带变形缝漏水止水法	适用于后埋式止水带变形缝漏水	全部剔凿后,先沿裂缝剔凿凹槽,在槽底沿裂缝放置一根小绳,绳径视漏水量确定,长 200～300mm 按上法在缝槽中填塞快硬水泥胶浆,堵塞后立即将小绳抽出,使漏水沿绳孔流出,最后堵塞绳孔。见附图 5-15 后埋式止水带变形缝漏水止水法
	粘贴式氯丁胶片变形缝渗漏止水法	适用于粘贴式氯丁胶片变形缝渗漏	应剔出覆盖层,重新进行氯丁胶片粘贴
	涂刷式氯丁胶片变形缝渗漏止水法	适用于涂刷式氯丁胶片变形缝渗漏	应剔除覆盖层,按上述"裂缝漏水维修"堵漏后,重新涂刷氯丁胶片处理
	粘贴橡胶板处理法止水法	适用于粘贴橡胶板处理	对于地下水压力较小,渗漏不太严重的变形缝,可采用粘贴橡胶板进行处理。将变形缝两侧轻微拉毛,宽约 200mm,使其表面平整、干燥、清洁,再将橡胶板锉成毛面,搭接部分做成斜坡,在基层和橡胶板上同时涂刷 xy-401 胶,待表面呈弹性时迅速粘贴,用工具压实,最后在胶板四周用密封材料封严

143

5.1.6 地下室穿墙管道渗漏检测与维修

5.1.6.1 地下室穿墙管道渗漏检测

地下室穿墙管道渗漏检测，见表5-10。

地下室穿墙管道渗漏检测

表 5-10

项目类别		地下室防水		备注
项目编号		F1DH-6		
项目名称		地下室穿墙管道渗漏		
工作目的		搞清地下室穿墙管道渗漏现状、产生原因、提出处理意见		
检测时间		年　　　月　　　日		
检测人员				
发生部位		地下室穿墙管道		
周期性		地下室穿墙管道渗漏观测的周期应视渗漏速度而定		
工具		钢尺、塞尺、卡尺等测量仪		
注意		1. 佩戴安全帽。 2. 注意上方的掉落物。 3. 高空作业时做好安全措施。 4. 对裂缝的观测，每次都应绘出地下室穿墙管道的位置、大小尺寸，注明日期，并附上必要的照片资料		
问题特征		在地下室工程中，穿墙管道渗漏水的事故比较常见，尤其是在地下水位较高，在一定水压力作用下，地下水沿穿墙管道与地下室混凝土墙的接触部位渗入室内，严重影响地下室的使用		
准备工作	1	观察地下室穿墙管道渗漏点的分布情况，地下室穿墙管道渗漏点的大小、数量以及深度		
	2	将地下室穿墙管道渗漏点的分布情况，地下室穿墙管道渗漏点的大小、数量以及深度详细地标在墙体的立面图或平面图上		
	3	根据漏水量的大小，可分为慢渗、快渗、急流和高压急流等四种情况		
检查工作程序	A1	选择具有代表性、说服力的地下室穿墙管道渗漏点并做好编号		需要观测的地下室穿墙管道渗漏点应进行统一编号
	A2	用塞尺、卡尺或专用地下室穿墙管道直径测量仪进行测量其直径和深度： 编号1：直径 $\varphi_1=$ 　　　mm；深度 $H_1=$ 　　　mm 编号2：直径 $\varphi_2=$ 　　　mm；深度 $H_2=$ 　　　mm		
	A3	漏水量： 慢渗　　　　　　　　　　　　　　　　（　　） 快渗　　　　　　　　　　　　　　　　（　　） 急流　　　　　　　　　　　　　　　　（　　） 高压急流　　　　　　　　　　　　　　（　　）		
	A4	根据需要在检查记录中绘制墙体的立面图、地面平面图。将检查情况，包括将地下室穿墙管道渗漏点的分布情况，地下室穿墙管道渗漏点的大小、数量以及深度详细地标在墙体的立面图或砖柱展开图上		1. 不要遗漏，保证资料的完整性真实性。 2. 每次观测应在地下室穿墙管道渗漏点一侧标出观察日期和相应的最大地下室穿墙管道直径值
	A5	核对记录与现场情况的一致性		
	A6	地下室穿墙管道渗漏点检查资料存档		

项目类别	地下室防水	备注
原因分析	在地下室墙壁上的穿墙管道，一般均为钢管或铸铁管，外壁比较光滑，与混凝土、砖砌体很难牢固、紧密的结合，管道与地下室墙壁的接缝部位，就成为渗水的主要通道，导致渗水的主要原因有： 　　1. 地下室墙壁上穿墙管道的位置，在土建施工时没有留出，安装管道时才在地下室墙上凿孔打洞，破坏了墙壁的整体防水性能，埋设管道后，填缝的细石混凝土、水泥砂浆等难以嵌填不密实，成为渗水的主要通道。 　　2. 在进行地下室混凝土墙体施工时，虽预先埋入套管，在套管直径较大时，管底部的墙体混凝土振捣操作较为困难，不易振捣密实，在此部分容易出现蜂窝、孔洞，成为渗水的通道。 　　3. 穿墙管道的安装位置，未设置止水法兰盘。 　　4. 将止水法兰盘直接焊在穿墙管道上，位置固定后应灌筑混凝土，使混凝土墙体与穿墙管道固结于一体，使穿墙管道没有丝毫的变形能力，一旦发生不均匀沉降，容易在此处损坏而出现渗漏。 　　5. 穿墙的热力管道由于处理不当，或只按常温穿墙管道处理，在温差作用下管道发生胀缩变形，在墙体内进行往复活动，造成管道周边防水层破坏，产生裂隙而漏水	
结论	根据现场判断此渗漏属： 　　1. 水压较小的地下室穿墙管道渗漏　　　　　（　　） 　　2. 水压不大的地下室穿墙管道漏水　　　　　（　　） 　　3. 水压较大的地下室穿墙管道急流漏水　　　（　　）	

5.1.6.2 地下室穿墙管道堵漏的维修

地下室穿墙管道堵漏的维修，见表 5-11。

地下室穿墙管道堵漏的维修　　　　　　表 5-11

项目类别	地下室防水			备注
项目编号	F1DH-6A			
项目名称	地下室穿墙管道堵漏的维修			
处理方法	方法	适用范围	工程做法	
	穿墙管水泥胶浆堵漏法	水压较小或不大时的穿墙管道渗漏时采用	先在地下室混凝土墙的外侧沿管道四周凿一条宽 30～40mm，深 40mm 左右的凹槽，用清水清洗干净，直至无渣、无尘为止，若穿墙管道外部有锈蚀，需用砂纸打磨，除去锈斑浮皮，然后用溶剂清洗干净。在集中漏水点的位置处继续凿深至 70mm 左右，用一根直径 10mm 的塑料管对准漏水点，再用快硬水泥胶浆将其固结，观察漏水是否从塑料管中流出，若不能流出则需凿开重做，直至漏水能从塑料管中流出为止，用快硬水泥胶浆对漏水部位逐点进行封堵，直至全部封堵完毕。再在快硬水泥胶浆表面涂抹不泥素浆和水泥砂浆各一道，厚约 6～7mm 待砂浆具有一定强度后，在上面涂刷两道聚氨酯防水涂料或其他柔性防水涂料，厚约 2mm，再用无机铝盐防水砂浆做保护层，分两道进行，厚度约 15～20mm，并抹平压光，湿润养护 7d。在确认除引水软管外，在穿墙管四周均无渗漏时，将软管拔出，然后在孔中注入丙烯酰胺浆材，进行堵水，注浆压力为 0.32MPa，漏点封住后，用快硬水泥封孔。见附图 5-16 穿墙管水泥胶浆堵漏法	

项目类别			地下室防水	备注
	方法	适用范围	工程做法	
处理方法	膨胀材料堵漏法	水压较大时的穿墙管道渗漏时采用	先沿穿墙管道的周围混凝土墙上凿出宽 30～40mm，深40mm 左右的凹槽，清洗缝隙，除去杂物，然后剪一条宽30mm，厚 30mm 的遇水膨胀橡胶条，长度以绕管一周为准，在接头处插入一根直径 10mm 的引水管，并使其对准漏水点，经过 24h 后，遇水膨胀橡胶条已充分膨胀，主要的渗水点已被封住，然后喷涂水玻璃浆液，喷涂厚度为 1～1.5mm。然后沿橡胶条与穿墙管道混凝土的接缝涂刷两遍聚氨酯或硅橡胶防水涂料厚 3～5mm，随即洒上热干砂。然后用阳离子氯丁胶乳水泥砂浆涂抹厚 15mm，(配合比为：水泥：中砂：胶乳：水＝1：2：0.4：0.2)的刚性防水层，待这层防水层达到强度后，拔出引水胶管，用堵漏浆液注浆堵水	

5.1.7 地下室预埋件部位渗漏检测与维修

5.1.7.1 地下室预埋件部位渗漏检测

地下室预埋件部位渗漏检测，见表 5-12。

地下室预埋件部位渗漏检测   表 5-12

项目类别		地下室防水	备注
项目编号		F1DH-7	
项目名称		地下室预埋件部位渗漏	
工作目的		搞清地下室预埋件部位渗漏现状、产生原因、提出处理意见	
检测时间		年　　月　　日	
检测人员			
发生部位		地下室预埋件部位	
周期性		地下室预埋件部位渗漏观测的周期应视渗漏速度而定	
劳力(小时)		2 人	
工具		钢尺、塞尺、卡尺等测量仪	
注意		1. 佩戴安全帽。 2. 注意上方的掉落物。 3. 高空作业时做好安全措施。 4. 每次都应绘出地下室预埋件部位的位置、大小尺寸，注明日期，并附上必要的照片资料	
问题特征		在地下室工程中，对于卷材防水层或刚性防水层的地下室，在穿透防水层的预埋件周边，出现阴湿或不同程度的渗漏	
准备工作	1	观察地下室预埋件部位渗漏点的分布情况，地下室预埋件部位渗漏点的大小、数量以及深度	
	2	将地下室预埋件部位渗漏点的分布情况，地下室预埋件部位渗漏点的大小、数量以及深度详细地标在墙体的立面图或地面平面图上	
	3	根据漏水量的大小，可分为慢渗、快渗、急流和高压急流等四种情况	

项目类别		地下室防水	备注
检查工作程序	A1	选择具有代表性、说服力的地下室预埋件部位渗漏点并做好编号	需要观测的地下室预埋件部位渗漏点应进行统一编号
	A2	用塞尺、卡尺或专用地下室预埋件部位直径测量仪进行测量其直径和深度: 编号1: 直径 $\varphi_1=$　　 mm;深度 $H_1=$　　 mm 编号2: 直径 $\varphi_2=$　　 mm;深度 $H_2=$　　 mm	
	A3	漏水量: 慢渗　　　　　　　　　　　　　　　　　　( ) 快渗　　　　　　　　　　　　　　　　　　( ) 急流　　　　　　　　　　　　　　　　　　( ) 高压急流　　　　　　　　　　　　　　　　( )	
	A4	根据需要在检查记录中绘制墙体的立面图、地面平面图。将检查情况,包括将地下室预埋件部位渗漏点的分布情况,地下室预埋件部位渗漏点的大小、数量以及深度详细地标在墙体的立面图或砖柱展开图上	1. 不要遗漏,保证资料的完整性真实性。 2. 每次观测应在地下室预埋件部位渗漏点一侧标出观察日期和相应的最大地下室预埋件部位直径值
	A5	核对记录与现场情况的一致性	
	A6	地下室预埋件部位渗漏点检查资料存档	
原因分析		在地下室墙壁或地面上的预埋件,导致渗水的主要原因有: 1. 施工操作不认真,在预埋件周边未压实,或未按要求进行防水处理。 2. 预埋件上的锈皮、油污等杂物未很好清除,打入混凝土中后成为进水通道。 3. 预埋件受热、受震,与周边的防水层接触处产生微裂,造成渗漏	
结论		根据现场判断此渗漏属: 1. 水压较小的地下室预埋件部位渗漏　　　　( ) 2. 水压不大的地下室预埋件部位漏水　　　　( ) 3. 水压较大的地下室预埋件部位急流漏水　　( )	

5.1.7.2 地下室预埋件部位渗漏的维修

地下室预埋件部位渗漏的维修,见表 5-13。

地下室预埋件部位渗漏的维修　　　　　　　　表 5-13

项目类别			地下室防水	备注
项目编号		F1DH-7A		
项目名称		地下室预埋件部位渗漏的维修		
处理方法(据地下室预埋件部位的形态、数量及渗漏程度的不同可采取不同的维修)	**方法**	**适用范围**	**工程做法**	
	水泥胶浆堵漏法	水压较小时的预埋件部位渗漏时采用	先沿预埋件周边剔凿出环形沟槽,将沟槽清洗干净,嵌填入快硬水泥胶浆堵漏,然后再做好面层防水层。见附图 5-17 水泥胶浆堵漏法	
	更换预埋块堵漏法	预埋块锈蚀严重时采用	预制块堵漏法:对于因受震动而渗漏的预埋件,处理进先将铁件拆出,制成预制块,并进行预制块的防水处理,在基层上凿出坑槽,供埋设预制块用。埋设时,在坑槽中先填入水泥:砂:水:减水剂=1:1.66:0.32:0.015 的快硬水泥砂浆,再迅速将预制块填入,待砂浆具有一定强度后,周边用水泥胶浆填塞,并用素浆嵌实,然后在上面作防水层。见附图 5-18 更换预埋块堵漏法	
	灌浆堵漏法	预埋件部位急流漏水时采用	如预埋件较密,且此部分混凝土不密实,则可先进行灌浆堵漏,水止后,再按上述的两种方法联合使用进行处理	

5.1.8 地下室墙面潮湿检测与维修

5.1.8.1 地下室墙面潮湿检测

地下室墙面潮湿检测，见表 5-14。

地下室墙面潮湿检测

表 5-14

项目类别		地下室防水	备注
项目编号		F1DH-8	
项目名称		地下室墙面潮湿检测	
工作目的		搞清地下室墙面潮湿现状、产生原因、提出处理意见	
检测时间		年　　月　　日	
检测人员			
发生部位		地下室墙面	
周期性		地下室墙面潮湿观测的周期应视情况而定	
工具			
注意		1. 佩戴安全帽。 2. 注意上方的掉落物。 3. 高空作业时做好安全措施。 4. 每次都应绘出地下室墙面潮湿的位置、大小尺寸,注明日期,并附上必要的照片资料	
问题特征		一般多出现在砖砌体水泥砂浆刚性防水层的地下室墙面上,先是在墙面上出现一块块潮湿痕迹,在通风不良,水分蒸发缓慢的情况下潮湿面积逐渐扩大,或形成渗漏	
准备工作	1	观察地下室墙面潮湿的位置情况,地下室墙面是否形成渗漏	
	2	将地下室墙面潮湿的位置情况,地下室墙面渗漏的位置情况,详细地标在墙体的布置图上	
	3	根据地下室墙面情况可分为潮湿、慢渗等情况	
检查工作程序	A1	将地下室墙面潮湿、慢渗的墙体统一编号	
	A2	地下室墙面情况: 1. 地下室墙面潮湿　　　　　　　　　　　　　(　) 2. 地下室墙面慢渗　　　　　　　　　　　　　(　)	1. 不要遗漏,保证资料的完整性真实性。 2. 每次观测应在地下室墙面潮湿的位置图上标出观察日期和相应的最大地下室墙面渗漏的面积值及渗漏情况
	A3	根据需要在检查记录中绘制地下室墙面潮湿、慢渗的位置图	
	A4	核对记录与现场情况的一致性	
	A5	地下室墙面潮湿点检查资料存档	

项目类别	地下室防水	备注
原因分析	1. 施工操作不认真,没有严格按照防水层的要求进行操作,忽视防水层的整体连续性　　　　　　　　　　　　　　　　　　　　（　　） 2. 刚性防水层厚薄不均匀,抹压不密实或漏抹　　　　（　　） 3. 砖砌体密实性不好,砌筑质量差,灰浆不饱满　　　（　　） 4. 抹刚性防水层的防水剂质量不合格,防水性能不好　（　　） 5. 刚性防水层抹完后未充分养护,砂浆早期脱水,水分过早蒸发,使防水层中形成微小毛细孔　　　　　　　　　　　　　　　　　　　（　　）	
结论	根据现场判断此情况属: 1. 水压较小的地下室墙面潮湿　　　　　　　　　　　（　　） 2. 水压不大的地下室墙面渗漏　　　　　　　　　　　（　　）	

5.1.8.2 地下室墙面潮湿的维修

地下室墙面潮湿的维修,见表5-15。

地下室墙面潮湿的维修　　　　　　　　　　　　　　　　表5-15

项目类别		地下室防水		备注
项目编号		F1DH-8A		
项目名称		地下室墙面潮湿的维修		
处理方法	方法	适用范围	工程做法	
	环氧树脂法	地下室墙面潮湿、渗漏时均可采用	用等量乙二胺和丙酮反应,制成半酮亚胺,加入环氧树脂和二丁酯混合液中,掺量为环氧树脂的16%,并加入一定量的立得粉,在干净、干燥的墙面上涂刷。如果墙面有碱性物质,应先用含酸水洗刷,然后用清水冲洗干净。一般涂刷两次,厚度约为0.3～0.5mm	
	氰凝剂处理法	地下室墙面潮湿、渗漏时均可采用	氰凝剂处理法:配合比是预聚体氨基甲酸酯100%,催化剂三乙醇胺1%,稀释剂丙酮10%,填料水泥40%。操作方法是先将预聚体倒入容器中,用丙酮稀释,加入三乙醇胺,调成氰凝浆液,最后加入水泥,搅拌均匀即可涂刷。如果涂刷后仍有微渗,可再涂刷一次,涂刷后撒一层干水泥面压光	
	速凝材料堵漏法	地下室墙面潮湿、渗漏时均可采用	常采用"防水宝"处理,可用1型"防水宝",掺入各种颜料调成需要的颜色,涂抹在潮湿的墙面上,不仅可防止渗漏,而且可兼做室内装饰	

5.1.9 地下室卷材防水层转角部位渗漏检测与维修

5.1.9.1 地下室卷材防水层转角部位渗漏检测

地下室卷材防水层转角部位渗漏检测,见表5-16。

地下室卷材防水层转角部位渗漏检测　　　　　　　　　　表5-16

项目类别	地下室防水	备注
项目编号	F1DH-9	
项目名称	地下室卷材防水层转角部位渗漏检测	
工作目的	搞清地下室卷材防水层转角部位渗漏现状、产生原因、提出处理意见	
检测时间	年　　　月　　　日	
检测人员		

项目类别		地下室防水	备注
发生部位		地下室墙面	
周期性		地下室卷材防水层转角部位渗漏观测的周期应视情况而定	
工具			
注意		1. 佩戴安全帽。 2. 注意上方的掉落物。 3. 高空作业时做好安全措施。 4. 每次都应绘出地下室卷材防水层转角部位渗漏的位置、大小尺寸,注明日期,附上必要的照片资料	
问题特征		地下室采用卷材防水层时,在转角部位出现渗漏	
准备工作	1	观察地下室卷材防水层转角部位渗漏的位置情况及渗漏量的大小	
	2	将地下室卷材防水层转角部位渗漏的位置情况及渗漏量的大小情况,详细地标在墙体的布置图上	
	3	根据地下室卷材防水层转角部位渗漏的情况可分为快渗、慢渗等情况	
检查工作程序	A1	将地下室卷材防水层转角部位渗漏的墙体统一编号	
	A2	根据漏水量的大小,可分为慢渗、快渗、急流和高压急流等四种情况	
	A3	根据需要在检查记录中绘制地下室卷材防水层转角部位快渗、慢渗的位置图	1. 不要遗漏,保证资料的完整性真实性。 2. 每次观测应在地下室卷材防水层转角部位渗漏的位置图上标出观察日期和相应的最大地下室墙面渗漏的面积值及渗漏情况
	A4	核对记录与现场情况的一致性	
	A5	地下室卷材防水层转角部位渗漏点检查资料存档	
原因分析		1. 在地下室结构的墙面与地板转角部位,卷材未能按转角轮廓铺贴严实,后浇或后砌主体结构时,此处卷材遭到破坏　　　　　　　　　(　) 2. 所使用的卷材韧性不好,转角包贴时出现裂纹,不能保证防水层的整体严密性　　　　　　　　　　　　　　　　　(　) 3. 拐角处未按有关要求增设附加层　　　　　　　　　(　)	
结论		根据现场判断此情况属: 1. 水压较小的地下室卷材防水层转角部位慢渗　　　(　) 2. 水压较大的地下室卷材防水层转角部位快渗　　　(　)	

5.1.9.2　地下室卷材防水层转角部位渗漏的维修

地下室卷材防水层转角部位渗漏的维修,见表5-17。

地下室卷材防水层转角部位渗漏的维修 表 5-17

项目类别			地下室防水		备注
项目编号		F1DH-9A			
项目名称		地下室卷材防水层转角部位渗漏的维修			
处理方法	方法	适用范围	工程做法		
	环氧树脂法	地下室卷材防水层转角部位渗漏、渗漏时均可采用	应针对具体情况,将拐角部位粘贴不实或遭到破坏的卷材撕开,灌入热玛琋脂,用喷灯烘烤后,将卷材逐层搭接补好		

5.2 外墙防水

5.2.1 外墙防水性能检测

外墙防水性能检测，见表 5-18。

外墙防水性能检测   表 5-18

项目类别		外墙防水	备注
项目编号		F2WQ-1	
项目名称		外墙防水性能检测	
工作目的		搞清外墙防水性能情况、是否有渗漏情况发生	
检测时间		年　　　月　　　日	
检测人员			
检查部位		建筑物外墙面	
周期性		日常检查周期 4 月/次、季节性专项检查周期 7～10 月份，2 月/次	
工具		钢尺、塞尺、卡尺等测量仪	
注意		1. 佩戴安全帽。 2. 注意上方的掉落物。 3. 高空作业时做好安全措施。 4. 对外墙损坏、裂缝等可能造成渗漏的位置的观测，每次都应绘出其所在的位置、大小尺寸，注明日期，并附上必要的照片资料	
问题特征		墙体表面受到损坏造成外墙渗漏，根据漏水量的大小，可分为渗和漏两种情况	
准备工作	1	熟悉图纸：了解工程做法及构造要求	
	2	熟悉施工资料：了解有关材料的性能、施工操作的相关记录	
	3	入户调查外墙内侧是否存在渗漏情况及发生位置	
检查工作程序	A1	普查：全面查看外墙面被损坏情况	
	A2	重点部位检查：造成外墙内侧渗漏情况的原因及可能发生的位置。本检查的目的是为检查易发生渗漏部位是否存在渗漏或渗漏隐患。其部位如下： 1. 墙面凸凹线槽。 2. 外墙门窗框。 3. 外墙施工孔洞、管线处。 4. 装配式大板建筑外墙。 5. 沿水落管墙面。 6. 锦砖、陶土面砖饰面层。 7. 外墙体裂缝	

项目类别		外墙防水		备注
检查工作程序	A3	渗漏点检测： 确定渗漏点部位。 1号渗漏点位置。 2号渗漏点位置。 3号渗漏点位置。 确定渗漏点性质： 1. 墙面凸凹线槽部位渗漏 2. 外墙门窗框部位渗漏 3. 外墙施工孔洞、管线处部位渗漏 4. 装配式大板建筑外墙部位渗漏 5. 沿水落管墙面部位渗漏 6. 锦砖、陶土面砖饰面层部位渗漏 7. 外墙体裂缝部位渗漏	（ ） （ ） （ ） （ ） （ ） （ ） （ ）	渗漏点应进行统一编号，每个渗漏点宜布设两组观测标志，共同确定渗漏点的位置
	A4	未渗漏但存在隐患需进一步观察的部位： 1号待观察点位置。 2号待观察点位置。 3号待观察点位置。 未渗漏但存在隐患需进一步观察的因素： 1. 锦砖、陶土面砖饰面层勾缝。 2. 外墙门窗框与墙体间填充材料膨胀。 3. 外墙表面裂缝		待观察点应进行统一编号，每个待观察点宜布设两组观测标志，共同确定观察点的位置
	A5	记录： 1. 将渗漏点及待观察点标注在建筑物的墙面上。 2. 将检查情况，包括将渗漏点、待观察点的分布情况详细地标在墙体的立面图上		1. 不要遗漏，保证资料的完整性、真实性。 2. 每次观测应在渗漏点、待观察点一侧标出观察日期
	A6	核对记录与现场情况的一致性		
资料处理		检查资料存档		

5.2.2 地下室外墙面凸凹线槽爬水渗漏检测及维修

5.2.2.1 地下室外墙面凸凹线槽爬水渗漏检测

地下室外墙面凸凹线槽爬水渗漏检测，见表5-19。

地下室外墙面凸凹线槽爬水渗漏检测　　　　　　　表5-19

项目类别	外墙防水	备注
项目编号	F2WQ-2	
项目名称	外墙面凸凹线槽爬水渗漏检测	
工作目的	搞清外墙面凸凹线槽爬水渗漏现状、产生原因、提出处理意见	
检测时间	年　　　月　　　日	
检测人员		
发生部位	外墙面	
周期性	外墙面凸凹线槽爬水渗漏观测的周期应视情况而定	

项目类别		外墙防水	备注
工具		钢尺、塞尺、卡尺或专用裂缝宽度测量仪和锤子	
注意		1. 佩戴安全帽。 2. 注意上方的掉落物。 3. 高空作业时做好安全措施。 4. 每次都应绘出外墙面凸凹线槽爬水渗漏的位置、大小尺寸,注明日期,并附上必要的照片资料	
问题特征		一些外墙面上有凸凹的线槽,如较长时间的连续降雨,雨水沿外墙面上的凸线或凹槽渗入墙体,出现渗漏	
准备工作	1	观察外墙面凸凹线槽爬水渗漏的位置情况及渗漏量的大小	
	2	将外墙面凸凹线槽爬水渗漏的位置情况及渗漏量的大小情况,详细地标在墙体的布置图上	
	3	根据外墙面凸凹线槽爬水渗漏的情况可分为轻微、严重等情况	
检查工作程序	A1	将外墙面凸凹线槽爬水渗漏的墙体统一编号	1. 不要遗漏,保证资料的完整性真实性。 2. 每次观测应在外墙面凸凹线槽爬水快渗或急流的位置图上标出观察日期和渗漏线槽线槽的长度值及渗漏情况
	A2	根据漏水量的大小,可分为快渗、急流两种情况	
	A3	根据需要在检查记录中绘制外墙面凸凹线槽爬水快渗或急流的位置图	
	A4	核对记录与现场情况的一致性	
	A5	外墙面凸凹线槽爬水渗漏点检查资料存档	
原因分析		1. 阳台、雨篷倒坡,雨水不流向室外方向而流向墙体,造成渗漏,见附图5-19阳台、雨篷倒坡造成渗漏	
		2. 凸出墙面的装饰线条积水,横向装饰线条的抹面砂浆开裂,雨水沿裂缝处渗入室内。附图5-20凸出墙面的装饰线裂缝造成渗漏	
		3. 墙面分格缝渗漏:在进行外墙饰面施工时,在分格缝部位镶入木分格条,饰面完成后取出分格条,在墙面上留出了凹槽,这部分凹槽不仅施工时未考虑防水要求,设计上也未采取防水措施,而饰面本身的胀缩裂缝,也大量集中在这些凹槽内,雨水沿凹槽中的缝隙渗入墙体,造成室内渗漏。附图5-21墙面分格缝渗漏	
结论		根据现场判断此情况属: 1. 阳台、雨篷倒坡　　　　　　　　　　　(　　) 2. 墙面装饰线条的抹面砂浆开裂　　　　　(　　) 3. 墙面分格缝渗漏　　　　　　　　　　　(　　)	

5.2.2.2 外墙面凸凹线槽爬水渗漏的维修

外墙面凸凹线槽爬水渗漏的维修,见表5-20。

外墙面凸凹线槽爬水渗漏的维修　　　　　　　　　　表5-20

项目类别	外墙防水	备注
项目编号	F2WQ-2A	
项目名称	外墙面凸凹线槽爬水渗漏的维修	

项目类别			外墙防水	备注
材料要求			1. 密封材料:应具有弹塑性、粘结性、施工性、耐候性、水密性、气密性和位移性。 2. 防水涂料:聚氨酯涂料、丙烯酸涂料、硅橡胶涂料等,其质量及性能应符合有关现行国家标准的规定,并有出厂质量合格证。 3. 防水卷材质量及性能应符合有关现行国家标准的规定,并有出厂质量合格证。 4. 纤维布:可采用聚酯纤维无纺布、玻璃纤维布、中碱玻璃纤维布(≥50g/m²),并符合有关现行国家标准的规定。 5. 钢筋、水泥、砂、石、外加剂、混凝土、砂浆等原材料的品种、规格、性能和强度等级应符合设计的要求和有关规定	
处理方法	方法	适用范围	工程做法	
	防水水泥砂浆找坡法	阳台、雨篷倒坡;墙面上凸出的抹灰线条砂浆开裂	可用防水水泥砂浆在阳台、雨篷倒坡面上或线条上沿抹出向外的斜坡,排除线条上的积水	
	聚合物砂浆找坡法	墙面上凸出的抹灰线条砂浆开裂	可用聚合物砂浆在线条上沿抹出向外的斜坡,排除线条上的积水。见附图5-22聚合物砂浆找坡法	
	涂膜防水法	墙面分格缝渗漏	可在墙面的凹槽内涂刷合成高分子防水涂膜,将凹槽中的缝隙封严,阻止雨水浸入墙体。见附图5-23涂膜防水法	
质量要求			1. 选用材料应与原防水层相容,与基层应结合牢固。 2. 维修后达到不渗不漏	

5.2.3 外墙门窗框渗漏检测及维修

5.2.3.1 外墙门窗框渗漏检测

外墙门窗框渗漏检测,见表5-21。

外墙门窗框渗漏检测 表 5-21

项目类别	外墙防水	备注
项目编号	F2WQ-3	
项目名称	外墙门窗框渗漏检测	
工作目的	搞清外墙门窗框渗漏现状、产生原因、提出处理意见	
检测时间	年　　月　　日	
检测人员		
发生部位	外墙面施工孔洞、管线处	
周期性	外墙门窗框渗漏观测的周期应视情况而定	
工具	钢尺、塞尺、卡尺或专用裂缝宽度测量仪和锤子	
注意	1. 佩戴安全帽。 2. 注意上方的掉落物。 3. 高空作业时做好安全措施。 4. 每次都应绘出外墙门窗框渗漏的位置、大小尺寸,注明日期,并附上必要的照片资料	
问题特征	在建筑物的外门、外窗框与墙体接触的周围,由于密封处理不好,下大雨时,雨水沿门窗框与墙体间接触不严的缝隙渗入墙体和室内。室内可见在门窗框周围的墙体上出现大片湿痕,严重时可沿墙面滴水,影响使用	

续表

项目类别		外墙防水	备注
准备工作	1	观察外墙门窗框渗漏的位置情况及渗漏量的大小	
	2	将外墙门窗框渗漏的位置情况及渗漏量的大小情况,详细地标在墙体的布置图上	
	3	根据外墙门窗框渗漏的情况可分为轻微、严重等情况	
检查工作程序	A1	将外墙门窗框渗漏的墙体统一编号	
	A2	根据漏水量的大小,可分为快渗、慢渗二种情况	
	A3	根据需要在检查记录中绘制外墙门窗框渗漏的位置图	1. 不要遗漏,保证资料的完整性真实性。 2. 每次观测应在外墙门窗框渗漏的位置图上标出观察日期渗漏情况
	A4	核对记录与现场情况的一致性	
	A5	外墙门窗框渗漏点检查资料存档	
原因分析		1. 窗框四周嵌填不严密,尤其是窗口的上部窗眉和下部窗台部分,未嵌填封闭严密,雨水由窗框上,下部的缝隙中渗入墙体,流入室内。见附图 5-24 窗框四周嵌填不严密造成渗漏	
		2. 门窗框边的立梃部分与两侧墙体的缝隙,由于施工操作马虎,未用沥青麻刀和水泥砂浆嵌填,尤其是有装饰贴面的外墙,雨水可沿饰面的缝隙中渗入内部,再沿门窗侧面与墙体接触部分的缝隙渗入室内,造成渗漏。见附图 5-25 门窗框边的立梃部分与墙体的缝隙造成渗漏	
		3. 当门窗采用钢门窗时,由于墙体上的洞口留设过大,或钢门窗不规格,尺寸偏小,造成钢门窗与洞口侧面的间隙过大,至使用水泥砂浆填塞过厚,因震动或砂浆收缩而出现裂缝,雨水沿裂缝渗入室内,造成渗漏。见附图 5-26 门窗水泥砂浆填塞过厚造成渗漏	
结论		1. 窗框四周嵌填不严密,造成渗漏。 2. 门窗框边的立梃部分与两侧墙体的缝隙封堵不严,造成渗漏。 3. 门窗框与洞口侧面的间隙过大,至使用水泥砂浆填塞过厚,因震动或砂浆收缩而出现裂缝,造成渗漏	

5.2.3.2　外墙门窗框渗漏的维修

外墙门窗框渗漏的维修,见表 5-22。

外墙门窗框渗漏的维修　　　　　　　　　　　　　　　表 5-22

项目类别	外墙防水	备注
项目编号	F2WQ-3A	
项目名称	外墙门窗框渗漏的维修	
材料要求	1. 密封材料:应具有弹塑性、粘结性、施工性、耐候性、水密性、气密性和位移性。 2. 防水涂料:聚氨酯涂料、丙烯酸涂料、硅橡胶涂料等,其质量及性能应符合有关现行国家标准的规定,并有出厂质量合格证。 3. 防水卷材质量及性能应符合有关现行国家标准的规定,并有出厂质量合格证。 4. 纤维布:可采用聚酯纤维无纺布、玻璃纤维布、中碱玻璃纤维布($\geqslant 50g/m^2$),并符合有关现行国家标准的规定。 5. 钢筋、水泥、砂、石、外加剂、混凝土、砂浆等原材料的品种、规格、性能和强度等级应符合设计的要求和有关规定	

155

续表

项目类别			外墙防水	备注
处理方法	方法	适用范围	工程做法	
	嵌填密封法	适用于门窗框周围与洞口侧壁嵌填不密实	处理时应先将门窗框四周与砌体间酥松或不密实的砂浆凿去,在缝中填塞沥青麻丝等材料,再用水泥砂浆填实,勾缝抹严。也可在缝隙中嵌填发泡材料,如聚氨酯泡沫或聚乙烯发泡材料等作为背衬材料,再在外面用门窗用的弹性密封剂封严。见附图 5-27 窗框四周嵌填不严密造成渗漏	
	高分子防水涂膜法	适用于外墙有饰面块材的门窗框渗漏	处理时可在外墙门窗两侧装饰块材开裂的接缝中,涂刷合成高分子防水涂膜,防止雨水由缝内渗入门窗与墙体间的缝隙中	
	有机硅处理法	适用于门窗与洞口间的缝隙过大,填嵌的水泥砂浆已开裂	应先将门窗开裂部位的砂浆清洗干净,用掺防水粉的水泥将裂缝腻平,表面涂刷有机硅等憎水性材料进行处理	
质量要求	1. 选用材料应与原防水层相容,与基层应结合牢固。 2. 维修后达到不渗不漏			

5.2.4 外墙施工孔洞、管线处渗漏检测及维修

5.2.4.1 外墙施工孔洞、管线处渗漏检测

外墙施工孔洞、管线处渗漏检测,见表 5-23。

外墙施工孔洞、管线处渗漏检测　　　　表 5-23

项目类别		外墙防水	备注
项目编号		F2WQ-4	
项目名称		外墙施工孔洞、管线处渗漏检测	
工作目的		搞清外墙施工孔洞、管线处渗漏现状、产生原因、提出处理意见	
检测时间		年　　　月　　　日	
检测人员			
发生部位		外墙面施工孔洞、管线处	
周期性		外墙施工孔洞、管线处渗漏观测的周期应视情况而定	
工具		钢尺、塞尺、卡尺或专用裂缝宽度测量仪和锤子	
注意		1. 佩戴安全帽。 2. 注意上方的掉落物。 3. 高空作业时做好安全措施。 4. 每次都应绘出外墙施工孔洞、管线处渗漏的位置、大小尺寸,注明日期,并附上必要的照片资料	
问题特征		在外墙内侧局部出现渗漏,渗漏的面积大小不等,位置也无一定规律,或成条状,或联成片状	
准备工作	1	观察外墙施工孔洞、管线处渗漏的位置情况及渗漏量的大小	
	2	将外墙施工孔洞、管线处渗漏的位置情况及渗漏量的大小情况,详细地标在墙体的布置图上	
	3	根据外墙施工孔洞、管线处渗漏的情况可分为轻微、严重等情况	

项目类别		外墙防水	备注
检查工作程序	A1	将外墙施工孔洞、管线处渗漏的墙体统一编号	
	A2	根据漏水量的大小,可分为快渗、慢渗二种情况	1. 不要遗漏,保证资料的完整性真实性。 2. 每次观测应在外墙施工孔洞、管线处渗漏的位置图上标出观察日期渗漏情况
	A3	根据需要在检查记录中绘制外墙施工孔洞、管线处渗漏的位置图	
	A4	核对记录与现场情况的一致性	
	A5	外墙施工孔洞、管线处渗漏点检查资料存档	
原因分析		由于建筑施工时,如龙门架等垂直运输设备留设的外墙进出口、起重设备的缆风绳和脚手架拉结铁丝的过墙孔、脚手架眼,各种水电及电话线、天线等安装时的管洞等。由于外墙最后修补时不重视这些孔洞的修补工作,或马虎从事,只追求外表美观,不要求内部嵌填严密。因此,雨水常常沿外墙皮流入这些填塞不严的灰缝中,形成流水的通道。下雨时,雨水沿这些通道进入室内,造成渗漏	
结论		外墙施工孔洞、管线处封闭不严造成渗漏	

5.2.4.2 外墙施工孔洞、管线处渗漏维修

外墙施工孔洞、管线处渗漏维修,见表5-24。

外墙施工孔洞、管线处渗漏维修 表 5-24

项目类别	外墙防水	备注
项目编号	F2WQ-4A	
项目名称	外墙施工孔洞、管线处渗漏维修	
材料要求	1. 密封材料:应具有弹塑性、粘结性、施工性、耐候性、水密性、气密性和位移性。 2. 防水涂料:聚氨酯涂料、丙烯酸涂料、硅橡胶涂料等,其质量及性能应符合有关现行国家标准的规定,并有出厂质量合格证。 3. 防水卷材质量及性能应符合有关现行国家标准的规定,并有出厂质量合格证。 4. 纤维布:可采用聚酯纤维无纺布、玻璃纤维布、中碱玻璃纤维布($\geqslant 50g/m^2$),并符合有关现行国家标准的规定。 5. 钢筋、水泥、砂、石、外加剂、混凝土、砂浆等原材料的品种、规格、性能和强度等级应符合设计的要求和有关规定	
处理方法	先按照外墙渗漏部位,观察渗漏原因。渗漏严重时,宜将后补的砖块拆下,重新补砌严实。如系外墙上的过墙管道、孔眼渗漏,可根据具体情况,用密封材料嵌填封严。氨酯泡沫或聚乙烯发泡材料等作为背衬材料,再在外面用门窗用的弹性密封剂封严	
质量要求	1. 选用材料应与原防水层相容,与基层应结合牢固。 2. 维修后达到不渗不漏	

5.2.5 装配式大板建筑外墙渗漏检测及维修

5.2.5.1 装配式大板建筑外墙渗漏检测及处理

装配式大板建筑外墙渗漏检测及处理,见表5-25。

装配式大板建筑外墙渗漏检测及处理　　表 5-25

项目类别		外墙防水	备注
项目编号		WQFS-5	
项目名称		装配式大板建筑外墙渗漏检测	
工作目的		搞清装配式大板建筑外墙渗漏现状、产生原因、提出处理意见	
检测时间		年　　　月　　　日	
检测人员			
发生部位		装配式大板建筑外墙板的水平、垂直缝或接缝施工粗糙的房屋	
周期性		装配式大板建筑外墙渗漏观测的周期应视情况而定	
工具		钢尺、塞尺、卡尺或专用裂缝宽度测量仪和锤子	
注意		1. 佩戴安全帽。 2. 注意上方的掉落物。 3. 高空作业时做好安全措施。 4. 每次都应绘出装配式大板建筑外墙渗漏的位置、大小尺寸，注明日期，并附上必要的照片资料	
问题特征		装配式大板建筑外墙板的水平及竖向接缝，是防水的薄弱环节，处理不当就容易发生渗漏。渗漏多见于外墙板的水平、垂直缝无构造防水或接缝施工粗糙的房屋，出现渗漏后，渗漏部位不容易找到，室内发生渗漏之处，进雨水的入口不一定在外墙的对应部位。所以，对此类建筑首先必须找到外墙进水部位，才能进行有效的处理	
准备工作	1	观察装配式大板建筑外墙渗漏的位置情况及渗漏量的大小	
	2	将装配式大板建筑外墙渗漏的位置情况及渗漏量的大小情况，详细地标在墙体的布置图上	
检查工作程序	A1	将装配式大板建筑外墙渗漏的墙体统一编号	
	A2	根据观察到的漏水点找出进水口的位置。这是一项有一定难度的工作，进雨水的入口不一定在漏水点的对应部位	
	A3	在检查记录中绘制装配式大板建筑外墙上造成渗漏的进水口位置图	1. 不要遗漏，保证资料的完整性真实性。 2. 每次观测应在装配式大板建筑外墙渗漏的进水口的位置图上标出观察日期渗漏情况
	A4	核对记录与现场情况的一致性	
	A5	装配式大板建筑外墙渗漏点检查资料存档	
原因分析	未做构造防水墙板渗漏的原因	装配式大板建筑外墙板接缝渗水的原因，主要是在接缝部位产生不同程度的开裂，致使雨水渗入缝中所引起	
		接缝开裂原因	1. 接缝材料干缩。 2. 墙板的温度变形。 3. 地基不均匀沉陷。 4. 加工制作和施工缺陷。 见附图 5-28 墙板渗漏的原因	
		渗水原因	1. 由于水的表面张力和毛细管吸力，所引起的延伸作用。 2. 风压加剧了毛细管的延伸作用。 3. 接缝材料本身的渗漏作用。 4. 墙板或接缝材料的施工缺陷	
	已做构造防水墙板渗漏的原因	大多因竖缝处理不好，雨水由竖缝流入水平缝中，再渗入室内。故遇到此种情况时，可先由竖缝上寻找渗漏原因	
结论		外墙施工孔洞、管线处封闭不严造成渗漏	

5.2.5.2 外墙施工孔洞、管线处渗漏维修

外墙施工孔洞、管线处渗漏维修，见表 5-26。

外墙施工孔洞、管线处渗漏维修 表 5-26

项目类别	外墙防水	备注
项目编号	F2WQ-5A	
项目名称	外墙施工孔洞、管线处渗漏维修	
材料要求	1. 密封材料:应具有弹塑性、粘结性、施工性、耐候性、水密性、气密性和位移性。 2. 防水涂料:聚氨酯涂料、丙烯酸涂料、硅橡胶涂料等,其质量及性能应符合有关现行国家标准的规定,并有出厂质量合格证。 3. 防水卷材质量及性能应符合有关现行国家标准的规定,并有出厂质量合格证。 4. 纤维布:可采用聚酯纤维无纺布、玻璃纤维布、中碱玻璃纤维布($\geqslant 50g/m^2$),并符合有关现行国家标准的规定。 5. 钢筋、水泥、砂、石、外加剂、混凝土、砂浆等原材料的品种、规格、性能和强度等级应符合设计的要求和有关规定	
处理方法	对于装配式大板建筑接缝渗漏的处理,首先必须找出墙板外侧的渗漏缝隙,就是要找到雨水由何处进入墙板,然后将大板接缝渗漏部位的砂浆凿去,并清洗干净,除去浮灰、杂物,嵌填衬垫材料后,用建筑防水沥青嵌缝油膏、建筑密封膏等密封材料将接缝封严。见附图 5-29 嵌缝密封	
质量要求	1. 选用材料应与原防水层相容,与基层应结合牢固。 2. 维修后达到不渗不漏。	

5.2.6 沿水落管墙面渗漏检测及维修

5.2.6.1 沿水落管墙面渗漏检测

沿水落管墙面渗漏检测,见表 5-27。

沿水落管墙面渗漏检测 表 5-27

项目类别	外墙防水	备注
项目编号	F2WQ-6	
项目名称	沿水落管墙面渗漏检测	
工作目的	搞清沿水落管墙面渗漏现状、产生原因、提出处理意见	
检测时间	年 月 日	
检测人员		
发生部位	砖混结构的水落管设置部位	
周期性	沿水落管墙面渗漏观测的周期应视情况而定	
工具	锤子	
检查方法	眼观目测	
注意	1. 佩戴安全帽。 2. 注意上方的掉落物。 3. 高空作业时做好安全措施。 4. 每次都应绘出沿水落管墙面渗漏的位置、大小尺寸,注明日期,并附上必要的照片资料	
问题特征	一般多发生在砖混结构的水落管设置部位,在外墙面上沿水落管部位有严重浸湿,逐渐发展到室内对应部分也出现渗漏痕迹,渗漏面积逐渐扩大	

续表

项目类别		外墙防水	备注
准备工作		观察沿水落管墙面渗漏的位置情况及渗漏量的大小	
检查工作程序	A1	将沿水落管墙面渗漏的墙体统一编号	
	A2	造成落水管墙面渗漏的情况其原因可分为： 1. 铁皮水落管腐烂破坏。 2. 水落管承插口不严密。 3. 水漏斗与水落管连接不好。 根据现场情况分析判断造成落水管墙面渗漏的原因	
	A3	在检查记录中将沿水落管墙面渗漏的原因、位置情况及渗漏量的大小情况，详细地标在墙体的布置图上	1. 不要遗漏，保证资料的完整性真实性。 2. 每次观测应在沿水落管墙面渗漏的位置图上标出观察日期、渗漏情况
	A4	核对记录与现场情况的一致性	
	A5	沿水落管墙面渗漏点检查资料存档	
原因分析		1. 使用铁皮水落管，且水落管紧贴墙面，随着年代的增长，铁皮开始锈蚀、并逐渐腐烂破坏，雨水沿这些锈蚀破坏处流到墙体上，经过毛细管作用，该部分砖墙逐渐吸收水分，并向砖墙内部转移，形成渗漏。 2. 水落管承插口不严密，插入深度过小，（小于40mm）或者插倒，雨水沿承插口处溢出，浸湿墙面。 3. 水落口杯处防水处理不当；水漏斗与水落管连接不好，雨水沿水落口，水漏斗处流下，并把墙面浸湿而渗漏。	
结论		造成落水管墙面渗漏的情况其原因是： 1. 铁皮水落管腐烂破坏 　　　　　（　　） 2. 水落管承插口不严密 　　　　　（　　） 3. 水漏斗与水落管连接不好 　　　（　　）	

5.2.6.2　沿水落管墙面渗漏维修

沿水落管墙面渗漏维修，见表 5-28。

沿水落管墙面渗漏维修　　　　　　　　　　表 5-28

项目类别		外墙防水	备注
项目编号		F2WQ-6A	
项目名称		沿水落管墙面渗漏检测及维修	
材料要求		1. 密封材料：应具有弹塑性、粘结性、施工性、耐候性、水密性、气密性和位移性。 2. 防水涂料：聚氨酯涂料、丙烯酸涂料、硅橡胶涂料等，其质量及性能应符合有关现行国家标准的规定，并有出厂质量合格证。 3. 防水卷材质量及性能应符合有关现行国家标准的规定，并有出厂质量合格证。 4. 纤维布：可采用聚酯纤维无纺布、玻璃纤维布、中碱玻璃纤维布（≥50g/m²），并符合有关现行国家标准的规定。 5. 钢筋、水泥、砂、石、外加剂、混凝土、砂浆等原材料的品种、规格、性能和强度等级应符合设计的要求和有关规定	

项目类别	外墙防水	备注
处理方法	如系水落口杯与防水层处理不好时,应先将水落口杯处的防水层揭开,在水落口杯四周用密封材料嵌填严密,然后再用柔性防水材料或防水涂料铺至水落口杯内 50mm。见附图 5-30 雨落口做法 如镀锌铁皮水落管已经锈蚀、腐烂,则应将其拆下,重新更换水落管。但新更换的水落管,必须与外墙皮间留出宽度不小于 20mm 的间隙,且应用管卡子与墙面固定,接头的承插长度不应小于 40mm	
质量要求	1. 选用材料应与原防水层相容,与基层应结合牢固。 2. 维修后达到不渗不漏	

5.2.7 锦砖、陶土面砖饰面层渗水检测及维修

5.2.7.1 锦砖、陶土面砖饰面层渗水检测

锦砖、陶土面砖饰面层渗水检测,见表 5-29。

锦砖、陶土面砖饰面层渗水检测　　　　　　表 5-29

项目类别		外墙防水	备注
项目编号		F2WQ-7	
项目名称		锦砖、陶土面砖饰面层渗水检测	
工作目的		搞清锦砖、陶土面砖饰面层渗水现状、产生原因、提出处理意见	
检测时间		年　　　月　　　日	
检测人员			
发生部位		有锦砖、陶土面砖裂纹或脱落的部位	
周期性		锦砖、陶土面砖饰面层渗水观测的周期应视情况而定	
工具		锤子	
检查方法		眼观目测	
注意		1. 佩戴安全帽。 2. 注意上方的掉落物。 3. 高空作业时做好安全措施。 4. 每次都应绘出锦砖、陶土面砖饰面层渗水的位置、大小尺寸,注明日期,并附上必要的照片资料	
问题特征		有锦砖、陶土面砖等饰面的外墙,饰面块材出现裂纹或脱落,雨水由这些部位渗入墙体,造成渗漏	
准备工作		观察锦砖、陶土面砖饰面层渗水的位置情况及渗漏量的大小	
检查工作程序	A1	将锦砖、陶土面砖饰面层渗水的墙体统一编号	1. 不要遗漏,保证资料的完整性真实性。 2. 每次观测应在锦砖、陶土面砖饰面层渗水的位置图上标出观察日期、渗漏情况
	A2	在检查记录中将锦砖、陶土面砖饰面层渗水的原因、位置情况及渗漏量的大小情况,详细地标在墙体的布置图上	
	A3	核对记录与现场情况的一致性	
	A4	锦砖、陶土面砖饰面层渗水点检查资料存档	

续表

项目类别	外墙防水		备注
原因分析	1. 材质问题：目前很多面砖质地酥松，吸水率高达 18%～20%（一般应不大于 8%）。贴上墙面后，由于雨水冲刷和冻融交替，引起面砖开裂、爆皮、脱落 2. 施工时勾缝不严，雨水从缝隙中进入饰面块材底部的墙面，经冻胀使块材脱落，此时墙面稍有细缝，水即沿缝渗入室内		
结论	锦砖、陶土面砖等块材出现裂纹 锦砖、陶土面砖等块材出现脱落	（　　） （　　）	

5.2.7.2 锦砖、陶土面砖饰面层渗水维修

锦砖、陶土面砖饰面层渗水维修，见表 5-30。

锦砖、陶土面砖饰面层渗水维修 表 5-30

项目类别	外墙防水	备注
项目编号	F2WQ-7A	
项目名称	锦砖、陶土面砖饰面层渗水维修	
材料要求	1. 密封材料：应具有弹塑性、粘结性、施工性、耐候性、水密性、气密性和位移性。 2. 防水涂料：聚氨酯涂料、丙烯酸涂料、硅橡胶涂料等，其质量及性能应符合有关现行国家标准的规定，并有出厂质量合格证	
处理方法	先将脱落、损坏的面砖更换、修补，遇有孔洞或裂缝处，应用水泥砂浆或密封材料嵌填修补。然后清除墙面上的浮灰、积垢、苔斑等杂物。 用"万可涂"：水＝1∶10～15 的比例拌匀，用农用喷雾器或刷子直接喷、刷在干燥的墙面上，连续重复两次，使墙面充分吸收乳液，应避免漏喷。瓷质饰面砖的喷涂重点是面砖间的缝隙，可先用毛刷沿纵、横缝普遍涂刷一遍，再按上述规定喷涂一度	
质量要求	1. 选用材料应与原防水层相容，与基层应结合牢固。 2. 维修后达到不渗不漏	

5.2.8 外墙体裂缝检测

5.2.8.1 外墙体裂缝检测及维修

外墙体裂缝检测及维修，见表 5-31。

外墙体裂缝检测及维修 表 5-31

项目类别	外墙防水	备注
项目编号	F2WQ-8	
项目名称	外墙体裂缝检测	
工作目的	搞清外墙体裂缝现状、产生原因、提出处理意见	

项目类别		外墙防水	备注
检测时间		年 月 日	
检测人员			
发生部位		用滑升模板、大模板浇筑的混凝土外墙	
周期性		外墙体裂缝观测的周期应视视裂缝变化速度及渗漏速度而定	
工具		钢尺、塞尺、卡尺或专用裂缝宽度测量仪	
检查方法		眼观目测	
注意		1. 佩戴安全帽。 2. 注意上方的掉落物。 3. 高空作业时做好安全措施。 4. 每次都应绘出外墙体裂缝的位置、大小尺寸,注明日期,并附上必要的照片资料	
问题特征		对于用滑升模板、大模板浇筑的混凝土外墙,经过1~2年后,在墙上开口部位的周围,应力比较集中,是特别容易发生裂缝的地方,当裂缝宽度超过1mm时,雨水就会在风压、毛细管作用下,由裂缝中渗入室内,造成渗漏	
准备工作		观察外墙体裂缝的位置情况及渗漏量的大小	
检查工作程序	A1	将外墙体裂缝的墙体统一编号	
	A2	在检查记录中将外墙体裂缝的原因、位置情况及渗漏量的大小情况,详细地标在墙体的布置图上	1. 不要遗漏,保证资料的完整性真实性。 2. 每次观测应在外墙体裂缝的位置图上标出观察日期、渗漏情况
	A3	核对记录与现场情况的一致性	
	A4	外墙体裂缝点检查资料存档	
原因分析		1. 收缩裂缝:是混凝土墙产生裂缝的主要原因。 2. 温度裂缝:常见的有两类,一是墙体自身温度的变化导致裂缝;二是屋盖与墙体的温度导致裂缝。 3. 地基不均匀沉降导致外墙裂缝	
结论		外墙体出现较小裂缝,裂缝小于1mm,进一步观察　　　　　　（　　） 外墙体出现较大裂缝,裂缝大于1mm,需马上维修处理　　（　　）	

5.2.8.2 外墙体裂缝维修

外墙体裂缝维修,见表5-32。

外墙体裂缝维修   表 5-32

项目类别	外墙防水	备注
项目编号	F2WQ-7	
项目名称	外墙体裂缝维修	
材料要求	1. 密封材料:应具有弹塑性、粘结性、施工性、耐候性、水密性、气密性和位移性。 2. 防水涂料:聚氨酯涂料、丙烯酸涂料、硅橡胶涂料等,其质量及性能应符合有关现行国家标准的规定,并有出厂质量合格证。 3. 防水卷材质量及性能应符合有关现行国家标准的规定,并有出厂质量合格证。 4. 纤维布:可采用聚酯纤维无纺布、玻璃纤维布、中碱玻璃纤维布($\geqslant 50g/m^2$),并符合有关现行国家标准的规定。 5. 钢筋、水泥、砂、石、外加剂、混凝土、砂浆等原材料的品种、规格、性能和强度等级应符合设计的要求和有关规定	
处理方法	混凝墙体上的裂缝,除由结构上考虑采取补救措施外,由室内防渗角度出发,应进行必要的防水处理,防止雨水沿裂缝渗入室内	
处理方法 · 环氧树脂封闭法	是一种局部修理的方法,在裂缝宽度较小时使用。处理时用低压注入器具向裂缝中注入环氧树脂,使裂缝封闭,修补后无明显的痕迹	
处理方法 · 凹槽密封法	处理时先沿裂缝位置凿开一条 U 形凹槽,深 10~15mm,宽 10mm,然后将槽中清洗干净。涂刷基层处理剂,然后用合成高分子密封材料嵌填密封,表面抹聚合物水泥砂浆。见附图 5-31 凹槽密封法	
处理方法 · 混合处理法	在裂缝部位注入环氧树脂,或用凹槽密封法处理完后,再沿处理部分(或全面)喷涂丙烯酸类防水涂膜,也可喷涂有机硅等憎水性材料	
质量要求	1. 选用材料应与原防水层相容,与基层应结合牢固。 2. 维修后达到不渗不漏。	

5.3 厨卫防水

5.3.1 穿过楼板管道渗漏检测及维修

5.3.1.1 穿过楼板管道渗漏检测

穿过楼板管道渗漏检测,见表 5-33。

穿过楼板管道渗漏检测   表 5-33

项目类别	厨卫防水	备注
项目编号	F3CW-1	
项目名称	穿过楼板管道渗漏检测	
工作目的	搞清穿过楼板管道渗漏现状、产生原因、提出处理意见	
检测时间	年　　　月　　　日	
检测人员		
发生部位	厨房,卫生间等室内,由于上下水管、暖气管、地漏等管道穿过楼板处	
周期性	应视渗漏情况而定。	
工具	钢尺、塞尺、卡尺等测量仪	
注意	1. 佩戴安全帽。 2. 对裂缝的观测,每次都应绘出孔眼的位置、大小尺寸,注明日期,并附上必要的照片资料	

项目类别		厨卫防水	备注
问题特征		在厨房,卫生间等室内,由于上下水管、暖气管、地漏等管道较多,大都要穿过楼板,由于各种管道因温度变化、振动等影响,在管道与楼板的接触面上就会产生裂缝,当厨房、卫生间清洗地面,地面积水或水管跑水,以及盥洗用水时,均会使地面上的水沿管道根部流到下层房间中,尤其是安装淋浴器的卫生间,渗漏更为严重	
准备工作	1	观察穿过楼板管道渗漏的分布情况,直径的大小、数量以及缝隙宽度	
	2	将穿过楼板管道渗漏的分布情况,直径的大小、数量以及缝隙宽度。标厨房,卫生间的平面图上	
检查工作程序	A1	穿过楼板管道渗漏处做好编号	需要观测的孔眼应进行统一编号,每条孔眼宜布设两组观测标志,其中一组应在孔眼的最宽处,另一组可在孔眼的末端
	A2	用钢卷尺测量其长度: 编号 1: $\varphi_1 =$ mm 编号 2: $\varphi_2 =$ mm	
	A3	用塞尺、卡尺或专用孔眼直径测量仪进行测量其直径和深度: 编号 1: 直径 $\varphi_1 =$ mm;裂缝深度 $H_1 =$ mm 编号 2: 直径 $\varphi_2 =$ mm;裂缝深度 $H_2 =$ mm	
	A4	将检查情况,包括将穿过楼板管道的分布情况,直径、数量以及宽度详细地标在厨房、卫生间的平面图上	
	A5	核对记录与现场情况的一致性	
	A6	穿过楼板管道渗漏检查资料存档	
原因分析		穿过楼板管道渗漏的主要原因有: 1. 厨房、卫生间的管道,一些都是土建完工后方进行安装,常因预留孔洞不合适,安装施工时随便开凿,安装完管道后,又没有用混凝土认真填补密实,形成渗水通道,地面稍一有水,就首先由这个薄弱环节渗漏 ( ) 2. 暖气立管在通过楼板处没有设置套管,当管子因冷热变化、胀缩变形时,管壁就与楼板混凝土脱开、开裂,形成渗水通道 ( ) 3. 穿过楼板的管道受到振动影响,也会使管壁与混凝土脱开,出现裂缝 ( )	
结论		根据现场判断此渗漏属:穿过楼板管道渗漏 ( )	

5.3.1.2 穿过楼板管道渗漏维修

穿过楼板管道渗漏维修,见表 5-34。

穿过楼板管道渗漏维修   表 5-34

项目类别		厨卫防水	备注
项目编号		F3CW-1A	
项目名称		穿过楼板管道渗漏维修	
维修		局部维修	
材料要求		1. 密封材料:应具有弹塑性、粘结性、施工性、耐候性、水密性、气密性和位移性。 2. 防水涂料:聚氨酯涂料、丙烯酸涂料、硅橡胶涂料等,其质量及性能应符合有关现行国家标准的规定,并有出厂质量合格证。 3. 防水卷材质量及性能应符合有关现行国家标准的规定,并有出厂质量合格证。 4. 纤维布:可采用聚酯纤维无纺布、玻璃纤维布、中碱玻璃纤维布($\geqslant 50g/m^2$),并符合有关现行国家标准的规定。 5. 钢筋、水泥、砂、石、外加剂、混凝土、砂浆等原材料的品种、规格、性能和强度等级应符合设计的要求和有关规定	

项目类别			厨卫防水	备注
施工方法	方法	适用范围	工程做法	
	嵌填法	穿过楼板管道渗漏	先在渗漏的管道根部周围混凝土楼板上,用凿子剔凿一道深20～30mm,宽10～20mm 的凹槽,清除槽内浮渣,并用水清洗干净,在潮湿条件下,用堵漏灵块料填入槽内砸实,再用砂浆抹平。也可采用其他牌子或型号的堵漏材料。见附图 5-32 穿过楼板管道嵌填法	
	涂膜堵漏法	穿过楼板管道渗漏	将渗漏的管道根部楼板面清理干净,涂刷合成高分子防水涂料,并粘贴胎体增强材料。见附图 5-33 穿过楼板管道涂膜堵漏法。	
质量要求			1. 选用材料应与原防水层相容,与基层应结合牢固。 2. 维修后达到不渗不漏	

5.3.2 厨卫墙根部渗漏检测及维修

5.3.2.1 厨卫墙根部渗漏检测

厨卫墙根部渗漏检测,见表 5-35。

厨卫墙根部渗漏检测   表 5-35

项目类别		厨卫防水	备注
项目编号		CWFS-2	
项目名称		厨卫墙根部渗漏检测	
工作目的		搞清厨卫墙根部渗漏现状、产生原因、提出处理意见	
检测时间		年　　月　　日	
检测人员			
发生部位		厨房,卫生间墙体与地面交接部处	
周期性		应视渗漏情况而定	
工具		钢尺、塞尺、卡尺等测量仪	
材料			
注意		1. 佩戴安全帽。 2. 对裂缝的观测,每次都应绘出孔眼的位置、大小尺寸,注明日期,并附上必要的照片资料	
问题特征		厨房、卫生间墙的四周与地面交接处,是防水的薄弱环节,最易在此处出现渗漏,常因上层室内的地面积水由墙根裂缝流入下层厨房、卫生间,而在下层顶板及四周墙体上出现渗漏	
准备工作	1	了解设计要求及构造做法	
	2	了解施工作法及材质情况	
检查工作程序	A1	对墙体与地面交接处裂缝做好编号	需要观测的裂缝应进行统一编号,每条裂缝宜布设两组观测标志,其中一组应在裂缝的最宽处,另一组可在裂缝的末端
	A2	用钢卷尺测量其长度: 编号1:$L_1=$　　　mm 编号2:$L_2=$　　　mm	
	A3	用塞尺、卡尺或钢尺进行测量其深度和宽度 编号1:裂缝深度 $H_1=$　　mm;裂缝宽度 $B_1=$　　mm 编号2:裂缝深度 $H_2=$　　mm;裂缝宽度 $B_2=$　　mm	

项目类别		厨卫防水	备注
检查工作程序	A4	将检查情况,墙体与地面交接处裂缝的分布情况,长度、数量以及宽度详细地标在厨房、卫生间的平面图上	
	A5	核对记录与现场情况的一致性	
	A6	厨卫墙根部渗漏检查资料存档	
原因分析		厨卫墙根部渗漏的主要原因有: 1. 一些采用空心板等梁式板做楼板结构的房间,在长期荷载作用下,楼板出现曲挠变形,使板侧与立墙交接处出现裂缝,室内积水沿裂缝流入下层室内造成渗漏 　　　　　　　　( ) 见附图5-34 厨卫墙根部渗漏 2. 地面坡度不合适,或者地漏高出地面,使室内地面上的水排不出去,致使墙根部位经常积水,在毛细管作用下,水由踢足板、墙裙上的微小裂纹中进入墙体,墙体逐渐吸水饱和,造成渗漏 　( )	
结论		根据现场判断此渗漏属:厨卫墙根部渗漏 　　　　　　( )	

5.3.2.2 厨卫墙根部渗漏维修

厨卫墙根部渗漏维修,见表5-36。

厨卫墙根部渗漏维修　　　　　　　　　　　　　　表5-36

项目类别			厨卫防水	备注
项目编号			F3CW-2A	
项目名称			厨卫墙根部渗漏维修	
维修			局部维修	
材料要求			1. 密封材料:应具有弹塑性、粘结性、施工性、耐候性、水密性、气密性和位移性。 2. 防水涂料:聚氨酯涂料、丙烯酸涂料、硅橡胶涂料等,其质量及性能应符合有关现行国家标准的规定,并有出厂质量合格证。 3. 防水卷材质量及性能应符合有关现行国家标准的规定,并有出厂质量合格证。 4. 纤维布:可采用聚酯纤维无纺布、玻璃纤维布、中碱玻璃纤维布($\geqslant 50\text{g/m}^2$),并符合有关现行国家标准的规定。 5. 钢筋、水泥、砂、石、外加剂、混凝土、砂浆等原材料的品种、规格、性能和强度等级应符合设计的要求和有关规定	
施工方法	方法	适用范围	工程做法	
	填补找坡法	用于厨房、卫生间地面坡度不对	用于厨房、卫生间地面向地漏方向倒坡或地漏边沿高出地面,积水不能沿地面流入地漏。处理时最好将原地面拆除,并找好坡度重新铺抹。如倒坡轻微,地漏高出地面的高度也较小时,可在原有地面上找好坡度,加铺砂浆和铺贴地面材料,使地面水能流入地漏中。见附图5-35 填补找坡法	
	嵌填法	穿过楼板管道渗漏	沿渗水部位的楼板和墙面交接处,用凿子凿出一条截面为倒梯形或矩形的沟槽,深20mm左右,宽10~20mm,清除槽内浮渣,并用水清洗干净后,将堵漏灵块料砸入槽内,再用浆料抹平。见附图5-36嵌填法	
	贴角法	墙根裂缝渗漏	如墙根裂缝较小,渗水不严重时,可采用贴缝法进行处理。具体维修是在裂缝部位涂刷防水涂料,并加贴胎体增强材料将缝隙密封。见附图5-37贴角法	
质量要求			1. 选用材料应与原防水层相容,与基层应结合牢固。 2. 维修后达到不渗不漏	

5.3.3 厨卫楼地面渗漏检测及维修

5.3.3.1 厨卫楼地面渗漏检测

厨卫楼地面渗漏检测，见表 5-37。

项目类别	厨卫防水		备注
项目编号	F3CW-3		
项目名称	厨卫楼地面渗漏检测		
工作目的	搞清厨卫楼地面渗漏现状、产生原因、提出处理意见		
检测时间	年 月 日		
检测人员			
发生部位	厨房,卫生间地面处		
周期性	应视渗漏情况而定		
工具	钢尺、塞尺、卡尺等测量仪		
注意	1. 佩戴安全帽。 2. 对裂缝的观测,每次都应绘出孔眼的位置、大小尺寸,注明日期,并附上必要的照片资料		
问题特征	在厨房、卫生间清洗楼板或楼板上有积水时,水渗到楼板下面,对下层房间造成渗漏。尤其是在安装有淋浴设备的卫生间,因地面水较多,积水沿楼板面上的缝隙渗入下层室内,造成渗漏		
准备工作	1	观察厨卫楼地面渗漏的位置及面积	
	2	将厨卫楼地面渗漏的位置及面积标厨房,卫生间的平面图上	
检查工作程序	A1	厨卫楼地面渗漏处做好编号	需要观测的块面积应进行统一编号,每块面积宜布设两组观测标志,其中一组应在该块的最宽处,另一组可在该块的末端
	A2	用钢卷尺测量其长度及面积: 编号1: $L_1=$ mm 面积 $A_1=$ mm^2 编号2: $L_2=$ mm 面积 $A_2=$ mm^2	
	A3	将检查情况,包括厨卫楼地面渗漏的位置及面积详细地标在厨房、卫生间的平面图上	
	A4	核对记录与现场情况的一致性	
	A5	厨卫楼地面渗漏检查资料存档	
原因分析	厨卫楼地面渗漏的主要原因有: 1. 混凝土、砂浆面层施工质量不好,内部不密实,有微孔,成为渗水通道,水在自重压力下顺这些通道渗入楼板,造成渗漏 ( ) 2. 楼板板面裂纹,如现浇混凝土出现干缩;预制空心板在长期荷载作用下发生曲挠变形,在两块板拼缝处出现裂纹 ( ) 3. 预制空心楼板板缝混凝土浇灌不认真,嵌填振捣不密实、不饱满、强度过低以及混凝土中有砖块、木片等杂物 ( ) 4. 卫生间楼地面未做防水层,或防水层质量不好,局部损坏 ( )		
结论	根据现场判断此渗漏属:厨卫楼地面渗漏		

5.3.3.2 厨卫楼地面渗漏维修

厨卫楼地面渗漏维修，见表5-38。

厨卫楼地面渗漏维修 表5-38

项目类别	厨卫防水			备注
项目编号	F3CW-3A			
项目名称	厨卫楼地面渗漏维修			
维修	局部维修			
材料要求	1. 密封材料：应具有弹塑性、粘结性、施工性、耐候性、水密性、气密性和位移性。 2. 防水涂料：聚氨酯涂料、丙烯酸涂料、硅橡胶涂料等，其质量及性能应符合有关现行国家标准的规定，并有出厂质量合格证。 3. 防水卷材质量及性能应符合有关现行国家标准的规定，并有出厂质量合格证。 4. 纤维布：可采用聚酯纤维无纺布、玻璃纤维布、中碱玻璃纤维布（$\geqslant 50g/m^2$），并符合有关现行国家标准的规定。 5. 钢筋、水泥、砂、石、外加剂、混凝土、砂浆等原材料的品种、规格、性能和强度等级应符合设计的要求和有关规定			
施工方法	方法	适用范围	工程做法	
	填缝处理法	用于厨房、卫生间楼板面上有显著的裂缝	对于楼板面上有显著的裂缝时，宜用填缝处理法。处理时先沿裂缝位置进行扩缝，凿出15mm×15mm的凹槽，清除浮渣，用水冲洗干净，刮填防水材料或其他无机盐类防水堵漏材。见附图5-38填缝处理法	
	拆除重做法	厨卫楼大面积地面渗漏	厨房、卫生间大面积地面渗漏，可先拆除地面的面砖，暴露漏水部位，然后重新涂刷防水涂料，通常都要加铺胎体增强材料进行修补，防水层全部作完经试水不渗漏后，再在上面铺贴地面饰面材料	
	表面处理法	厨卫楼地面渗漏	表面处理：厨房、卫生间渗漏，亦可不拆除贴面材料，直接在其表面刮涂透明或彩色聚氨酯防水涂料，进行表面处理	
质量要求	1. 选用材料应与原防水层相容，与基层应结合牢固。 2. 维修后达到不渗不漏			

5.3.4 卫生洁具渗漏检测及维修

5.3.4.1 卫生洁具渗漏检测

卫生洁具渗漏检测，见表5-39。

卫生洁具渗漏检测 表5-39

项目类别	厨卫防水	备注
项目编号	F3CW-4	
项目名称	卫生洁具渗漏检测	
工作目的	搞清卫生洁具渗漏现状、产生原因、提出处理意见	
检测时间	年　　月　　日	
检测人员		
发生部位	厨房，卫生间地面处	
周期性	应视渗漏情况而定	
工具	钢尺、塞尺、卡尺等测量仪	

项目类别		厨卫防水	备注
注意		1. 佩戴安全帽。 2. 对裂缝的观测,每次都应绘出孔眼的位置、大小尺寸,注明日期,并附上必要的照片资料	
问题特征		在卫生间中使用的一些卫生洁具及反水弯等管道,由于材料质量低劣或安装操作马虎,在卫生洁具或反水弯下部出现污水渗漏,影响正常使用	
准备工作	1	观察卫生洁具渗漏的位置及面积	
	2	将卫生洁具渗漏的位置及面积标厨房,卫生间的平面图上	
检查工作程序	A1	卫生洁具渗漏处做好编号。 需要观测的块面积应进行统一编号,每块面积宜布设两组观测标志,其中一组应在该块的最宽处,另一组可在该块的末端	
	A2	用钢卷尺测量卫生洁具渗漏处的长度及面积: 编号1: $L_1=$　　　mm　面积 $A_1=$　　　mm^2 编号2: $L_2=$　　　mm　面积 $A_2=$　　　mm^2	
	A3	将检查情况,包括卫生洁具渗漏的位置及面积详细地标在厨房、卫生间的平面图上	
	A4	核对记录与现场情况的一致性	
	A5	卫生洁具渗漏检查资料存档	
原因分析		卫生洁具渗漏的主要原因有: 1. 铸铁管、陶土管、卫生洁具等有砂眼、裂纹　　　　　　　　　　　　　　　( )	
		2. 管道安装前,接头部分未清除灰尘、杂物,影响粘结　　　　　　　　　( )	
		3. 下水管道接头打口不严密　　　　　　　　　　　　　　　　　　　　　( )	
		4. 大便器与冲洗管、存水弯、排水管接口安装时未填塞油麻丝,缝口灰嵌填不密实,不养护,使接口有缝隙,成为渗水通道　　　　　　　　　　　　( )	
		5. 横管接口下部环状间隙过小;公共卫生间横管部分太长,均容易发生滴漏　( )	
		6. 大便器与冲洗管用胶皮碗绑扎连接时,未用铜丝而用铁丝绑扎,年久铁丝锈蚀断开,污水沿皮碗接口处流出,造成渗漏　　　　　　　　　　　　　( )	
结论		根据现场判断此渗漏属:卫生洁具渗漏　　　　　　　　　　　　　　　　( )	

5.3.4.2 卫生洁具渗漏维修

卫生洁具渗漏维修,见表5-40。

卫生洁具渗漏维修　　　　　　　　　　　　　　　　表 5-40

项目类别			厨卫防水	备注
项目编号			F3CW-4A	
项目名称			卫生洁具渗漏维修	
维修			局部维修	
材料要求			1. 密封材料:应具有弹塑性、粘结性、施工性、耐候性、水密性、气密性和位移性。 2. 管件、管材、金属材料及洁具的质量及性能应符合有关现行国家标准的规定,并有出厂质量合格证	
施工方法	方法	适用范围	工程做法	
	重新更换法	纯属管材与卫生洁具本身的质量问题	如纯属管材与卫生洁具本身的质量问题,如本身的裂纹、砂眼等,最好是拆除,重新更换质量合格的材料	
	接头封闭法	非承压的下水管道	对于非承压的下水管道,如因接口质量不好而渗漏时,可沿缝口凿出深10mm的缝口,然后将自粘性密封胶等防水密封材料嵌填入接头缝隙中,进行密封处理。见附图5-39非承压下水管道接头封闭法	
	大便器的皮碗更换加固法	大便器的皮碗	如属大便器皮碗接头绑扎铁丝锈断或皮碗老化开裂,可将其凿开后,重新更换皮碗并用14号铜丝绑扎两道,试水无渗漏后,再行填料封闭。见附图5-40皮碗更换加固法	

续表

项目类别	厨卫防水	备注
质量要求	1. 选用材料应与原防水层相容，与基层应结合牢固。 2. 维修后达到不渗不漏	
资料要求	记录维修选用材料、工程做法，并会同质量验收记录存档	

6. 装 修 工 程

6.1 墙面工程

6.1.1 清水墙灰缝损坏检测与维修

6.1.1.1 清水墙灰缝损坏检测

清水墙灰缝损坏检测，见表 6-1。

清水墙灰缝损坏检测 表 6-1

项目类别		墙面工程	备注
项目编号		Z1QM-1	
项目名称		清水墙灰缝损坏检测	
工作目的		搞清清水墙灰缝损坏现状、产生原因，提出处理意见	
检测时间		年　　　月　　　日	
检测人员			
发生部位		清水墙灰缝损坏处	
周期性		4 个月/次，季节性专项检查 2 个月/次	
工具		钢尺、塞尺等测量仪	
注意		1. 佩戴安全帽。 2. 注意上方的掉落物。 3. 高空作业时做好安全措施。 4. 对清水墙灰缝损坏的观测，每次都应测绘出灰缝损坏的位置、大小尺寸，注明日期，并附上必要的照片资料	
受损特征		墙面灰缝损坏	
准备 工作	1	观察墙面灰缝损坏的分布情况，墙面灰缝损坏的大小、数量以及深度	
	2	将墙面灰缝损坏的分布情况，墙面灰缝损坏的大小、数量以及深度详细地标在清水墙的立面图或砖柱展开图上	
检查 工作 程序	A1	将墙面灰缝损坏处并做好编号	
	A2	用钢卷尺测量其长度： 编号 1：$L_1 =$ 　　　mm 编号 2：$L_2 =$ 　　　mm	
	A3	用钢卷尺测量墙面灰缝损坏的宽度，用塞尺测量墙面灰缝损坏的深度： 编号 1：宽度 $B_1 =$ 　　　mm；深度 $H_1 =$ 　　　mm 编号 2：宽度 $B_2 =$ 　　　mm；深度 $H_2 =$ 　　　mm	
	A4	根据需要在检查记录中绘制清水墙的立面图、平面图或柱展开图。将检查情况，包括将墙面灰缝损坏的分布情况，墙面灰缝损坏的大小、数量以及深度详细地标在清水墙的立面图或砖柱展开图上	不要遗漏，保证资料的完整性真实性
	A5	核对记录与现场情况的一致性	
	A6	墙面灰缝损坏检查资料存档	

续表

项目类别	墙面工程		备注
原因 分析	1. 清水墙受到酸、碱腐蚀	（　　）	
	2. 清水墙长期受到空气中腐蚀物质的腐蚀	（　　）	
	3. 受到外力的作用造成墙面受损	（　　）	
结论	由于清水墙受到下列因素的影响： 1. 清水墙受到酸、碱腐蚀 2. 清水墙长期受到空气中腐蚀物质的腐蚀 3. 受到外力的作用造成墙面受损 造成水泥砂浆勾缝的损坏,损坏后将会造成外界有害物质进入墙体内,进一步 造成对墙体损坏,需要马上对其进行修理	（　　） （　　） （　　）	

6.1.1.2　清水墙灰缝损坏维修

清水墙灰缝损坏维修，见表 6-2。

清水墙灰缝损坏维修　　　　　　　　　　　　　　　　　　表 6-2

项目类别		墙面工程	备注
项目编号		Z1QM-1	
项目名称		清水墙灰缝损坏维修	
维修		将原损坏的灰缝拆除,重新勾缝	
材料 要求	基本 要求	清水砖墙面修复所用材料应符合设计要求	
	水泥	勾缝所用水泥的凝结时间和安定性复验应合格。水泥采用硅酸盐水泥、普通硅酸盐水泥或矿渣硅酸盐水泥等,其强度等级不低于 42.5,应有出厂合格证及复试报告。不同品种、不同强度等级的水泥严禁混用	
	砂	砂应采用粗砂或中粗砂,含泥量不应大于 3%	
	水	水中不得含有影响水泥正常凝结硬化的糖类、油类及有机物等有害物质,硫酸盐及硫化物较多的水不能使用,pH 值不得小于 4。一般自来水和饮用水均可使用	
施工 要点	步骤	工程做法	
	1	剔除、清理损坏的灰缝	
	2	浇水湿润,为了防止砂浆早期脱水,在勾缝前一天应将砖墙浇水润湿,勾缝时适量浇水,但不宜太湿	
	3	按原灰缝的形式、材料、颜色勾缝牢固、严实、规整,清扫干净,与原墙的灰缝基本一致。 勾缝不仅是感观上需要,对砖砌体的耐久性、防水性都会起到一定作用。勾缝要做到牢固、整齐、洁净	
质量 要求		1. 清水砖墙面修补应粘结牢固,拆砌、补砌、掏砌的砌体新、旧接槎处灰浆应密实,组砌正确。 2. 清水砖墙勾缝材料与基层粘结牢固,应不松动、无断裂、无漏嵌。 3. 清水砖墙面表面应洁净,修补处接缝严实,与原饰面色泽、式样一致。 4. 清水砖墙面勾缝应横平竖直,宽度、深度应均匀,与原饰面色泽协调、式样一致	
资料 要求		记录维修选用材料、工程做法,并会同质量验收记录存档	

6.1.2　抹灰层损坏检测与维修

6.1.2.1　抹灰层损坏检测

抹灰层损坏检测，见表 6-3。

抹灰层损坏检测   表 6-3

项目类别		墙面工程	备注
项目编号		Z1QM-2	
项目名称		抹灰层损坏检测	
工作目的		搞清抹灰层损坏现状、产生原因,提出处理意见	
检测时间		年　　月　　日	
检测人员			
发生部位		抹灰层损坏处	
周期性		4个月/次,季节性专项检查2个月/次,或随时发现随时检测	
工具		钢尺、塞尺等测量仪及小槌、凿子等工具	
注意		1. 佩戴安全帽。 2. 对抹灰层损坏的观测,每次都应测绘出抹灰层损坏的位置、大小尺寸,注明日期,并附上必要的照片资料	
受损特征		抹灰层损坏	
准备工作	1	观察抹灰层损坏的分布情况,抹灰层损坏的大小、数量以及深度	
	2	将抹灰层损坏的分布情况,抹灰层损坏的大小、数量以及深度详细地标在抹灰层的立面图或砖柱展开图上	
检查工作程序	A1	将抹灰层损坏处并做好编号	
	A2	用钢卷尺测量其长度: 编号1: $L_1=$　　　mm 编号2: $L_2=$　　　mm	
	A3	用钢卷尺测量抹灰层损坏的宽度,用塞尺测量抹灰层损坏的深度: 编号1: 宽度 $B_1=$　　　mm;深度 $H_1=$　　　mm 编号2: 宽度 $B_1=$　　　mm;深度 $H_2=$　　　mm	
	A4	根据需要在检查记录中绘制抹灰层的立面图、平面图或柱展开图。将检查情况,包括将抹灰层损坏的分布情况,抹灰层损坏的大小、数量以及深度详细地标在抹灰层的立面图或砖柱展开图上	不要遗漏,保证资料的完整性真实性
	A5	核对记录与现场情况的一致性	
	A6	抹灰层损坏检查资料存档	
原因分析		1. 抹灰层受到酸、碱腐蚀　　　　　　　　　　　　　　　( ) 2. 抹灰层长期受到空气中腐蚀物质的腐蚀　　　　　　( ) 3. 受到外力的作用造成墙面受损　　　　　　　　　　( )	
结论		由于抹灰层受到下列因素的影响: 1. 抹灰层受到酸、碱腐蚀　　　　　　　　　　　　　　( ) 2. 抹灰层长期受到空气中腐蚀物质的腐蚀　　　　　　( ) 3. 受到外力的作用造成墙面受损　　　　　　　　　　( ) 造成抹灰层的损坏,损坏后将会造成外界有害物质进入墙体内,进一步造成对墙体损坏,需要马上对其进行修理	

6.1.2.2 抹灰层损坏维修

抹灰层损坏维修，见表6-4。

抹灰层损坏维修
表 6-4

项目类别		墙面工程	备注
项目编号		Z1QM-2A	
项目名称		抹灰层损坏维修	
维修		将原损坏的抹灰层拆除重做	
材料要求	基本要求	抹灰所用材料的品种和性能应符合设计要求。 砂浆的配合比应符合设计要求	
	水泥	水泥的凝结时间和安定性复验应合格。 水泥采用硅酸盐水泥、普通硅酸盐水泥或矿渣硅酸盐水泥等，其强度等级不低于42.5，应有出厂合格证及复试报告。不同品种、不同强度等级的水泥严禁混用	
	砂	砂应采用粗砂或中粗砂，含泥量不应大于3%	
	水	水中不得含有影响水泥正常凝结硬化的糖类、油类或有机物等有害物质，硫酸盐及硫化物较多的水不能使用，pH值不得小于4。一般自来水和饮用水均可使用	
工程做法	步骤	工程做法	
	1. 拆除原抹灰层	抹灰层损坏，应剔凿、斩剁（或锯）成规则形状。抹灰面层和底层，应剔凿成阶梯形倒坡槎	
	2. 基层处理	1. 基层、底层灰及接槎处的灰浆、青苔等。必须清刷干净，基层和底层灰表面光滑的，应凿毛处理。 2. 抹灰前基层表面的尘土、污垢、油渍等应清除干净，并应洒水润湿。修补抹灰前，应根据底层情况浇水湿润。补抹时，应涂刷界面剂	
	3. 抹灰	1. 抹灰工程应分层进行。当抹灰总厚度大于或等于35mm时，每层补抹灰的厚度，均应控制在10mm以内并处理好接槎。底层灰应略低于原有面层，并划出纹理或扫毛，防止开裂的加强措施，当采用加强网时，加强网与各基体的搭接宽度不应小于100mm。 2. 后续抹灰的时间间隔，水泥砂浆、水泥混合砂浆，应待前层初凝后，再抹次层或面层；石灰砂浆，应待前层灰达到7~8成干时，再抹次层或面层，各抹灰层之间应粘结牢固，新旧接槎平整密实，抹灰层应无脱层、空鼓，面层应无爆灰和裂缝。 3. 外墙抹灰修补时，对窗台、窗楣、雨篷、阳台、压顶和突出腰线等有排水要求的部位应做流水坡度和滴水线（槽）。滴水线（槽）应整齐顺直，滴水线应内高外低，滴水槽的宽度和深度均不应小于10mm。外墙抹灰不得渗漏。 4. 按原抹灰层的形式、材料、颜色勾补牢固、严实、规整，清扫干净，与原墙的抹灰层基本一致	
施工要点		抹灰工程的表面质量应符合下列规定： (1)普通抹灰表面应光滑、洁净，修补接缝严密平整，与原饰面色泽、式样基本一致。 (2)高级抹灰表面应光滑、洁净、颜色均匀、无抹纹，分格缝和灰线应清晰美观。 (3)护角、孔洞、槽、盒周围的抹灰层修补表面应整齐、光滑，管道后面的补抹灰表面应平整。 (4)水泥砂浆不得抹在石灰砂浆层上；罩面石膏灰不得抹在水泥砂浆层上。 (5)分格条（缝）的设置应与原装饰式样一致，宽度和深度应均匀，线条横平竖直，表面应光滑，棱角应整齐。 (6)拆砌、新砌的墙面抹灰不咬口，裂缝处不空鼓	

续表

项目类别			墙面工程		
质量要求	室内抹灰质量要求		抹灰质量关键是粘结牢固,无开裂。空鼓和脱落,主要要求如下:		
		1	抹灰基体表面应彻底清理干净,对表面光滑的基体应进行毛化处理		
		2	抹灰前应将基体充分浇水使其均匀润透,防止基体浇水不造成抹灰砂浆中的水分很快被吸收,造成质量问题		
		3	严格控制每层抹灰厚度,防止一次抹灰过厚,造成干缩率增大,造成空鼓、开裂等质量问题		
		4	抹灰砂浆中使用材料应充分水化,防止影响粘结力		
	室外抹灰质量要求	1	注意防止出现空鼓、开裂、脱落: (1)基体表面要认真清理干净,浇水湿润。 (2)基体表面光滑的要进行毛化处理。 (3)准确控制各抹灰层的厚度,防止一次抹灰过厚。 (4)大面积抹灰应分格,防止砂浆收缩,造成开裂。 (5)加强养护。		
		2	注意防止阳台、雨罩、窗台等抹灰面水平和垂直方向出现不一致: (1)抹灰前拉通线,调垂直线检查调整,确定抹灰厚度。 (2)抹灰时在阳台、雨罩、窗台、柱垛等处水平和垂直方向拉通线找平,找正套方		
		3	注意防止抹灰面不平整,阴阳角不方正、不垂直: (1)抹灰前应认真对整个抹灰部位进行测量,确定抹灰总厚度,对坑洼不平的应分层找平。 (2)抹阴阳角时要冲筋,并使用工具操作以控制其方正		
	抹灰工程的允许偏差				
	项次	检验项目	允许偏差项(mm)		检验方法
			普通抹灰	高级抹灰	
	1	立面垂直度	3	4	用2m垂直检测尺检查
	2	表面平整度	4	3	用2m靠尺和塞尺检查
	3	阴阳角方正	4	3	用直角检测尺检查
	4	分格条(缝)直线度	4	3	拉5m线,不足5m拉通线,用钢直尺检查
	5	墙裙、勒脚上口直线度	4	3	
资料要求	记录维修选用材料、工程做法,并会同质量验收记录存档				

6.1.3 饰面砖墙面损坏检测与维修

6.1.3.1 饰面砖墙面损坏检测

饰面砖墙面损坏检测,见表6-5。

饰面砖墙面损坏检测 表6-5

项目类别	墙面工程	备注
项目编号	Z1QM-3	
项目名称	饰面砖墙面损坏检测	
工作目的	搞清饰面砖墙面损坏现状、产生原因、提出处理意见	
检测时间	年 月 日	
检测人员		
发生部位	饰面砖墙面损坏处	

项目类别		墙面工程	备注
周期性		4个月/次,季节性专项检查2个月/次	
工具		钢尺、塞尺等测量仪	
注意		1. 佩戴安全帽。 2. 注意上方的掉落物。 3. 高空作业时做好安全措施。 4. 对饰面砖墙面损坏的观测,每次都应测绘出饰面砖损坏的位置、大小尺寸,注明日期,并附上必要的照片资料	
受损特征		墙面饰面砖损坏	
准备工作	1	观察墙面饰面砖损坏的分布情况,墙面饰面砖损坏的大小、数量以及深度	
	2	将墙面饰面砖损坏的分布情况,墙面饰面砖损坏的大小、数量以及深度详细地标在清水墙的立面图或砖柱展开图上	
检查工作程序	A1	将墙面饰面砖损坏处并做好编号	
	A2	用钢卷尺测量其长度: 编号1: $L_1=$　　mm 编号2: $L_2=$　　mm	
	A3	用钢卷尺测量墙面饰面砖损坏的宽度,用塞尺测量墙面饰面砖损坏的深度: 编号1: 宽度 $B_1=$　　mm;深度 $H_1=$　　mm 编号2: 宽度 $B_2=$　　mm;深度 $H_2=$　　mm	
	A4	根据需要在检查记录中绘制清水墙的立面图、平面图或柱展开图。将检查情况,包括将墙面饰面砖损坏的分布情况,墙面饰面砖损坏的大小、数量以及深度详细地标在清水墙的立面图或砖柱展开图上	不要遗漏,保证资料的完整性真实性
	A5	核对记录与现场情况的一致性	
	A6	墙面饰面砖损坏检查资料存档	
原因分析		1. 墙面饰面砖受到酸、碱腐蚀　　　　　　　　　　(　　) 2. 墙面饰面砖长期受到空气中腐蚀物质的腐蚀　(　　) 3. 受到外力的作用造成墙面受损　　　　　　　　(　　)	
结论		由于墙面饰面砖受到下列因素的影响: 1. 墙面饰面砖受到酸、碱腐蚀　　　　　　　　　　(　　) 2. 墙面饰面砖长期受到空气中腐蚀物质的腐蚀　(　　) 3. 受到外力的作用造成墙面受损　　　　　　　　(　　) 造成墙面饰面砖的损坏,损坏后将会造成外界有害物质进入墙体内,进一步造成对墙体损坏,需要马上对其进行修理	

6.1.3.2 饰面砖墙面损坏维修

饰面砖墙面损坏维修,见表6-6。

饰面砖墙面损坏维修　　　　　　　　　　　　　　　　表6-6

项目类别	墙面工程	备注
项目编号	Z1QM-3A	
项目名称	饰面砖墙面损坏维修	
维修	将原损坏的饰面砖拆除,重新粘贴墙面	

项目类别		墙面工程	备注
材料要求	基本要求	饰面砖粘贴工程的找平、防水、粘结和勾缝材料应符合设计要求	
	饰面砖	饰面砖表面平滑；具有规矩的几何尺寸，圆边或平边平直；不得缺角少楞；白色釉面砖白度不得低于 78 度，素色彩砖色泽要一致；图案砖、印花砖应预先拼图以确保图案完整、线条流畅、衔接自然。 饰面砖的品种、规格、图案、颜色和性能应符合设计要求	
	水泥	所用水泥的凝结时间和安定性复验应合格。水泥采用硅酸盐水泥、普通硅酸盐水泥或矿渣硅酸盐水泥等，其强度等级不低于 42.5，应有出厂合格证及复试报告。不同品种、不同强度等级的水泥严禁混用	
	砂	砂应采用粗砂或中粗砂，含泥量不应大于 3%	
	水	水中不得含有影响水泥正常凝结硬化的糖类、油类及有机物等有害物质，硫酸盐及硫化物较多的水不能使用，pH 值不得小于 4。一般自来水和饮用水均可使用	
构造做法		常用饰面砖粘贴墙面的构造做法见附图 6-1 墙面砖构造做法。 另有如下构造做法： 1.20mm 厚 1:3 水泥砂浆打底找平，15mm 厚 1:2 建筑胶水泥砂浆结合层粘结。 2.用 1:1 水泥砂浆加水重 20% 的界面剂或专用瓷砖胶在砖背面抹 3~4mm 厚粘贴即可。但此种做法其基层必须抹得平整，砂子必须用窗纱筛后使用。 3.用胶粉粘贴面砖，其厚度 2~3mm，此种做法要求其基层必须更平整。 4.用预拌砂浆粘贴面层，粘接厚度为 4mm	
施工要点	步骤	工程做法	
	1. 基层处理	将墙面清扫干净，剔平墙面凸出物，刷界面剂或用掺界面剂的水泥细砂做小拉毛墙，并浇水湿润基层	
	2. 水泥砂浆打底	用 10mm 厚 1:3 水泥砂浆打底，并用木抹子搓毛	
	3. 排砖	根据墙面尺寸排砖放样，以得证面砖缝隙均匀	
	4. 做灰饼	做灰饼以控制瓷砖的表面平整度	
	5. 选砖、浸泡	挑选颜色、规格一致的砖进行浸泡，浸泡时，将面砖清扫干净，放入净水中浸泡 2h 以上，取出待表面晾干后方可使用	
	6. 粘贴面砖	面砖宜采用专用瓷砖胶铺贴，一般自下而上铺贴，整间或独立部位宜一次完成。粘贴墙砖时，应在基层和砖背面都涂批胶粘剂，厚度 5mm 左右；然后将砂浆抹在砖背面上，排放在铺装位置，轻轻压揉。要求砂浆饱满，并随时检查平整度，并保证缝隙宽度一致	
	7. 勾缝	贴完经检查无空鼓、不平、不直情况后，用棉丝擦干净，用勾缝胶或白水泥擦缝	
质量要求		1. 修补或新贴的饰面砖粘贴应牢固。 2. 满粘法施工的饰面砖工程应无空鼓、裂缝。 3. 修补或新贴的砖饰面表面应平整、洁净、色泽一致，无裂痕和缺损。 4. 阴阳角处搭接方式、非整砖使用部位应符合设计要求。 5. 墙面突出物周围的饰面砖应整砖套割吻合，边缘应整齐。墙裙、贴脸突出墙面的厚度应一致。 6. 饰面砖接缝应平直、光滑，填嵌应连续、密实；宽度和深度应符合设计要求并与原饰面砖顺平。 7. 有排水要求的部位应做滴水线(槽)。滴水线(槽)应顺直，流水坡向应正确，坡度应符合设计要求	

续表

项目类别	墙面工程				备注
	饰面砖粘贴工程的允许偏差				
质量要求	项次	检验项目	允许偏差(mm)		检验方法
			外墙面砖	内墙面砖	
	1	立面垂直度	3	2	用2m垂直检测尺检查
	2	表面平整度	4	3	用2m靠尺和塞尺检查
	3	阴阳角方正	3	3	用直角检测尺检查
	4	接缝直线度	3	2	拉5m线,不足5m拉通线,用钢直尺检查
	5	接缝高低差	1	0.5	用钢直尺和塞尺检查
	6	接缝宽度	1	1	用钢直尺检查
资料要求	记录维修选用材料、工程做法,并会同质量验收记录存档				

6.1.4 石材饰面板墙面损坏检测与维修

6.1.4.1 石材饰面板墙面损坏检测

石材饰面板墙面损坏检测,见表6-7。

石材饰面板墙面损坏检测 表6-7

项目类别		墙面工程	备注
项目编号		Z1QM-4	
项目名称		石材饰面板墙面损坏检测	
工作目的		搞清石材饰面板墙面损坏现状、产生原因并提出处理意见	
检测时间		年　　月　　日	
检测人员			
发生部位		石材饰面板墙面损坏处	
周期性		4个月/次,季节性专项检查2个月/次	
工具		钢尺、塞尺等测量仪	
注意		1. 佩戴安全帽。 2. 注意上方的掉落物。 3. 高空作业时做好安全措施。 4. 对石材饰面板墙面损坏的观测,每次都应测绘出石材饰面板损坏的位置、大小尺寸,注明日期,并附上必要的照片资料	
受损特征		墙面石材饰面板损坏	
准备工作	1	观察墙面石材饰面板损坏的分布情况,墙面石材饰面板损坏的大小、数量以及深度	
	2	将墙面石材饰面板损坏的分布情况,墙面石材饰面板损坏的大小、数量以及深度详细地标在清水墙的立面图或砖柱展开图上	
检查工作程序	A1	将墙面石材饰面板损坏处记录并做好编号	
	A2	用钢卷尺测量其长度: 编号1: $L_1=$　　　mm 编号2: $L_2=$　　　mm	

续表

项目类别		墙面工程	备注
检查工作程序	A3	用钢卷尺测量墙面石材饰面板损坏的宽度,用塞尺测量墙面石材饰面板损坏的深度: 编号1: 宽度 $B_1=$ mm;深度 $H_1=$ mm 编号2: 宽度 $B_2=$ mm;深度 $H_2=$ mm	
	A4	根据需要在检查记录中绘制墙的立面图、平面图或柱展开图。将检查情况,包括墙面石材饰面板损坏的分布情况,墙面石材饰面板损坏的大小、数量以及深度详细地标在清水墙的立面图或砖柱展开图上	不要遗漏,保证资料的完整性真实性
	A5	核对记录与现场情况的一致性	
	A6	墙面石材饰面板损坏检查资料存档	
原因分析		1. 墙面石材饰面板受到酸、碱腐蚀　　　　　　　　( ) 2. 墙面石材饰面板长期受到空气中腐蚀物质的腐蚀　( ) 3. 受到外力的作用造成墙面受损　　　　　　　　( )	
结论		由于墙面石材饰面板受到下列因素的影响: 1. 墙面石材饰面板受到酸、碱腐蚀　　　　　　　　( ) 2. 墙面石材饰面板长期受到空气中腐蚀物质的腐蚀　( ) 3. 受到外力的作用造成墙面受损　　　　　　　　( ) 造成墙面石材饰面板的损坏,损坏后将会造成外界有害物质进入墙体内,进一步造成对墙体损坏,需要马上对其进行修理	

6.1.4.2 石材饰面板墙面损坏维修

石材饰面板墙面损坏维修,见表6-8。

石材饰面板墙面损坏维修　　　　　　　　　　表 6-8

项目类别		墙面工程	备注
项目编号		Z1QM-4A	
项目名称		石材饰面板墙面损坏维修	
维修方法		将原损坏的石材饰面板拆除,重新粘贴墙面。	
材料要求	基本要求	石材饰面板及其粘贴、嵌缝材料的品种、规格、等级、颜色、性能等应符合设计要求	
	石材饰面板	花岗岩等天然石材应符合现行《建筑材料放射性核素限量》GB 6566和《民用建筑工程室内环境污染控制规范》GB 50325 中有害物质的限量规定	
	水泥	勾缝所用水泥的凝结时间和安定性复验应合格。水泥采用硅酸盐水泥、普通硅酸盐水泥或矿渣硅酸盐水泥等,其强度等级不低于42.5,应有出厂合格证及复试报告。不同品种、不同强度等级的水泥严禁混用	
	砂	砂应采用粗砂或中粗砂,含泥量不应大于3%	
	水	水中不得含有影响水泥正常凝结硬化的糖类、油类及有机物等有害物质,硫酸盐及硫化物较多的水不能使用,pH值不得小于4。一般自来水和饮用水均可使用	
构造做法		1. 湿贴石材构造见附图 6-2 湿贴石材构造图(a)、(b)	
		2. 胶粘石材构造见附图 6-3 胶粘石材构造图	

项目类别			墙面工程	备注
	方法		工程做法	
施工要点	粘贴法		适用于薄型小规格块材(厚度 10mm 以下),边长小于 40mm	
		1. 基层处理	将墙面清扫干净,剔平墙面凸出物,刷界面剂或用掺界面剂的水泥细砂做小拉毛墙,并浇水湿润基层	
		2. 水泥砂浆打底	用 10mm 厚 1:3 水泥砂浆打底,并用木抹子搓毛	
		3. 石材表面处理	石材表面充分干燥情况下,涂刷石材防护剂对石材进行六面体防护处理,间隔 48h 后对石材粘结面用专用胶泥进行拉毛处理,拉毛胶泥凝固硬化后方可使用	
		4. 排板	底子灰凝固后,根据石材放置位置的需要,分块弹线,确定高度控制线	
		5. 粘贴	将已湿润的块材抹上厚度 2~3mm 的素水泥浆,内掺水的重量的 20%的界面剂进行镶贴,用木槌敲实,并靠尺找平找直	
		6. 嵌缝	石板粘贴完后清除余浆痕迹,用麻布擦干净,并按石板颜色调制色浆嵌缝,边嵌边擦干净,使缝隙密实、均匀、干净、颜色一致	
	灌浆法		适用于边长大于 400mm 的大规格块材,镶贴高度超过 1m 的情况	
		1. 钻孔、剔槽	安装前,按照设计要求在石板上打孔、剔槽,以备埋卧铜丝用,见附图 6-4 石材钻孔示意图	
		2. 穿铜丝或镀锌铅丝	把备好的铜丝或镀锌铅丝剪成 200mm 左右长,一端用木楔粘环氧树脂将铜丝或镀锌铅丝进孔内固定牢固,另一端将铜丝或镀锌铅丝顺孔内槽弯曲并卧入槽内,使石板上、下端面没有铜丝或镀锌铅丝突出,以便和相邻石板接缝严密	
		3. 绑扎钢筋	剔出墙上的预埋筋,并清理干净墙面,绑一道竖向 $\phi6$ 钢筋,再绑绑扎石材用的横向钢筋	
		4. 弹线	首先将要贴石材的墙面用线坠从上到下找出垂直,应留出板厚、灌注砂浆的空间、钢筋网所占的尺寸共约 5~7cm 左右。然后弹出石板的外廓尺寸线	
		5. 石材表面处理	石材表面充分干燥情况下,涂刷石材防护剂对石材进行六面体防护处理,间隔 48h 后对石材粘结面用专用胶泥进行拉毛处理,拉毛胶泥凝固硬化后方可使用	
		6. 基层准备	清理准备安装石材的结构表面,同时进行吊直、套方、弹出垂直线水平线	
		7. 安装石板	用靠尺板检查调整木楔,拴紧铜丝或镀锌铅丝,检查再调整水平垂直情况,直至位置准确无误。	
			调制熟石膏,将粥状熟石膏船在第一层石板的上口第二层石板的下口,等石膏固化后可灌浆	
		8. 灌浆	将 1:2.5 水泥砂浆调成粥状,倒入石板与结构层之间的缝隙中,边灌边用橡皮锤轻轻敲击石板,以便排出空气,但除外橡皮锤,不要碰撞石板,第一层浇灌高度为 15cm,不能超过石板高度的 1/3	
		9. 嵌缝	石板粘贴完后清除余浆痕迹,用麻布擦干净,并按石板颜色调制色浆嵌缝,边嵌边擦干净,使缝隙密实、均匀、干净、颜色一致	

续表

项目类别	墙面工程	备注
质量要求	1. 石材饰面板安装槽、孔的尺寸、位置、数量应符合设计要求。石材饰面板连接部位正反两面均不应出现崩缺、暗裂、窝坑等缺陷 2. 预埋件(或后置埋件)、连接件的数量、规格、位置、连接方法和防腐处理应符合设计要求。后置埋件的现场拉拔强度应符合设计要求。饰面板安装应牢固 3. 采用湿作业法修补或新做的天然石材饰面板应进行防碱、背涂防护处理,饰面板与基体之间的灌注材料应饱满、密实,粘贴牢固,石材表面无泛碱、水渍现象 4. 石材板排列、接缝、嵌缝做法应符合设计要求,修补、拆换的石材板应与原石材式样一致、颜色协调 5. 石材饰面板表面平整、洁净、色泽均匀,边缘突出墙面的厚度一致,板面无划痕、磨痕、裂缝和缺损 6. 石材饰面板上的孔洞套割尺寸正确,边缘整齐、方正,与电气盖板及穿过石材板的设备设施等交接吻合、严密 7. 饰面板嵌缝应密实、平直,宽度和深度应符合设计要求,嵌填材料应连续、光滑且色泽一致	

石材饰面板安装工程的允许偏差

项次	检验项目	允许偏差(mm) 光面	毛面	蘑菇石	检验方法
1	立面垂直度	2	3	3	用2m垂直检测尺检查
2	表面平整度	2	3	—	用2m靠尺和塞尺检查
3	阴阳角方正	2	4	4	用直角检测尺检查
4	接缝直线度	2	4	4	拉5m线,不足5m拉通线,用钢直尺检查
5	墙裙、勒脚上口直线度	2	3	3	拉5m线,不足5m拉通线,用钢直尺检查
6	接缝高低差	0.5	3	—	用钢直尺和塞尺检查
7	接缝宽度	1	2	2	用钢直尺检查

| 资料要求 | 记录维修选用材料、工程做法,并会同质量验收记录存档 | |

6.1.5 木饰面板墙面损坏检测与维修

6.1.5.1 木饰面板墙面损坏检测

木饰面板墙面损坏检测,见表6-9。

木饰面板墙面损坏检测　　　　表6-9

项目类别	墙面工程	备注
项目编号	Z1QM-5	
项目名称	木饰面板墙面损坏检测	
工作目的	搞清木饰面板墙面损坏现状、产生原因并提出处理意见	
检测时间	年　月　日	
检测人员		
发生部位	木饰面板墙面损坏处	

项目类别		墙面工程	备注
周期性		4个月/次,季节性专项检查2个月/次	
工具		钢尺、塞尺等测量仪	
注意		1. 佩戴安全帽。 2. 对木饰面板墙面损坏的观测,每次都应测绘出木饰面板损坏的位置、大小尺寸,注明日期,并附上必要的照片资料	
受损特征		墙面木饰面板损坏	
准备工作	1	观察墙面木饰面板损坏的分布情况,墙面木饰面板损坏的大小、数量以及深度	
	2	将墙面木饰面板损坏的分布情况,墙面木饰面板损坏的大小、数量以及深度详细地标在清水墙的立面图或砖柱展开图上	
检查工作程序	A1	将墙面木饰面板损坏处记录并做好编号	
	A2	用钢卷尺测量其长度: 编号1: $L_1=$　　mm 编号2: $L_2=$　　mm	
	A3	用钢卷尺测量墙面木饰面板损坏的宽度,用塞尺测量墙面木饰面板损坏的深度: 编号1: 宽度$B_1=$　　mm;深度$H_1=$　　mm 编号2: 宽度$B_2=$　　mm;深度$H_1=$　　mm	
	A4	根据需要在检查记录中绘制墙的立面图、平面图。将检查情况,包括将墙面木饰面板损坏的分布情况,墙面木饰面板损坏的大小、数量以及深度详细地标在墙的立面图或砖柱展开图上	不要遗漏,保证资料的完整性真实性
	A5	核对记录与现场情况的一致性	
	A6	墙面木饰面板损坏检查资料存档	
原因分析		1. 墙面木饰面板受到酸、碱腐蚀　　　　　　　　　( ) 2. 墙面木饰面板长期受到空气中腐蚀物质的腐蚀( ) 3. 受到外力的作用造成墙面受损　　　　　　　　( )	
结论		由于墙面木饰面板受到下列因素的影响: 1. 墙面木饰面板受到酸、碱腐蚀　　　　　　　　　( ) 2. 墙面木饰面板长期受到空气中腐蚀物质的腐蚀( ) 3. 受到外力的作用造成墙面受损　　　　　　　　( ) 造成墙面木饰面板的损坏,损坏后就会造成外界有害物质进入墙体内,进一步造成对墙体损坏,需要马上对其进行修理	

6.1.5.2　木饰面板墙面损坏维修

木饰面板墙面损坏维修,见表6-10。

木饰面板墙面损坏维修　　　　　　　　　　　　　表6-10

项目类别		墙面工程	备注
项目编号		Z1QM-5A	
项目名称		木饰面板墙面损坏维修	
维修方法		将原损坏的木饰面板拆除,重新粘贴墙面	
材料要求	木质材料	木饰面板的品种、规格、颜色和性能应符合设计要求,木龙骨、木饰面板的燃烧性能等级、含水率应符合设计要求。 木夹板含水率≤12%,不能有虫蚀腐朽的部位;面板应表面平整、边缘整齐;不应有污垢、裂纹、缺角、翘曲、起皮、色差、图案不完整的缺陷。胶合板、木质纤维板不应脱胶、变色和腐朽	
	防腐、防虫、防火	木龙骨、木基层的防腐、防虫、防火等防护处理应符合设计要求	

项目类别	墙面工程		备注
构造做法（胶粘型和挂装型）	1. 胶粘型构造做法见附图 6-5 胶粘型构造做法		
	2. 挂装型可分为金属挂件和中密度挂件	(1)金属挂件挂装法见附图 6-6 金属挂件挂装法	
		(2)中密度挂件挂装法见附图 6-7 中密度挂件挂装法	
施工要点	步骤	工程做法	
	1. 拆除	拆除原已损坏的木饰面板墙面	
	2. 放线	根据现场实际测量的尺寸及龙骨损坏情况,确定基层木龙骨的分格尺寸和修补数量、位置	
	3. 修补、铺设木龙骨	根据需要将已损坏的木龙骨拆除,铺设新龙骨;将未损坏但连接不牢的木龙骨加固,要保证整个墙体的新旧龙骨及修补龙骨均连接牢固,成为一体	
	4. 木龙骨刷防火涂料	木龙骨加固完成后将木质防火涂料涂刷在木龙骨的可视面上	
	5. 安装防火夹板	用自攻螺钉固定防火夹板,安装要保证平整	
	6. 面层板安装	面层板用专用胶水粘贴后用靠尺检查平整,如果不平整应及时修复直到合格为止。挂装时可采用 8mm 中密度板正、反裁口或用专业挂件挂装	
质量要求	1. 木饰面板造型尺寸应符合设计要求,安装应牢固,不得有松动、变形等缺陷		
	2. 木饰面板的表面应洁净、无污染、色泽一致,无锈迹、麻点、锤印,直钉排列均匀,无开裂现象		
	3. 木饰面板安装表面应平整,曲面造型表面应顺畅、无死弯,阴阳角方正;压条应顺直,宽窄应一致,无翘曲,接缝、接口严密,无错台、错位现象;装饰线流畅美观		
	4. 木饰面板上预留洞口应裁口整齐,护(收)口严密、美观,盖板与洞口接缝吻合,表面平整,启闭灵活。同一立面的木饰面板上的预留洞口应排列整齐、美观		
	5. 木饰面板上的灯具、开关、插座、风口算子等设备的位置应合理美观,与面板的交接应吻合、严密		

木饰面板安装工程的允许偏差

项次	检验项目	允许偏差(mm)	检验方法
1	立面垂直度	1.5	用 2m 垂直检测尺检查
2	表面平整度	1	用 2m 靠尺和塞尺检查
3	阴阳角方正	1.5	用直角检测尺检查
4	接缝直线度	1	拉 5m 线,不足 5m 拉通线,用钢直尺检查
5	墙裙、勒脚上口直线度	2	拉 5m 线,不足 5m 拉通线,用钢直尺检查
6	接缝高低差	0.5	用钢直尺和塞尺检查
7	接缝宽度	1	用钢直尺检查

资料要求	记录维修选用材料、工程做法,并会同质量验收记录存档

6.1.6 金属饰面板墙面损坏检测与维修

6.1.6.1 金属饰面板墙面损坏检测

金属饰面板墙面损坏检测，见表 6-11。

金属饰面板墙面损坏检测 　　　　表 6-11

项目类别		墙面工程	备注
项目编号		Z1QM-6	
项目名称		金属饰面板墙面损坏检测	
工作目的		搞清金属饰面板墙面损坏现状、产生原因、提出处理意见	
检测时间		年　月　日	
检测人员			
发生部位		金属饰面板墙面损坏处	
周期性		4个月/次，季节性专项检查2个月/次	
工具		钢尺、塞尺等测量仪	
注意		1. 佩戴安全帽。 2. 对金属饰面板墙面损坏的观测，每次都应测绘出金属饰面板损坏的位置、大小尺寸，注明日期，并附上必要的照片资料	
受损特征		墙面金属饰面板损坏	
准备工作	1	观察墙面金属饰面板损坏的分布情况，墙面金属饰面板损坏的大小、数量以及深度	
	2	将墙面金属饰面板损坏的分布情况，墙面金属饰面板损坏的大小、数量以及深度详细地标在清水墙的立面图或砖柱展开图上	
检查工作程序	A1	将墙面金属饰面板损坏处记录并做好编号	
	A2	用钢卷尺测量其长度： 编号1：$L_1=$　　mm 编号2：$L_2=$　　mm	
	A3	用钢卷尺测量墙面金属饰面板损坏的宽度，用塞尺测量墙面金属饰面板损坏的深度： 编号1：宽度$B_1=$　　mm；深度$H_1=$　　mm 编号2：宽度$B_2=$　　mm；深度$H_2=$　　mm	
	A4	根据需要在检查记录中绘制墙的立面图、平面图。将检查情况，包括将墙面金属饰面板损坏的分布情况，墙面金属饰面板损坏的大小、数量以及深度详细地标在墙的立面图或砖柱展开图上	不要遗漏，保证资料的完整性真实性
	A5	核对记录与现场情况的一致性	
	A6	墙面金属饰面板损坏检查资料存档	
原因分析		1. 金属饰面板受到酸、碱腐蚀　　　　　　　　　　（　　） 2. 金属饰面板长期受到空气中腐蚀物质的腐蚀　　（　　） 3. 受到外力的作用造成金属饰面板受损　　　　　（　　）	
结论		由于金属饰面板受到下列因素的影响： 1. 金属饰面板受到酸、碱腐蚀　　　　　　　　　　（　　） 2. 金属饰面板长期受到空气中腐蚀物质的腐蚀　　（　　） 3. 受到外力的作用造成墙面受损　　　　　　　　　（　　） 造成金属饰面板的损坏，损坏后将会造成外界有害物质进入墙体内，进一步造成对墙体损坏，需要马上对其进行修理	

185

6.1.6.2 金属饰面板墙面损坏维修

金属饰面板墙面损坏维修，见表 6-12。

金属饰面板墙面损坏维修   表 6-12

项目类别	墙面工程		备注
项目编号	Z1QM-6A		
项目名称	金属饰面板墙面损坏维修		
维修	将原损坏的金属饰面板拆除，重新粘贴墙面		
材料要求	金属饰面板	金属饰面板的品种、规格、颜色和性能应符合设计要求。 金属饰面板孔、槽的数量，位置和尺寸应符合设计要求。 金属饰面板的造型和尺寸应符合设计要求	
	龙骨	龙骨的品种、规格、和性能应符合设计要求	
构造做法 （分为胶粘型和挂装型）	1. 胶粘型构造做法见附图 6-8 胶粘型构造做法		
	2. 挂装型可分为金属挂件和细木工板挂件	（1）金属挂件挂装法见附图 6-9 金属挂件挂装法	
		（2）细木工板挂件挂装法见附图 6-10 细木工板挂件挂装法	
施工要点	步骤	工程做法	备注
	1. 拆除	拆除原已损坏的金属饰面墙板	
	2. 墙面处理	墙面必须干燥、平整、清洁，对于粗糙的砖墙或混凝土墙面必须用水泥砂浆找平后做防潮层，防止水汽从背部渗到金属板上	
	3. 放线	按现场实际情况，对拟安装金属饰面板的墙面，按准备用的金属饰面板进行排版放线，按照需要的分割尺寸放出龙骨的中心线	
	4. 安装龙骨	按照排版放线安装龙骨，要做到位置准确、立面垂直、表面平整、阴阳角方正、整体牢固无松动	
	5. 安装防火夹板和面板	龙骨安装好后先安装防火夹板，防火夹板与龙骨用自攻螺钉固定，而后用胶水粘贴面层金属板，此外还可采用专业挂件在龙骨上挂装面层金属饰面板	
质量要求	1. 修补或新做的饰面板安装应牢固，不得有松动变形。金属饰面板的接缝应顺直、平整、美观		
	2. 金属饰面板的开口边缘应整齐，护口应严密，排列应顺直、整齐、美观		
	3. 金属饰面板的表面应洁净、美观，色泽符合设计要求，无翘曲、凹坑和划痕		
	4. 饰面板安装表面应平整，曲面造型表面应顺畅、无死弯，阴阳角方正，压条应顺直，宽窄应一致，无翘曲，接缝、接口严密，无错台、错位现象，装饰线流畅美观		
	5. 饰面板上预留洞口应裁口整齐，护（收）口严密、美观，盖板与洞口接缝吻合，表面平整，启闭灵活。同一立面的饰面板上的预留洞口应排列整齐、美观		
	6. 饰面板上的灯具、开关、插座、风口箅子等设备的位置应合理美观，与面板的交接应吻合、严密		

质量要求（续）

	金属饰面板安装工程的允许偏差		
项次	检验项目	允许偏差（mm）	检验方法
1	立面垂直度	1.5	用 2m 垂直检测尺检查
2	表面平整度	1	用 2m 靠尺和塞尺检查
3	阴阳角方正	1.5	用直角检测尺检查
4	接缝直线度	1	拉 5m 线，不足 5m 拉通线，用钢直尺检查
5	墙裙、勒脚上口直线度	2	拉 5m 线，不足 5m 拉通线，用钢直尺检查
6	接缝高低差	0.5	用钢直尺和塞尺检查
7	接缝宽度	1	用钢直尺检查

资料要求	记录维修选用材料、工程做法，并会同质量验收记录存档

6.2 吊顶工程

6.2.1 吊顶龙骨损坏的检测与维修

6.2.1.1 吊顶龙骨损坏的检测

吊顶龙骨损坏的检测，见表6-13。

吊顶龙骨损坏的检测 表6-13

项目类别		吊顶工程	备注
项目编号		Z3DD-1	
项目名称		吊顶龙骨损坏的检测	
工作目的		搞清吊顶龙骨损坏的情况、提出处理意见	
检测时间		年　　月　　日	
检测人员			
发生部位		吊顶龙骨损坏处	
周期性		6个月/次，或随时发现随时检测	
工具		钢尺等测量仪器及小槌、凿子等工具	
注意		对吊顶龙骨损坏的观测，每次都应测绘出其破旧损坏的位置、大小尺寸,注明日期,并附上必要的照片资料	
受损特征		吊顶龙骨损坏	
检查工作程序	A1	将损坏的吊顶部位做好编号	
	A2	检查各吊顶部位的吊杆损坏情况,用钢卷尺测量其长度: 编号1: $L_1=$　　mm 编号2: $L_2=$　　mm	
	A3	检查各吊顶部位的龙骨损坏情况,用钢卷尺测量其长度: 编号1:　　　　　　　　　　　　　　（　　） 编号2:　　　　　　　　　　　　　　（　　）	
	A4	检查各吊顶部位的连接件损坏情况: 编号1:　　　　　　　　　　　　　　（　　） 编号2:　　　　　　　　　　　　　　（　　）	
	A5	将检查情况,包括将吊顶龙骨损坏的分布情况,吊顶龙骨损坏的大小以及数量详细地标在建筑仰视图上	不要遗漏,保证资料的完整性真实性
	A6	核对记录与现场情况的一致性	
	A7	吊顶龙骨损坏的检查资料存档	
结论		吊顶龙骨损坏不但外观难看,还直接造成房间使用上的不方便	

6.2.1.2 吊顶龙骨损坏的维修

吊顶龙骨损坏的维修，见表6-14。

吊顶龙骨损坏的维修

表 6-14

项目类别		吊顶工程						备注
项目编号		Z3DD-1A						
项目名称		吊顶龙骨损坏的维修						
材料要求		吊顶所用吊杆、龙骨、连接件和防护剂(防腐、防虫,阻燃剂)等的品种、规格、尺寸、性能应符合设计要求。 吊顶所用的木龙骨、木吊杆的防腐、防虫、防火等防护处理应符合设计要求。 吊顶所用的预埋件、钢筋吊杆和型钢吊杆的防腐、防火等防护处理应符合设计要求						
处理方法	方法	工程做法						
处理方法	更换吊杆	更换吊杆要安装牢固,安装间距及连接方式应符合设计要求和产品的组装要求。吊杆距主龙骨端部距离不得大于 300mm。自重大于等于 3kg 的吊灯、电风扇和排风扇等有动荷载的设备及其他重型设备应由独立吊杆固定,严禁安装在吊顶工程的龙骨上						
处理方法	更换龙骨	更换龙骨要安装牢固,安装间距及连接方式应符合设计要求和产品的组装要求。吊杆距主龙骨端部距离不得大于 300mm						
处理方法	更换连接件	更换连接件要安装牢固,安装间距及连接方式应符合设计要求和产品的组装要求。吊杆距主龙骨端部距离不得大于 300mm						
施工要点	1	检查校对龙骨的水平度,并在房间的墙上抄出水平线。 检查固定吊挂杆件:采用膨胀螺栓固定吊挂杆件,不上人的吊顶,吊杆长度小于 1000mm 时,可采用 $\phi6$ 钢筋做吊杆;吊杆长度大于 1000mm 时,可采用 $\phi8$ 钢筋做吊杆;上人的吊顶,吊杆长度小于 1000mm 时,可采用 $\phi8$ 钢筋做吊杆;吊杆长度大于 1000mm 时,可采用 $\phi10$ 钢筋做吊杆;吊杆长度大于 1500mm 时,要设置反向支撑						
施工要点	2	吊杆的检查与修正:吊杆距主龙骨端部距离不得超过 300mm,否则应增加吊杆。吊顶的灯具、风口、检修口等处应设附加吊杆						
施工要点	3	边龙骨的检查与修正:边龙骨的水平度按已抄的水平线检查、修正,边龙骨与墙、柱的连接,若有松动、变形等问题时,应做校正及加固处理						
施工要点	4	主龙骨的检查与修正:主龙骨应吊挂在吊杆上,间距不大于 1000mm,主龙骨应平行房间长向安装并应适当起拱。主龙骨的悬臂段不应大于 300mm,否则应增加吊杆。主龙骨的接长应对接,且相邻龙骨的对接接头要相互错开。主龙骨检查、修改后要调平						
施工要点	5	次龙骨的检查与修正:次龙骨应紧贴主龙骨,其间距为 300～600mm,次龙骨的两端应搭在边龙骨的水平翼缘上						
质量要求		1. 金属吊杆、龙骨的接缝应均匀一致,角缝应吻合,表面应平整、无翘曲、锤印。 2. 木质吊杆、龙骨应顺直,无劈裂、变形						
质量要求	吊顶龙骨体系安装的允许偏差			允许偏差(mm)				检验方法
质量要求	吊顶龙骨体系安装的允许偏差	项次	检验项目	纸面石膏板	金属板	矿棉板	木板、塑料板、玻璃板、格栅	检验方法
质量要求	吊顶龙骨体系安装的允许偏差	1	表面平整度	3	2	3	2	用 2m 靠尺和塞尺检查
质量要求	吊顶龙骨体系安装的允许偏差	2	接缝直线度	3	2	3	3	拉 5m 线,不足 5m 拉通线,用钢直尺检查
质量要求	吊顶龙骨体系安装的允许偏差	3	接缝高低差	1	1	2	1	用钢直尺和塞尺检查
施工注意		龙骨体系标高、起拱、造型、吊杆长度大于 1.5m 时设置的反支撑应符合设计要求						

6.2.2 金属板吊顶损坏的检测与维修

6.2.2.1 金属板吊顶损坏的检测

金属板吊顶损坏的检测，见表6-15。

金属板吊顶损坏的检测　　　　　　　　　　　　　　表 6-15

项目类别	吊顶工程	备注
项目编号	Z3DD-2	
项目名称	金属板吊顶损坏的检测	
工作目的	搞清金属板吊顶损坏的情况、提出处理意见	
检测时间	年　　月　　日	
检测人员		
发生部位	金属板吊顶损坏处	
周期性	6个月/次，或随时发现随时检测	
工具	钢尺等测量仪器及小槌、凿子等工具	
注意	对金属板吊顶损坏的观测，每次都应测绘出其破旧损坏的位置、大小尺寸，注明日期，并附上必要的照片资料	
受损特征	金属板吊顶损坏	
检查工作程序 A1	将损坏的金属板吊顶部位做好编号。	
A2	检查金属板损坏情况，用钢卷尺测量其长度、宽度。 编号1：$L_1=$　　mm；$B_1=$　　mm 编号2：$L_2=$　　mm；$B_2=$　　mm	
A3	检查金属板上的灯具、烟感器、喷淋头、风口箅子等设备损坏情况： 灯具编号1　　　　　　　　　　　　　　（　　） 烟感器编号1　　　　　　　　　　　　（　　） 喷淋头编号1　　　　　　　　　　　　（　　） 风口箅子编号1　　　　　　　　　　　（　　）	
A4	检查金属板吊顶内吸声材料损坏情况，用钢卷尺测量其长度、宽度： 编号1：$L_1=$　　mm；$B_1=$　　mm 编号2：$L_2=$　　mm；$B_2=$　　mm	
A5	将检查情况，包括将金属板吊顶损坏的分布情况，金属板吊顶损坏的大小以及数量详细地标在建筑仰视图上	不要遗漏，保证资料的完整性和真实性
A6	核对记录与现场情况的一致性	
A7	金属板吊顶损坏的检查资料存档	
结论	金属板吊顶损坏不但外观难看，还直接造成房间使用上的不方便	

6.2.2.2 金属板吊顶损坏的维修

金属板吊顶损坏的维修，见表6-16。

金属板吊顶损坏的维修　　　　　　　　　　　　　　表 6-16

项目类别	吊顶工程	备注
项目编号	Z3DD-2A	
项目名称	金属板吊顶损坏的维修	

项目类别		吊顶工程	备注
材料要求		金属板的品种、规格、图案、颜色、性能和金属板吊顶内功能性填充材料应符合设计要求和国家现行产品标准的规定。修复的金属板应无明显修痕	
处理方法	方法	工程做法	
	更换金属板	更换金属板应安装牢固。金属板表面应洁净、美观,色泽符合设计要求,无翘曲、凹坑和划痕。修复的应与原饰面式样一致 饰面板开口处套割尺寸应准确,边缘应整齐,不得露缝;修复的板条、块排列应顺直、方正。 金属板面表面平整,接缝严密,板缝顺直、宽窄一致,无错台错位现象。阴阳角方正,边角压向正确,割角拼缝严密、吻合、平整,装饰线流畅美观	
	更换金属板上的灯具、烟感器、喷淋头、风口算子等设备	更换金属板上的灯具、烟感器、喷淋头、风口算子等设备的位置应合理美观,与面板的交接应吻合、严密。局部修复的应与原式样一致	
	更换金属板吊顶内填充吸声材料	更换金属板吊顶内填充吸声材料等填料的铺设厚度、防散落措施应符合设计要求	
施工要点	1. 吊顶的平整	吊顶的平整是十分重要的外观形象,要保证吊顶的水平度,应从以下四方面着手: 1. 控制好吊顶标高线的水平度,要做到基准点和标高尺寸要准确;吊顶面的水平控制线应尽量拉出通直线,线要拉直。 2. 吊点分布要均匀,固定要牢固。 3. 龙骨和龙骨架的强度和刚度要有保证,尤其是龙骨的接头处、吊挂处等受力集中点,要注意采取加固措施。 4. 安装金属面板的方法要正确,安装时要边安装边检查平整度	
	2. 吊顶的线条走向的规整	吊顶的线条走向的规整是十分重要的外观形象,要保证吊顶的条板和条板间对缝、铝合金龙骨条及其他线条的装饰效果,应从以下三方面着手: 1. 材料挑选及校正 对几何尺寸不合格的材料要坚决剔除。校正工作可用自制的一些简易夹具来完成。 2. 设置平面平整控制线 吊顶平面平整控制线有两种,一种是龙骨平直的控制线,按龙骨分格位置拉出;一种是饰面条板与板缝的平直控制线。 3. 安装与固定 安装固定饰面条板要注意对缝的均匀。 吊顶内填充的吸声、保温材料的品种和铺设厚度要符合要求,并应有防散落措施。 吊顶与墙面、窗帘盒的交换应符合设计要求。 饰面板的安装要有定位措施	
	3. 处理好吊顶与吊顶设备的关系	要求以不破坏吊顶结构,不破坏顶面的完整性,与吊顶面衔接平整,交接处严密的原则。处理好如下几种关系: 灯盘、灯槽与吊顶的关系; 空调风口管算子吊顶的关系; 自动喷淋头、烟感器与吊顶的关系	
	4. 保证花样、图案的整体性	将面板直接搁于龙骨上,要保证花样、图案的整体性;饰面板上的灯具、烟感器、喷淋头、风口算子等设备的位置要合理、美观,与饰面的交接应吻合、严密	

项目类别		吊顶工程			
质量要求		金属板吊顶工程安装的允许偏差			
	项次	检验项目	允许偏差(mm)	检验方法	
	1	表面平整度	2	用2m靠尺和塞尺检查	
	2	接缝直线度	2	拉5m线,不足5m拉通线,用钢直尺检查	
	3	接缝高低差	1	用直尺、塞尺检查	
施工注意		金属板吊顶的标高、起拱高度、造型尺寸应符合设计式样要求,并与原装饰面协调;修复的金属板应按原样复原			
资料要求		记录维修选用材料、工程做法,并会同质量验收记录存档			

6.2.3 纸面石膏板吊顶损坏的检测与维修

6.2.3.1 纸面石膏板吊顶损坏的检测

纸面石膏板吊顶损坏的检测,见表 6-17。

纸面石膏板吊顶损坏的检测　　　　表 6-17

项目类别		吊顶工程	备注
项目编号		Z3DD-3	
项目名称		纸面石膏板吊顶损坏的检测	
工作目的		搞清纸面石膏板吊顶损坏的情况、提出处理意见	
检测时间		年　　月　　日	
检测人员			
发生部位		纸面石膏板吊顶损坏处	
周期性		6 个月/次,或随时发现随时检测	
工具		钢尺等测量仪器及小槌、凿子等工具	
注意		对纸面石膏板吊顶损坏的观测,每次都应测绘出其破旧损坏的位置、大小尺寸,注明日期,并附上必要的照片资料	
受损特征		纸面石膏板吊顶损坏	
检查工作程序	A1	将损坏的纸面石膏板吊顶部位做好编号	
	A2	检查纸面石膏板损坏情况,用钢卷尺测量其长度、宽度: 编号 1:$L_1=$　　　mm;$B_1=$　　　mm 编号 2:$L_2=$　　　mm;$B_2=$　　　mm	
	A3	检查纸面石膏板上的灯具、烟感器、喷淋头、风口箅子等设备损坏情况。 灯具编号 1　　　　　　　　　　　　(　　) 烟感器编号 1　　　　　　　　　　　(　　) 喷淋头编号 1　　　　　　　　　　　(　　) 风口箅子编号 1　　　　　　　　　　(　　)	
	A4	检查纸面石膏板吊顶内吸声材料损坏情况,用钢卷尺测量其长度、宽度: 编号 1:$L_1=$　　　mm;$B_1=$　　　mm 编号 2:$L_2=$　　　mm;$B_2=$　　　mm	
	A5	将检查情况,包括将纸面石膏板吊顶损坏的分布情况,纸面石膏板吊顶损坏的的大小以及数量详细地标在建筑平面图上	不要遗漏,保证资料的完整性真实性
	A6	核对记录与现场情况的一致性	
	A7	纸面石膏板吊顶损坏的检查资料存档	
结论		纸面石膏板吊顶损坏不但外观难看,还直接造成房间使用上的不方便	

6.2.3.2 纸面石膏板吊顶损坏的维修

纸面石膏板吊顶损坏的维修，见表 6-18。

表 6-18

纸面石膏板吊顶损坏的维修

项目类别		吊顶工程	备注
项目编号		Z3DD-3A	
项目名称		纸面石膏板吊顶损坏的维修	
材料要求		纸面石膏板的品种、规格、性能等应符合设计要求。	
处理方法	方法	工程做法	
	更换纸面石膏板	更换纸面石膏板安装应牢固，不得有开裂或松动变形。 纸面石膏板的接缝应进行板缝防裂处理。双层板的面层与基层板的接缝应错开，不得在同一根龙骨上接缝。 纸面石膏板应表面洁净，无污染，无锈迹、麻点、锤印。自攻钉排列均匀，无外露钉帽，钉帽应做防锈处理，无开裂现象。 平吊顶表面应平整，曲面吊顶表面应顺畅、无死弯，阴阳角方正；压条应顺直、宽窄应一致、无翘曲，接缝、接口严密，无错台、错位现象；装饰线流畅美观。 预留洞口应裁口整齐，护(收)口严密、美观，盖板与洞口吻合、表面平整。同一房间吊顶面板上的预留洞口应排列整齐、美观	
	更换纸面石膏板上的灯具、烟感器、喷淋头、风口算子等设备	更换纸面石膏板上的灯具、烟感器、喷淋头、风口算子等设备的位置应合理美观，与面板的交接应吻合、严密	
	更换纸面石膏板吊顶内填充吸声材料	更换纸面石膏板吊顶内填充吸声材料等填充料的铺设厚度、防散落措施应符合设计要求	
处理要点	1. 吊顶的平整	吊顶的平整是十分重要的外观形象，要保证吊顶的水平度，应从以下三方面着手： 1. 控制好吊顶标高线的水平度，要做到基准点和标高尺寸要准确；吊顶面的水平控制线应尽量拉出通直线，线要拉直。 2. 吊点分布要均匀，固定要牢固。 3. 龙骨和龙骨架的强度和刚度要有保证，尤其是龙骨的接头处、吊挂处等受力集中点，要注意采取加固措施。 4. 安装金属面板的方法要正确，安装时要边安装边检查平整度	
	2. 吊顶的线条走向的规整	吊顶的线条走向的规整是十分重要的外观形象，要保证吊顶的条板和条板间对缝、铝合金龙骨条及其他线条的装饰效果，应从以下三方面着手： 1. 材料挑选及校正 对几何尺寸不合格的材料要坚决剔除。校正工作可用自制的一些简易夹具来完成。 2. 设置平面平整控制线 吊顶平面平整控制线有两种，一种是龙骨平直的控制线，按龙骨分格位置拉出；一种是饰面条板与板缝的平直控制线。 3. 安装与固定 安装固定饰面条板要注意对缝的均匀。 吊顶内填充的吸声、保温材料的品种和铺设厚度要符合要求，并应有防散落措施。 吊顶与墙面、窗帘盒的交换应符合设计要求。 饰面板的安装要有定位措施	

项目类别		吊顶工程	备注
处理要点	3. 处理好吊顶与吊顶设备的关系	要求以不破坏吊顶结构，不破坏顶面的完整性，与吊顶面衔接平整，交接处严密的原则。处理好如下几种关系： 1. 灯盘、灯槽与吊顶的关系； 2. 空调风口管箅子吊顶的关系； 3. 自动喷淋头、烟感器与吊顶的关系	
施工要点		1. 纸面石膏板应在自由状态下固定，防止出现弯棱、凸鼓的现象；应在棚顶、四周固定的情况下安装固定，防止板面受潮变形。纸面石膏板与龙骨固定，应从一块板的中间向板的四边进行固定，不得多点同时作业	
		2. 纸面石膏板的长边（既包封边）应沿纵向次龙骨铺设	
		3. 自攻螺钉与纸面石膏板边的距离，用面纸包封的板边以 10～15mm 为宜，切割的板边以 15～21mm 为宜	
		4. 固定次龙骨的间距以 300mm 为宜	
		5. 钉距以 150～1570mm 为宜，自攻螺钉应与板面垂直，已弯曲、变形的螺钉应剔除，并在相隔 50mm 的部位另安螺钉	
		6. 安装双层石膏板时，面层板与基层板的接缝应错开，且不得在一根龙骨上	
		7. 石膏板的接缝及收口应做板缝处理，维修见附图 6-11 石膏板板缝处理示意图	
		8. 螺钉钉头宜略埋入板面，但不得损坏纸面，钉眼应做防锈处理，并用石膏腻子抹平	
质量要求		纸面石膏板吊顶修缮工程安装的允许偏差	
	项次	检验项目	允许偏差（mm）	检验方法

项次	检验项目	允许偏差（mm）	检验方法
1	表面平整度	3	用 2m 靠尺和塞尺检查
2	接缝直线度	3	拉 5m 线，不足 5m 拉通线，用钢直尺检查
3	接缝高低差	1	用直尺、塞尺检查

施工注意	吊顶的标高、起拱高度、造型尺寸应符合设计要求。修复的应与原装饰面协调
资料要求	记录维修选用材料、工程做法，并会同质量验收记录存档

6.2.4 木质板、塑料板吊顶损坏的检测与维修

6.2.4.1 木质板、塑料板吊顶损坏的检测

木质板、塑料板吊顶损坏的检测，见表 6-19。

木质板、塑料板吊顶损坏的检测　　　　　　　　　表 6-19

项目类别	吊顶工程	备注
项目编号	Z3DD-4	
项目名称	木质板、塑料板吊顶损坏的检测	
工作目的	搞清木质板、塑料板吊顶损坏的情况，提出处理意见	
检测时间	年　　月　　日	
检测人员		
发生部位	木质板、塑料板吊顶损坏处	

项目类别		吊顶工程	备注
周期性		6个月/次,或随时发现随时检测	
工具		钢尺等测量仪器及小槌、凿子等工具	
注意		对木质板、塑料板吊顶损坏的观测,每次都应测绘出其破旧损坏的位置、大小尺寸,注明日期,并附上必要的照片资料	
受损特征		木质板、塑料板吊顶损坏	
检查工作程序	A1	将损坏的木质板、塑料板吊顶部位做好编号	
	A2	检查木质板、塑料板损坏情况,用钢卷尺测量其长度、宽度: 编号1: $L_1=$ mm;$B_1=$ mm 编号2: $L_2=$ mm;$B_2=$ mm	
	A3	检查木质板、塑料板上的灯具、烟感器、喷淋头、风口算子等设备损坏情况 灯具编号1 ( ) 烟感器编号1 ( ) 喷淋头编号1 ( ) 风口算子编号1 ( )	
	A4	检查木质板、塑料板吊顶内吸声材料损坏情况,用钢卷尺测量其长度、宽度: 编号1: $L_1=$ mm;$B_1=$ mm 编号2: $L_2=$ mm;$B_2=$ mm	
	A5	将检查情况,包括将木质板、塑料板吊顶损坏的分布情况,木质板、塑料板吊顶损坏的大小以及数量详细地标在建筑仰视图上	不要遗漏,保证资料的完整性真实性
	A6	核对记录与现场情况的一致性	
	A7	木质板、塑料板吊顶损坏的检查资料存档	
结论		木质板、塑料板吊顶损坏不但外观难看,还直接造成房间使用上的不方便	
资料要求		记录维修选用材料、工程做法,并会同质量验收记录存档	

6.2.4.2 木质板、塑料板吊顶损坏的维修

木质板、塑料板吊顶损坏的维修,见表6-20。

木质板、塑料板吊顶损坏的维修　　　　　　表6-20

项目类别		吊顶工程	备注
项目编号		Z3DD-4A	
项目名称		木质板、塑料板吊顶损坏的维修	
材料要求		木质板、塑料板的品种、规格、性能等应符合设计要求。人造木板及饰面人造木板的甲醛含量应符合《民用建筑工程室内环境污染控制规范》(GB50325)的规定。 木质板的防腐、防虫、防火和塑料板的防火等防护处理应符合设计要求	
处理方法	方法	工程做法	
	更换木质板、塑料板	更换木质板、塑料板安装应牢固,不得有开裂或松动、变形等缺陷。 木质板的面层与基层板的接缝应错开,不得在同一根龙骨上接缝。 木质面板、塑料板的表面应洁净、无污染、色泽一致,无锈迹、麻点、锤印,直钉排列均匀,无开裂现象。 平吊顶表面应平整,曲面吊顶表面应顺畅、无死弯,阴阳角方正;压条应顺直、宽窄应一致、无翘曲,接缝、接口严密,无错台、错位现象;装饰线流畅美观。 吊顶上预留洞口应裁口整齐,护(收)口严密、美观,盖板与洞口吻合、表面平整。 同一房间吊顶面板上的预留洞口应排列整齐、美观	

项目类别		吊顶工程		备注
处理方法	更换灯具、烟感器、喷淋头、风口算子等设备	更换木质板、塑料板上的灯具、烟感器、喷淋头、风口算子等设备的位置应合理美观，与面板的交接应吻合、严密		
	更吊顶内填充吸声材料	更换木质板、塑料板吊顶内填充吸声材料等填充料的铺设厚度、防散落措施应符合设计要求		
处理要点	1. 吊顶的平整	吊顶的平整是十分重要的外观形象，要保证吊顶的水平度，应从以下四方面着手： 1. 控制好吊顶标高线的水平度，要做到基准点和标高尺寸要准确；吊顶面的水平控制线应尽量拉出通直线，线要拉直。 2. 吊点分布要均匀，固定要牢固。 3. 龙骨和龙骨架的强度和刚度要保证，尤其是龙骨的接头处、吊挂处等受力集中点，要注意采取加固措施。 4. 安装金属面板的方法要正确，安装时要边安装边检查平整度		
	2. 吊顶的线条走向的规整	吊顶的线条走向的规整是十分重要的外观形象，要保证吊顶的条板和条板间对缝、铝合金龙骨条及其他线条的装饰效果，应从以下三方面着手： 1. 材料挑选及校正 对几何尺寸不合格的材料要坚决剔除。校正工作可用自制的一些简易夹具来完成。 2. 设置平面平整控制线 吊顶平面平整控制线有两种，一种是龙骨平直的控制线，按龙骨分格位置拉出；一种是饰面条板与板缝的平直控制线。 3. 安装与固定 安装固定饰面条板要注意对缝的均匀。 吊顶内填充的吸声、保温材料的品种和铺设厚度要符合要求，并应有防散落措施。 吊顶与墙面、窗帘盒的交换应符合设计要求。 饰面板的安装要有定位措施		
	3. 处理好吊顶与吊顶设备的关系	要求以不破坏吊顶结构，不破顶面的完整性，与吊顶面衔接平整，交接处严密的原则。处理好如下几种关系： 1. 灯盘、灯槽与吊顶的关系。 2. 空调风口管算子吊顶的关系。 3. 自动喷淋头、烟感器与吊顶的关系		
施工要点	1. 木质饰面板安装	木质饰面板在工厂加工前规格一般为1220mm×2440mm，经工厂加工可制成各种大小的成品饰面板，安装时要保证花样、图案的整体性；饰面板上的灯具、烟感器、喷淋头、风口算子等设备的位置要合理、美观，与饰面的交接应吻合、严密。 安装做法见附图6-12 木装饰板吊顶		
	2. 塑料装饰罩面板安装	塑料装饰罩面板的安装可分为钉固法和粘贴法		
		钉固法	1. 聚氯乙烯塑料装饰板安装时，用20～25mm宽的木条，制成500mm的正方形木格，用小圆钉将聚氯乙烯塑料装饰板钉上，然后再用20mm宽的塑料压条或铝压条钉上，或钉上塑料小花，以固定面板。 2. 聚乙烯泡沫塑料装饰板安装时，用圆钉钉在准备好的小木框上，再用塑料压条、铝压条或塑料小花来固定面板。 3. 钙塑泡沫装饰吸声板的钉固定的方法可分为，用塑料小花固定法、用钉和压条固定法、用塑料小花和钉和压条联合固定法。 固定后压条应平直，接口严密，无翘曲现象	

项目类别			吊顶工程	备注
施工要点	2. 塑料装饰罩面板安装	粘贴法	1. 粘贴法固定塑料装饰板常用胶粘剂有脲醛树脂、环氧树脂和聚酯酸乙烯树脂等。粘贴时要求粘贴面必须坚硬平整、洁净。 2. 聚乙烯泡沫塑料装饰板安装：可用胶粘剂将聚乙烯泡沫塑料装饰板直接粘贴在吊顶面层或龙骨上 3. 钙塑泡沫装饰吸音板安装时，用胶粘剂固定板面要根据不同的板材选择与之相匹配的胶粘剂 4. 塑料贴面复合板安装： 塑料贴面复合板是将塑料装饰板粘贴于胶合板或其他板材上，组成一种用作表面装饰的复合板材。 安装塑料贴面复合板时，应先钻孔，用木螺钉和垫圈或金属压条固定。用金属压条固定时，先用钉将塑料贴面复合板临时固定，再加盖金属压条，压条要平直，接口严密	

质量要求	木质板、塑料板吊顶工程安装的允许偏差			
	项次	检验项目	允许偏差(mm)	检验方法
	1	表面平整度	2	用2m靠尺和塞尺检查
	2	接缝直线度	3	拉5m线，不足5m拉通线，用钢直尺检查
	3	接缝高低差	1	用直尺、塞尺检查

施工注意	吊顶的标高、起拱高度、造型尺寸应符合设计要求。修复的应与原装饰面协调
资料要求	记录维修选用材料、工程做法，并会同质量验收记录存档

6.2.5 矿棉板、硅钙板吊顶损坏的检测与维修

6.2.5.1 矿棉板、硅钙板吊顶损坏的检测

矿棉板、硅钙板吊顶损坏的检测，见表6-21。

矿棉板、硅钙板吊顶损坏的检测　　　　　　　　　　表6-21

项目类别	吊顶工程	备注
项目编号	Z3DD-5	
项目名称	矿棉板、硅钙板吊顶损坏的检测	
工作目的	搞清矿棉板、硅钙板吊顶损坏的情况并提出处理意见	
检测时间	年　　　月　　　日	
检测人员		
发生部位	矿棉板、硅钙板吊顶损坏处	
周期性	6个月/次，或随时发现随时检测	
工具	钢尺等测量仪器及小槌、凿子等工具	
注意	对矿棉板、硅钙板吊顶损坏的观测，每次都应测绘出其破旧损坏的位置、大小尺寸，注明日期，并附上必要的照片资料	
受损特征	矿棉板、硅钙板吊顶损坏	

续表

项目类别		吊顶工程	备注
检查工作程序	A1	将损坏的矿棉板、硅钙板吊顶部位做好编号	
	A2	检查矿棉板、硅钙板损坏情况,用钢卷尺测量其长度、宽度: 编号1: $L_1=$ mm;$B_1=$ mm 编号2: $L_2=$ mm;$B_2=$ mm	
	A3	检查矿棉板、硅钙板上的灯具、烟感器、喷淋头、风口算子等设备损坏情况: 灯具编号1 ( ) 烟感器编号1 ( ) 喷淋头编号1 ( ) 风口算子编号1 ( )	
	A4	检查矿棉板、硅钙板吊顶内吸声材料损坏情况,用钢卷尺测量其长度、宽度 编号1: $L_1=$ mm;$B_1=$ mm 编号2: $L_1=$ mm;$B_1=$ mm	
	A5	将检查情况,包括将矿棉板、硅钙板吊顶损坏的分布情况,矿棉板、硅钙板吊顶损坏的大小以及数量详细地标在建筑仰视图上	不要遗漏,保证资料的完整性真实性
	A6	核对记录与现场情况的一致性	
	A7	矿棉板、硅钙板吊顶损坏的检查资料存档	
结论		矿棉板、硅钙板吊顶损坏不但外观难看,还直接造成房间使用上的不方便	

6.2.5.2 矿棉板、硅钙板吊顶损坏的维修

矿棉板、硅钙板吊顶损坏的维修,见表6-22。

矿棉板、硅钙板吊顶损坏的维修   表6-22

项目类别		吊顶工程	备注
项目编号		Z3DD-5A	
项目名称		矿棉板、硅钙板吊顶坏的维修	
材料要求		矿棉板、硅钙板的品种、规格、颜色、图案、性能等应符合设计要求	
处理方法	方法	工程做法	
	更换矿棉板、硅钙板	更换矿棉板、硅钙板安装应稳固严密,与龙骨的搭接宽度应大于龙骨受力面宽度的2/3。 矿棉板、硅钙板的表面应平整、洁净、无污染;边缘切割应整齐一致,无划伤、缺棱掉角;色泽应一致,并与原罩面板协调。 矿棉板、硅钙板的板缝、压条质量应符合以下规定: 1. 明龙骨:龙骨顺直、接缝严密、平直;收口条割向准确,无缝隙,无错台错位;无划痕、麻点、凹坑,色泽应一致。 2. 暗龙骨:纵横向板缝顺直、方正,无错台错位,收口收边应顺直,板缝宽窄应均匀一致。 矿棉板、硅钙板的拼花图案、位置、方向应正确、端正,拼缝处的图案花纹应吻合、严密、平顺;非整块板图案的选用应适宜、美观,收口收边应严密、平顺、方正	
	更换矿棉板、硅钙板上的灯具、烟感器、喷淋头、风口算子等设备	矿棉板、硅钙板上的灯具、烟感器、喷淋头、风口算子等设备的位置应合理美观,与面板的交接应吻合、严密	

项目类别		吊顶工程	备注
处理要点	1. 吊顶的平整	吊顶的平整是十分重要的外观形象,要保证吊顶的水平度,应从以下四方面着手: 1. 控制好吊顶标高线的水平度,要做到基准点和标高尺寸要准确;吊顶面的水平控制线应尽量拉出直直线,线要拉直。 2. 吊点分布要均匀,固定要牢固。 3. 龙骨和龙骨架的强度和刚度要有保证,尤其是龙骨的接头处、吊挂处等受力集中点,要注意采取加固措施。 4. 安装金属面板的方法要正确,安装时要边安装边检查平整度	
	2. 吊顶的线条走向的规整	吊顶的线条走向的规整是十分重要的外观形象,要保证吊顶的条板和条板间对缝、铝合金龙骨条及其他线条的装饰效果,应从以下三方面着手: 1. 材料挑选及校正 对几何尺寸不合格的材料要坚决剔除。校正工作可用自制的一些简易夹具来完成。 2. 设置平面平整控制线 吊顶平面平整控制线有两种,一种是龙骨平直的控制线,按龙骨分格位置拉出;一种是饰面条板与板缝的平直控制线。 3. 安装与固定 安装固定饰面条板要注意对缝的均匀。 吊顶内填充的吸声、保温材料的品种和铺设厚度要符合要求,并应有防散落措施。 吊顶与墙面、窗帘盒的交换应符合设计要求。 饰面板的安装要有定位措施	
	3. 处理好吊顶与吊顶设备的关系	要求以不破坏吊顶结构,不破坏顶面的完整性,与吊顶面衔接平整,交接处严密的原则。处理好如下几种关系: 灯盘、灯槽与吊顶的关系; 空调风口算子吊顶的关系; 自动喷淋头、烟感器与吊顶的关系	
施工要点	1. 矿棉装饰吸音板安装	矿棉装饰吸声板规格一般为 600mm×600mm、1200mm×1200mm 两种,将面板直接搁于龙骨上。安装时要注意花样、图案的整体性;饰面板上的灯具、烟感器、喷淋头、风口算子等设备的位置要合理、美观,与饰面的交接应吻合、严密。见附图 6-13 矿棉板安装透视图	
	2. 硅钙板安装	硅钙板规格一般为 600mm×600mm,将面板直接搁于龙骨上。安装时要注意花样、图案的整体性;饰面板上的灯具、烟感器、喷淋头、风口算子等设备的位置要合理、美观,与饰面的交接应吻合、严密	
质量要求	矿棉板、硅钙板吊顶修缮工程安装的允许偏差		
	项次	检验项目	允许偏差(mm)	检验方法
	1	表面平整度	2	用 2m 靠尺和塞尺检查
	2	接缝直线度	3	拉 5m 线,不足 5m 拉通线,用钢直尺检查
	3	接缝高低差	1.5	用直尺、塞尺检查
施工注意	吊顶的标高、起拱高度、造型尺寸应符合设计要求。修复的应与原装饰面协调		
资料要求	记录维修选用材料、工程做法,并会同质量验收记录存档		

6.2.6 格栅吊顶损坏的检测与维修

6.2.6.1 格栅吊顶损坏的检测

格栅吊顶损坏的检测,见表 6-23。

格栅吊顶损坏的检测 表 6-23

项目类别		吊顶工程	备注
项目编号		Z3DD-6	
项目名称		格栅吊顶损坏的检测	
工作目的		搞清格栅吊顶损坏的情况、提出处理意见	
检测时间		年 月 日	
检测人员			
发生部位		格栅吊顶损坏处	
周期性		6个月/次，或随时发现随时检测	
工具		钢尺等测量仪器及小槌、凿子等工具	
注意		对格栅吊顶损坏的观测，每次都应测绘出其破旧损坏的位置、大小尺寸，注明日期，并附上必要的照片资料	
受损特征		格栅吊顶损坏	
检查工作程序	A1	将损坏的格栅吊顶部位做好编号	
	A2	检查格栅损坏情况，用钢卷尺测量其长度、宽度： 编号1： $L_1=$　mm；$B_1=$　mm 编号2： $L_2=$　mm；$B_2=$　mm	
	A3	检查格栅上的灯具、烟感器、喷淋头、风口箅子等设备损坏情况： 灯具 编号1　　　　　　　　　　　　　　（　） 烟感器编号1　　　　　　　　　　　　　（　） 喷淋头 编号1　　　　　　　　　　　　　（　） 风口箅子 编号1　　　　　　　　　　　　（　）	
	A4	检查格栅吊顶内吸声材料损坏情况，用钢卷尺测量其长度、宽度： 编号1： $L_1=$　mm；$B_1=$　mm 编号2： $L_2=$　mm；$B_2=$　mm	
	A5	将检查情况，包括将格栅吊顶损坏的分布情况，格栅吊顶损坏的大小以及数量详细地标在建筑仰视图上	不要遗漏，保证资料的完整性真实性
	A6	核对记录与现场情况的一致性	
	A7	格栅吊顶损坏的检查资料存档	
结论		格栅吊顶损坏不但外观难看，还直接造成房间使用上的不方便	

6.2.6.2 格栅吊顶损坏的维修

格栅吊顶损坏的维修，见表 6-24。

格栅吊顶损坏的维修 表 6-24

项目类别		吊顶工程	备注
项目编号		Z3DD-6A	
项目名称		格栅吊顶损坏的维修	
材料要求		格栅的防腐、防火等防护处理应符合设计要求	
处理方法	方法	工程做法	
	更换格栅	更换主副格栅组装、与龙骨连接方式应符合设计要求。格栅安装应牢固，不得有变形、松动等缺陷；接头位置应相互错开，不得在同一位置接头。 格栅表面应平整、颜色应均匀一致。镀膜或漆膜应完整、细腻、光洁、无划痕、无污染。 格栅组装应牢固、角度方向一致；表面应平整、无翘曲；接头应严密、无错台错位、纵横向应顺直、美观	

续表

项目类别		吊顶工程		备注
处理方法	方法	工程做法		
	更换格栅上的灯具、烟感器、喷淋头、风口算子等设备	更换格栅吊顶上的灯具、烟感器、喷淋头、风口算子等设备的位置应合理美观，与格栅的交接应吻合		
处理要点	1. 格栅的平整	格栅的平整是十分重要的外观形象，要保证吊顶的水平度，应从以下四方面着手： 1. 控制好格栅吊顶标高线的水平度，要做到基准点和标高尺寸要准确；吊顶面的水平控制线应尽量拉出通直线，线要拉直。 2. 格栅吊点分布要均匀，固定要牢固。 3. 龙骨和龙骨架的强度和刚度要有保证，尤其是龙骨的接头处、吊挂处等受力集中点，要注意采取加固措施。 4. 安装格栅的方法要正确，安装时要边安装边检查平整度		
	2. 格栅吊顶的线条走向的规整	格栅吊顶的线条走向的规整是十分重要的外观形象，要保证格栅吊顶的条板和条板间对缝、铝合金龙骨条及其他线条的装饰效果，应从以下三方面着手： 1. 材料挑选及校正 对几何尺寸不会格的材料要坚决剔除。校正工作可用自制的一些简易夹具来完成。 2. 设置平面整整控制线 格栅吊顶平面平整控制线有两种，一种是龙骨平直的控制线，按龙骨分格位置拉出；一种是饰面条板与板缝的平直控制线。 3. 安装与固定 安装固定饰面条板要注意对缝的均匀。 格栅吊顶内填充的吸声、保温材料的品种和铺设厚度要符合要求，并应有防散落措施。 格栅吊顶与墙面、窗帘盒的交换应符合设计要求。 格栅的安装要有定位措施		
	3. 处理好吊顶与吊顶设备的关系	要求以不破坏吊顶结构，不破坏顶面的完整性，与吊顶面衔接平整，交接处严密的原则。处理好如下几种关系： 1. 灯盘、灯槽与吊顶的关系； 2. 空调风口管算子吊顶的关系； 3. 自动喷淋头、烟感器与吊顶的关系		
施工要点		格栅安装通常是用卡具将格栅卡在龙骨上，具体做法见附图 6-14(*a*)格栅吊顶平面示意图、附图 6-14(*b*)格栅吊顶构件节点图和附图 6-14(*c*)格栅吊顶透视图		
质量要求	格栅吊顶修缮工程安装的允许偏差			
	项次	检验项目	允许偏差(mm)	检验方法
	1	表面平整度	2	用2m靠尺和塞尺检查
	2	接缝直线度	3	拉5m线，不足5m拉通线，用钢直尺检查
	3	接缝高低差	1	用直尺、塞尺检查
施工注意		格栅吊顶的标高、起拱高度、造型尺寸应符合设计要求。修复的应与原格栅吊顶协调		
资料要求		记录维修选用材料、工程做法，并会同质量验收记录存档		

6.3 隔墙工程

6.3.1 复合轻质墙板隔墙损坏的检测与维修

6.3.1.1 复合轻质墙板隔墙损坏的检测

复合轻质墙板隔墙损坏的检测，见表6-25。

复合轻质墙板隔墙损坏的检测   表 6-25

项目类别		隔墙工程	备注
项目编号		Z4GQ-1	
项目名称		复合轻质墙板隔墙损坏的检测	
工作目的		搞清复合轻质墙板隔墙损坏的情况、提出处理意见	
检测时间		年　　月　　日	
检测人员			
发生部位		复合轻质墙板隔墙损坏处	
周期性		6个月/次，或随时发现随时检测	
工具		钢尺等测量仪器及小槌、凿子等工具	
注意		对复合轻质墙板隔墙损坏的观测，每次都应测绘出其破旧损坏的位置、大小尺寸，注明日期，并附上必要的照片资料	
受损特征		复合轻质墙板隔墙损坏	
检查工作程序	A1	将损坏的复合轻质墙板隔墙部位做好编号	
	A2	检查预埋件、连接件损坏情况，用钢卷尺测量其长度、宽度： 编号1：$L_1=$　　　mm；$B_1=$　　　mm 编号2：$L_2=$　　　mm；$B_2=$　　　mm	
	A3	检查复合轻质墙板隔墙损坏情况，用钢卷尺测量其长度、宽度： 编号1：$L_1=$　　　mm；$B_1=$　　　mm 编号2：$L_2=$　　　mm；$B_2=$　　　mm	
	A4	将检查情况，包括将复合轻质墙板隔墙损坏的分布情况，复合轻质墙板隔墙损坏的大小以及数量详细地标在建筑平面图上	不要遗漏，保证资料的完整性真实性
	A5	核对记录与现场情况的一致性	
	A6	复合轻质墙板隔墙损坏的检查资料存档	
结论		复合轻质墙板隔墙损坏不但外观难看，还直接造成房间使用上的不方便	

6.3.1.2 复合轻质墙板隔墙损坏的维修

复合轻质墙板隔墙损坏的维修，见表6-26。

复合轻质墙板隔墙损坏的维修

表 6-26

项目类别		隔墙工程				备注
项目编号		Z4DD-1A				
项目名称		复合轻质墙板隔墙损坏的维修				
材料要求		复合轻质墙板隔墙板材的品种、规格、性能、颜色应符合设计要求。有隔声、隔热、阻燃、防潮等特殊要求的工程,板材应有相应性能等级的性能检测报告。玻璃纤维涂塑网格布、建筑轻质板胶粘剂、用于板缝间嵌缝增强的嵌缝带等材料均应符合现行规范要求				
处理方法	方法	工程做法				
	更换复合轻质墙板	更换复合轻质墙板安装应牢固。板材与顶棚和其他墙体的连接方式、防开裂措施应符合设计要求。 更换复合轻质墙板安装应垂直、平整,位置正确,板材不应有裂缝或缺损。拆换的复合轻质墙板隔墙板材应按原样复位。 复合轻质墙板墙表面应平整光滑、色泽一致、洁净,接缝应均匀、顺直。 复合轻质墙板墙上的孔洞、槽、盒应位置正确,套割方正、边缘整齐				
	预埋件、连接件损坏修复	安装复合轻质墙板隔墙板材所需预埋件、连接件的位置、数量、连接方法和防腐处理应符合设计要求				
施工要点	1. 墙基处理	墙基施工前应将楼地面凿毛,浮土清扫干净,用水湿润,然后现浇混凝土墙基				
	2. 复合板安装顺序	复合板安装宜由墙的一端开始排列,顺序安装,最后剩余宽度不足整板,须现尺寸补板,补板宽度大于450mm时,应在板中立一根龙骨				
	3. 排板原则	墙上设有门窗口时,应先安装门窗口一侧较短的墙板,随即立口,再顺序安装门窗口另一侧墙板。门口两侧墙板宜使用边角方正的整板,拐角两侧墙板,尽量使用整板				
	4. 复合板安装	复合板安装时,在板的顶面、侧面和门窗口外侧面,应先将浮土清除干净,均匀涂抹胶粘剂成∧字状,安装时侧面要严,上下要顶紧,接缝内胶粘剂要饱满(要凹进板面5mm左右),接缝宽度为35mm,板底空隙不大于25mm,板下所塞木楔上下接触面应涂抹胶粘剂,木楔一般不撤除,但不得露出墙面				
	5. 控制平整度	第一块复合板安装后,要检查垂直度和与相邻板面的平整度,若板面接缝不平,要及时校正				
	6. 安装双层复合板	安装双层复合板的墙体时,先安装一道复合板,露于房间一侧的墙面必须平整,在另一侧墙板的接缝要用胶粘剂勾缝;安装另一道墙板的板缝要与第一道墙板缝错开				
质量要求	板材复合轻质墙板隔墙安装的允许偏差和检验方法					
	项次	检验项目	允许偏差(mm)				检验方法

板材复合轻质墙板隔墙安装的允许偏差和检验方法

项次	检验项目	允许偏差(mm)				检验方法
		复合轻质墙板		石膏空心板	钢丝网水泥板	玻璃板	
		金属夹芯板	其他复合板				
1	立面垂直度	2	3	3	3	2	用2m垂直检测尺检查
2	表面平整度	2	3	3	3	-	用2m靠尺和塞尺检查
3	阴阳角方正	3	3	3	4	2	用直角检测尺检查
4	接缝高低差	1	2	2	3	1	用钢直尺和塞尺检查

施工注意	复合轻质墙板隔墙的标高、造型尺寸应符合设计要求
资料要求	记录维修选用材料、工程做法,并会同质量验收记录存档

6.3.2 石膏空心板隔墙损坏的检测与维修

6.3.2.1 石膏空心板隔墙损坏的检测

石膏空心板隔墙损坏的检测，见表6-27。

石膏空心板隔墙损坏的检测　　　　　　　　　　　表6-27

项目类别		隔墙工程	备注
项目编号		Z4GQ-2	
项目名称		石膏空心板隔墙损坏的检测	
工作目的		搞清石膏空心板隔墙损坏的情况、提出处理意见	
检测时间		年　　　月　　　日	
检测人员			
发生部位		石膏空心板隔墙损坏处	
周期性		6个月/次，或随时发现随时检测	
工具		钢尺等测量仪器及小槌、凿子等工具	
注意		对石膏空心板隔墙损坏的观测，每次都应测绘出其破旧损坏的位置、大小尺寸，注明日期，并附上必要的照片资料	
受损特征		石膏空心板隔墙损坏	
检查工作程序	A1	将损坏的石膏空心板隔墙部位做好编号	
	A2	检查预埋件、连接件损坏情况，用钢卷尺测量其长度、宽度： 编号1：$L_1=$　　mm；$B_1=$　　mm 编号2：$L_2=$　　mm；$B_2=$　　mm	
	A3	检查石膏空心板隔墙损坏情况，用钢卷尺测量其长度、宽度： 编号1：$L_1=$　　mm；$B_1=$　　mm 编号2：$L_2=$　　mm；$B_2=$　　mm	
	A4	检查隔墙石膏空心板接缝开裂损坏情况，用钢卷尺测量其长度、宽度： 编号1：$L_1=$　　mm；$B_1=$　　mm 编号2：$L_2=$　　mm；$B_2=$　　mm	
	A5	将检查情况，包括将石膏空心板隔墙损坏的分布情况，石膏空心板隔墙损坏的的大小以及数量详细地标在建筑平面图上	不要遗漏，保证资料的完整性真实性
	A6	核对记录与现场情况的一致性	
	A7	石膏空心板隔墙损坏的检查资料存档	
结论		石膏空心板隔墙损坏不但外观难看，还直接造成房间使用上的不方便	

6.3.2.2 石膏空心板隔墙损坏的维修

石膏空心板隔墙损坏的维修，见表6-28。

石膏空心板隔墙损坏的维修　　　　　　　　　　　表6-28

项目类别	隔墙工程	备注
项目编号	Z4DD-2A	
项目名称	石膏空心板隔墙损坏的维修	

项目类别		隔墙工程	备注
材料要求		石膏空心板隔墙板材的品种、规格、性能、颜色应符合设计要求。有隔声、隔热、阻燃、防潮等特殊要求的工程,板材应有相应性能等级的性能检测报告技术要求:面密度≤55kg/m²,抗弯荷载≥1.8G(G 为板材的重量,单位 N),单点吊挂力≥800N,料浆抗压强度≥7MPa 玻璃纤维涂塑网格布、建筑轻质板胶粘剂、用于板缝间嵌缝增强的嵌缝带等材料均应符合现行规范要求。 胶粘剂:SG791 建筑胶粘剂,以醋酸乙烯为单位的高聚物作主胶料,与其他原材料配制而成,系无色透明胶液。本胶液与建筑石膏粉调制成胶粘剂,适用于石膏条板粘结,石膏条板与砖墙、混凝土墙粘结。石膏与石膏粘结压剪强度不低于 2.5MPa。也可用类似的专用石膏胶粘剂,但应经试验确认可靠后,才能使用	
处理方法	方法	工程做法	
	1. 更换石膏空心板	更换石膏空心板安装应牢固。板材与顶棚和其他墙体的连接方式、防开裂措施应符合设计要求。 更换石膏空心板安装应垂直、平整,位置正确,板材不应有裂缝或缺损。拆换的石膏空心板隔墙板材应按原样复位。 石膏空心板墙表面应平整光滑、色泽一致、洁净,接缝应均匀、顺直。 石膏空心板墙上的孔洞、槽、盒应位置正确、套割方正、边缘整齐	
	2. 预埋件、连接件损坏修复	安装石膏空心板隔墙板材所需预埋件、连接件的位置、数量、连接方法和防腐处理应符合设计要求	
	3. 石膏空心板接缝修复	隔墙石膏空心板材所用接缝材料的品种及接缝方法应符合设计要求	
施工要点	1. 清理	清理隔墙板与顶面、地面、墙面的结合部,凡凸出墙面的砂浆、混凝土块等必须剔除并扫净,结合部尽力找平	
	2. 放线	在地面、墙面及顶面根据原墙位置,弹好隔墙边线及门窗洞边线,并按板定分档。作为整个维修工作的依据	
	3. 配板、修补	板的长度应按接面结构层净高尺寸减 20～30mm。计算并量测门窗洞口上部及窗口下部的隔板尺寸,并按此尺寸配板。当板的宽度与隔墙的长度不相适应时,应将部分隔墙板预先拼接加宽(或锯窄)成合适的宽度,并放置在阴角处。有缺陷的板应修补	
	4. 用 U 形钢板卡固定条板	有抗震要求时,应按设计要求用 U 形钢板卡固定条板的顶端。在两块条板顶端拼缝之间用射钉将 U 形钢板卡固定在梁或板上,随安装随固定 U 形钢板卡	
	5. 配制胶粘剂	将 SG791 胶与建筑石膏粉配制成胶泥,石膏粉:SG791=1:0.6～0.7(重量比)。胶粘剂的配制量以一次不超过 20min 使用时间为宜。配制的胶粘剂超过 30min 凝固了的,不得再加水加胶重新调制使用,以避免板缝因粘接不牢而出现裂缝	
	6. 安装隔墙板	隔墙板安装顺序应从与墙的结合处或门洞边开始,依次顺序安装。板侧清刷浮灰,在墙面、顶面、板的顶面及侧面(相拼合面)先刷 SG791 胶液一道,再满刮 SG791 胶泥,按弹线位置安装就位,用木楔顶在板底,再用手平推隔板,使其板缝冒浆,一个人用特制的撬棍在板底部向上顶,另一人打木楔,使隔墙板挤紧须实,然后用开刀(腻子刀)将挤出的胶粘剂刮平。按以上操作办法依次安装隔墙板。 在安装隔墙板时,一定要注意使条板对准预先在顶板和地板上弹好的定位线,并在安装过程中随时用 2m 靠尺及塞尺测量墙面的平整度,用 2m 托线板检查板的垂直度。 粘结完毕的墙体,应在 24h 以后用 C20 干硬性细石混凝土将板下口堵严,当混凝土强度达到 10MPa 以上,撤去板下木楔,并用同等强度的干硬性砂浆灌实	

续表

项目类别		隔墙工程	备注
施工要点	7. 铺设电线管、稳接线盒	按电气安装图找准位置划出定位线,铺设电线管、稳接线盒。 所有电线管必须顺石膏板孔铺设,严禁横铺和斜铺。 稳接线盒,先在板面钻孔扩孔(防止猛击),再用扁铲扩孔,孔要大小适度,要方正。孔内清理干净,先刷 SG791 胶液一道,再用 SG791 胶泥稳住接线盒	
	8. 安水暖、煤气管道卡	按水暖、煤气管道安装图找准标高和竖向位置,划出管卡定位线,在隔墙板上钻孔扩孔(禁止剔凿),将孔内清理干净,先刷 SG791 胶液一道,再用 SG791 胶泥固定管卡	
	9. 安装吊挂埋件	隔墙板上可安装碗柜、设备和装饰物,每一块板可设两个吊点,每个吊点吊重不大于 80kg。 先在隔墙板上钻孔扩孔(防止猛击),孔内应清理干净,先刷 SG791 胶液一道,再用 SG791 胶泥固定埋件,待后再吊挂设备	
	10. 安门窗框	一般采用先留门窗洞口,后安门窗框的方法。钢门窗框必须与门窗口板中的预埋件焊接。木门窗框用 L 形连接件连接,一边用木螺钉与木框连接,另一端与门窗口板中预埋件焊接。门窗框与门窗口板之间缝隙不宜超过 3mm,超过 3mm 时应加木垫片过渡。将缝隙浮灰清理干净,先刷 SG791 胶液一道,再用 SG791 胶泥嵌缝。嵌缝要严密,以防止门扇开关时碰撞门框造成裂缝	
	11. 板缝处理	隔墙板安装后 10d,检查所有缝隙是否粘结良好,有无裂缝,如出现裂缝,应查明原因后进行修补。已粘结良好的所有板缝、阴角缝,先清理浮灰,再刷 SG791 胶液粘贴 50mm 宽玻纤网格带,转角隔墙在阳角处粘贴 200mm 宽(每边各 100mm 宽)玻纤布一层。干后刮 SG791 胶泥,略低于板面	

板材复合轻质墙板隔墙安装的允许偏差和检验方法

项次	检验项目	允许偏差(mm)					检验方法
		复合轻质墙板		石膏空心板	钢丝网水泥板	玻璃板	
		金属夹芯板	其他复合板				
1	立面垂直度	2	3	3	3	2	用 2m 垂直检测尺检查
2	表面平整度	2	3	3	3	-	用 2m 靠尺和塞尺检查
3	阴阳角方正	3	3	3	4	2	用直角检测尺检查
4	接缝高低差	1	2	2	3	1	用钢直尺和塞尺检查

施工注意	石膏空心板隔墙的标高、造型尺寸应符合设计要求
资料要求	记录维修选用材料、工程做法,并会同质量验收记录存档

6.3.3 轻钢龙骨纸面石膏板墙损坏的检测与维修

6.3.3.1 轻钢龙骨纸面石膏板墙损坏的检测

轻钢龙骨纸面石膏板墙损坏的检测,见表 6-29。

轻钢龙骨纸面石膏板墙损坏的检测 表 6-29

项目类别		隔墙工程	备注
项目编号		Z4GQ-3	
项目名称		轻钢龙骨纸面石膏板墙损坏的检测	
工作目的		搞清轻钢龙骨纸面石膏板墙损坏的情况、提出处理意见	
检测时间		年　　月　　日	
检测人员			
发生部位		轻钢龙骨纸面石膏板墙损坏处	
周期性		6个月/次，或随时发现随时检测	
工具		钢尺等测量仪器及小锤、凿子等工具	
注意		对轻钢龙骨纸面石膏板墙损坏的观测，每次都应测绘出其破旧损坏的位置、大小尺寸，注明日期，并附上必要的照片资料	
受损特征		轻钢龙骨纸面石膏板墙损坏	
检查工作程序	A1	将损坏的轻钢龙骨纸面石膏板墙的部位做好编号	
	A2	检查轻钢龙骨骨架损坏情况，用钢卷尺测量其长度、宽度： 编号1：$L_1=$　　mm；$B_1=$　　mm 编号2：$L_2=$　　mm；$B_2=$　　mm	
	A3	检查轻钢龙骨纸面石膏板墙损坏情况，用钢卷尺测量其长度、宽度： 编号1：$L_1=$　　mm；$B_1=$　　mm 编号2：$L_2=$　　mm；$B_2=$　　mm	
	A4	检查预埋件、连接件损坏情况，用钢卷尺测量其长度、宽度： 编号1：$L_1=$　　mm；$B_1=$　　mm 编号2：$L_2=$　　mm；$B_2=$　　mm	
	A5	检查轻钢龙骨纸面石膏板墙裂缝情况，用钢卷尺测量其长度、宽度： 编号1：$L_1=$　　mm；$B_1=$　　mm 编号2：$L_2=$　　mm；$B_2=$　　mm	
	A6	将检查情况，包括将轻钢龙骨纸面石膏板墙损坏的分布情况，轻钢龙骨纸面石膏板墙损坏的大小以及数量详细地标在建筑平面图上	不要遗漏，保证资料的完整性真实性
	A7	核对记录与现场情况的一致性	
	A8	轻钢龙骨纸面石膏板墙损坏的检查资料存档	
结论		轻钢龙骨纸面石膏板墙损坏不但外观难看，还直接造成房间使用上的不方便	

6.3.3.2 轻钢龙骨纸面石膏板墙损坏的维修

轻钢龙骨纸面石膏板墙损坏的维修,见表 6-30。

轻钢龙骨纸面石膏板墙损坏的维修

表 6-30

项目类别		隔墙工程	备注
项目编号		Z4DD-3A	
项目名称		轻钢龙骨纸面石膏板墙损坏的维修	
材料要求		骨架隔墙所用龙骨、配件、墙面板、填充材料及嵌缝材料的品种、规格、性能应符合设计要求。有隔声、隔热、阻燃、防潮等特殊要求的工程,材料应有相应性能等级的性能检测报告。玻璃板应使用安全玻璃。具体要求如下: 1. 龙骨外观应表面平整,棱角挺直,过渡角及切边不允许有裂口和毛刺,表面不得有严重污染、腐蚀和机械损伤,面积不大于 1cm² 的黑斑每米长度内不多于 3 处,涂层应无气泡、划伤、漏涂、颜色不均等缺陷。技术性能应符合《建筑用轻钢龙骨》GB/T 11981—2008 要求。 2. 石膏板 纸面石膏板采用二水石膏为主要原抖,掺入适量外加剂和纤维做成板芯,用特制的纸作面层,粘贴牢固而成,技术性能应符合《纸面石膏板》GB/T 9775—2008 要求。 3. 紧固材料 拉锚钉、膨胀螺栓、镀锌自攻螺钉、木螺钉和粘贴嵌缝材料,应符合设计要求。 4. 接缝材料 接缝腻子:拉压强度>3.0MPa,拉折强度>1.5MPa,终凝时间>0.5h	
处理方法	方法	工程做法	
	1. 更换、加固轻钢龙骨骨架	轻钢龙骨骨架隔墙工程边框龙骨应与基体结构连接牢固,位置正确,平整、垂直。 轻钢龙骨骨架隔墙的龙骨间距和构造连接方法应符合设计要求。骨架内设备管线的安装、门窗洞口等部位加强龙骨应安装牢固、位置正确,填充材料的设置应符合设计要求	
	2. 更换、维修纸面石膏板	轻钢龙骨骨架隔墙的纸面石膏板应安装牢固,无脱层、翘曲、折裂及缺损。固定面板的铁件应做防锈处理。胶粘剂应符合设计及国家规范、标准的规定,并严格按产品说明书的要求进行施工	
	3. 预埋件、连接件损坏修复	安装轻钢龙骨骨架、纸面石膏板所需预埋件、连接件的位置、数量、连接方法和防腐处理应符合设计要求	
	4. 纸面石膏板接缝的处理	纸面石膏板所用接缝材料的接缝方法应符合设计要求	
施工要点	1. 龙骨安装	先固定沿顶、沿地龙骨,然后安装竖向龙骨、横撑龙骨,要保证平整垂直,安装牢固,靠墙龙骨要与墙体连接牢固紧密,确保整体刚度。沿地龙骨、沿项龙骨、加强龙骨、竖向龙骨、横撑龙骨等轻钢龙骨的装配要符合设计要求	
		门窗(或特殊节点)处,应使用附加龙骨,使门窗(或特殊节点)的强度达到设计要求	
	2. 石膏板安装	石膏板要竖向铺设,长边接缝要落在竖向龙骨上	
		石膏板应采用自攻螺钉固定,周边螺钉的间距不应大于 200mm,中向部分螺钉的间距不应大于 300mm,螺钉距板边缘应为 10～16mm	
		隔墙端部的石膏板与周围的墙或柱应留有 3mm 的槽口。施铺罩面板时,应先在槽口处加注嵌膏,然后铺设并挤出嵌缝膏,使板面与邻近表面接触紧密	
		在丁字形或十字形连接处,若为阴角则应用腻子嵌满,贴上接缝带;若为阳角应做护角。石膏板的接缝为 3～6mm,且必须是坡口与坡口相接	
		双层石膏板安装,在龙骨一侧的两层石膏板要错缝排列,接缝不要落在同一根龙骨上	
		石膏板应采用自攻螺钉固定,周边螺钉的间距不应大于 200mm,中向部分螺钉的间距不应大于 300mm,螺钉距板边缘应为 10～16mm	

项目类别		隔墙工程				备注
施工要点	3. 接缝处理	隔墙端部的石膏板与周围的墙或柱应留有 3mm 的槽口。施铺罩面板时,应先在槽口处加注嵌膏,然后铺板并挤出嵌缝膏,使板面与邻近表面接触紧密				
		在丁字型或十字型连接处,若为阴角则应用腻子嵌满,贴上接缝带;若为阳角应做护角				
		石膏板的接缝为 3~6mm,且必须是坡口与坡口相接				

			骨架隔墙修理、安装的允许偏差和检验方法				
质量要求	项次	检验项目	允许偏差(mm)				检验方法
			纸面石膏板	人造木板	水泥纤维板	玻璃板	
	1	立面垂直度	3	3	4	2	用 2m 垂直检测尺检查
	2	表面平整度	3	3	3	1	用 2m 靠尺和塞尺检查
	3	阴阳角方正	3	3	3	2	用直角检测尺检查
	4	接缝高低差	1	1	1	1	用钢直尺和塞尺检查
	5	接缝直线度	—	2	3	2	拉 5m 线,不足 5m 拉通线,用钢尺检查
	6	压条直线度	—	2	3	2	

施工注意	轻钢龙骨纸面石膏板墙的标高、造型尺寸应符合设计要求
资料要求	记录维修选用材料、工程做法,并会同质量验收记录存档

6.3.4　木龙骨胶合板、纤维板墙损坏的检测与维修

6.3.4.1　木龙骨胶合板、纤维板墙损坏的检测

木龙骨胶合板、纤维板墙损坏的检测,见表 6-31。

木龙骨胶合板、纤维板墙损坏的检测　　　　　　　　表 6-31

项目类别		隔墙工程	备注
项目编号		Z4GQ-4	
项目名称		木龙骨胶合板、纤维板墙损坏的检测	
工作目的		搞清木龙骨胶合板、纤维板墙损坏的情况并提出处理意见	
检测时间		年　　　月　　　日	
检测人员			
发生部位		木龙骨胶合板、纤维板墙损坏处	
周期性		6 个月/次,或随时发现随时检测	
工具		钢尺等测量仪器及小槌、凿子等工具	
注意		对木龙骨胶合板、纤维板墙损坏的观测,每次都应测绘出其破旧损坏的位置、大小尺寸,注明日期,并附上必要的照片资料	
受损特征		木龙骨胶合板、纤维板墙损坏	
检查工作程序	A1	将损坏的木龙骨胶合板、纤维板墙的部位做好编号	
	A2	检查木龙骨骨架损坏情况,用钢卷尺测量其长度、宽度: 编号 1:L_1=　　　mm;B_1=　　　mm 编号 2:L_2=　　　mm;B_2=　　　mm	

项目类别		隔墙工程	备注
检查工作程序	A3	检查木龙骨胶合板、纤维板墙损坏情况,用钢卷尺测量其长度、宽度: 编号1: $L_1=$　　　mm;$B_1=$　　　mm 编号2: $L_2=$　　　mm;$B_2=$　　　mm	
	A4	检查预埋件、连接件损坏情况,用钢卷尺测量其长度、宽度: 编号1: $L_1=$　　　mm;$B_1=$　　　mm 编号2: $L_2=$　　　mm;$B_2=$　　　mm	
	A5	检查木龙骨胶合板、纤维板墙裂缝情况,用钢卷尺测量其长度、宽度: 编号1: $L_1=$　　　mm;$B_1=$　　　mm 编号2: $L_2=$　　　mm;$B_2=$　　　mm	
	A6	将检查情况,包括将木龙骨胶合板、纤维板墙损坏的分布情况,木龙骨胶合板、纤维板墙损坏的大小以及数量详细地标在建筑平面图上	不要遗漏,保证资料的完整性真实性
	A7	核对记录与现场情况的一致性	
	A8	木龙骨胶合板、纤维板墙损坏的检查资料存档	
结论		木龙骨胶合板、纤维板墙损坏不但外观难看,还直接造成房间使用上的不方便	

6.3.4.2 木龙骨胶合板、纤维板墙损坏的维修

木龙骨胶合板、纤维板墙损坏的维修,见表6-32。

木龙骨胶合板、纤维板墙损坏的维修　　　　　表6-32

项目类别		隔墙工程	备注
项目编号		Z4DD-4A	
项目名称		木龙骨胶合板、纤维板墙损坏的维修	
材料要求		罩面板应表面平整、边缘整齐,不应有污垢、裂纹、缺角、翘曲、起皮、色差、图案不完整的缺陷。胶合板、木质纤维板不应脱胶、变色和腐朽。 龙骨和罩面板材料的材质均应符合现行国家标准和行业标准的规定。 罩面板的安装宜使用镀锌的螺钉、钉子。接触砖石、混凝土的木龙骨和预埋的木砖应做防腐处理。所有木作都应做好防火处理。 人造板、胶粘剂必须有环保要求检测报告	
处理方法	方法	工程做法	
	1. 更换、加固木龙骨骨架	木龙骨骨架隔墙工程边框龙骨应与基体结构连接牢固,位置正确,平整、垂直。 木龙骨骨架隔墙的龙骨间距和构造连接方法应符合设计要求。骨架内设备管线的安装、门窗洞口等部位加强龙骨安装牢固,位置正确,填充材料的设置应符合设计要求	
	2. 更换、维修胶合板、纤维板	木龙骨骨架隔墙的胶合板、纤维板应安装牢固,无脱层、翘曲、折裂及缺损。固定面板的铁件应做防锈处理。胶粘剂应符合设计及国家规范、标准的规定,并严格按产品说明书的要求进行施工	
	3. 预埋件、连接件损坏修复	安装木龙骨骨架、胶合板、纤维板所需预埋件、连接件的位置、数量、连接方法和防腐处理应符合设计要求	
	4. 胶合板、纤维板接缝的处理	胶合板、纤维板所用接缝材料的接缝方法应符合设计要求	
施工要点	1. 龙骨安装	1. 沿弹线位置固定沿顶和沿地龙骨,各自交接后的龙骨,应保持平直。固定点间距应不大于1m,龙骨的端部必须固定,固定应牢固。边框龙骨与基体之间,应按设计要求安装密封条。 2. 门窗或特殊节点处,应使用附加龙骨,其安装应符合设计要求。	

项目类别		隔墙工程	备注
施工要点	1. 龙骨安装	3. 骨架安装的允许偏差,应符合下表规定: 隔墙龙骨允许偏差<table><tr><td>项目</td><td>项次</td><td>允许偏差(mm)</td><td>检验方法</td></tr><tr><td rowspan="2"></td><td>1</td><td>立面垂直</td><td>2</td><td>用2m托线板检查</td></tr><tr><td>2</td><td>表面平整</td><td>2</td><td>用2m直尺和楔形塞尺检查</td></tr></table> 4. 门窗(或特殊节点)处,应使用附加龙骨,使门窗(或特殊节点)的强度达到设计要求	
	2. 胶合板、纤维板安装	安装胶合板、人造木板的基体表面,需用油毡、釉质防潮时,应铺设平整,搭接严密,不得有皱折、裂缝和透孔等	
		胶合板、人造木板采用直钉固定,钉距为80~150mm,钉帽应打扁并钉入板面0.5~1mm;钉眼用油性腻子抹平	
		胶合板、人造木板如涂刷清油等涂料时,相邻板面的木纹和颜色应近似	
		需要隔声、保温、防火的应根据设计要求在龙骨安装好后,进行隔声、保温、防火等材料的填充;一般采用玻璃丝棉或30~100mm岩棉板进行隔声、防火处理;采用50~100mm苯板进行保温处理。再封闭罩面板	
		墙面用胶合板、纤维板装饰时,阳角处宜做护角;硬质纤维板应用水浸透,自然阴干后安装	
		胶合板、纤维板用木压条固定时,钉距不应大于200mm,钉帽应打扁,并钉入木压条0.5~1mm,钉眼用油性腻子抹平。用胶合板、人造木板、纤维板作罩面时,应符合防火的有关规定,在湿度较大的房间,不得使用未经防水处理的胶合板和纤维板	
		墙面安装胶合板时,阳角处应做护角,以防板边角损坏,并可增加装饰	
	3. 接缝处理	隔墙端部的胶合板、纤维板与周围的墙或柱应留有3mm的槽口。施铺罩面板时,应先在槽口处加注嵌膏,然后铺板并挤出嵌缝膏,使板面与邻近表面接触紧密	
		在丁字形或十字形连接处,若为阴角则应用腻子嵌满,贴上接缝带;若为阳角应做护角	
		胶合板、纤维板的接缝为3~6mm,且必须是坡口与坡口相接	
质量要求	骨架隔墙修理、安装的允许偏差和检验方法		
	<table><tr><td rowspan="2">项次</td><td rowspan="2">检验项目</td><td colspan="4">允许偏差(mm)</td><td rowspan="2">检验方法</td></tr><tr><td>胶合板、纤维板</td><td>人造木板</td><td>水泥纤维板</td><td>玻璃板</td></tr><tr><td>1</td><td>立面垂直度</td><td>3</td><td>3</td><td>4</td><td>2</td><td>用2m垂直检测尺检查</td></tr><tr><td>2</td><td>表面平整度</td><td>3</td><td>3</td><td>3</td><td>1</td><td>用2m靠尺和塞尺检查</td></tr><tr><td>3</td><td>阴阳角方正</td><td>3</td><td>3</td><td>3</td><td>2</td><td>用直角检测尺检查</td></tr><tr><td>4</td><td>接缝高低差</td><td>1</td><td>1</td><td>1</td><td>1</td><td>用钢直尺和塞尺检查</td></tr><tr><td>5</td><td>接缝直线度</td><td>—</td><td>2</td><td>3</td><td>2</td><td rowspan="2">拉5m线,不足5m拉通线,用钢尺检查</td></tr><tr><td>6</td><td>压条直线度</td><td>—</td><td>2</td><td>3</td><td>2</td></tr></table>		
施工注意	木龙骨胶合板、纤维板墙的标高、造型尺寸应符合设计要求		
资料要求	记录维修选用材料、工程做法,并会同质量验收记录存档		

6.4 地面工程

6.4.1 地面基层

6.4.1.1 地面基土损坏检测与维修

6.4.1.1.1 地面基土损坏检测

地面基土损坏检测，见表 6-33。

地面基土损坏检测　　　　表 6-33

项目类别		地面基层	备注
项目编号		Z8DJ-1	
项目名称		地面基土损坏检测	
工作目的		搞清地面基土损坏现状、产生原因并提出处理意见	
检测时间		年　　　月　　　日	
检测人员			
发生部位		地面基土损坏处	
周期性		6 个月/次	
工具		钢尺、小槌、镐头、铁锹等工具	
注意		对地面基土损坏的观测，每次都应测绘出灰缝损坏的位置、大小尺寸,注明日期,并附上必要的照片资料	
受损特征		地面基土损坏造成地面、散水、台阶等建筑构件表面损坏	
准备工作	1	观察地面基土损坏的分布情况,地面基土损坏的大小、数量以及深度	
	2	将地面基土损坏的分布情况,地面基土损坏的大小、数量以及深度详细地标在平面图上	
检查工作程序	A1	将地面基土损坏处并做好编号	
	A2	用钢卷尺测量其长度 L、宽度 B、深度 H： 编号 1：$L_1=$　　　mm;$B_1=$　　　mm;$H_1=$　　　mm 编号 2：$L_2=$　　　mm;$B_2=$　　　mm;$H_2=$　　　mm	
	A3	根据需要在检查记录中绘制平面图。将检查情况,包括将地面基土损坏的分布情况,地面基土损坏的大小、数量以及深度详细地标在平面图上	不要遗漏,保证资料的完整性真实性
	A4	核对记录与现场情况的一致性	
	A5	地面基土损坏检查资料存档	
原因分析		1. 基土受到水浸泡,酸、碱腐蚀　　　　　　（　　） 2. 基土长期受到冻融影响　　　　　　　　（　　） 3. 受到外力的作用造成基土受损　　　　　（　　）	
结论		由于基土受到下列因素的影响： 1. 基土受到水浸泡,酸、碱腐蚀　　　　　　（　　） 2. 基土长期受到冻融影响　　　　　　　　（　　） 3. 受到外力的作用造成基土受损　　　　　（　　） 需要马上对其进行修理	

211

6.4.1.1.2 地面基土损坏维修

地面基土损坏维修，见表 6-34。

地面基土损坏维修 表 6-34

项目类别		地面基层		备注
项目编号		Z8DJ-1A		
项目名称		地面基土损坏维修		
维修		**工程做法**		
		挖除损坏的基土，被扰动的土、软泥、软土、松土要全部挖掉。回填素土分层夯实		
施工方法	**步骤**	**施工方法**		
	1. 构造做法	原状土层处理的构造做法见附图 6-15 原状土层处理的构造做法		
		软弱土层处理的构造做法见附图 6-16 软弱土层处理构造做法		
		土层结构被扰动需加固处理的构造做法见附图 6-17 土层结构被扰动需加固处理的构造做法		
	2. 施工前准备	铺设垫层前应验槽，并清除基底表面浮土、杂物。铺设垫层时，防止被践踏、受冻或受浸泡，降低基底强度的情况发生		
	3. 基层处理	场地若有积水应晾干，局部有软弱土层或孔洞，应挖除后用素土分层回填夯实		
	4. 准备土料	素土地基料可采用黏土或粉质黏土，有机物含量不得超过 5%，不应含有冻土或膨胀土，严禁采用地表腐殖土、冻土、耕植土、淤泥质土、杂填土等土料，当含有碎石时，其粒径不宜大于 50mm。土料中不得夹有砖、瓦和石块。适当控制含水量，现场以手握成团，两指轻捏即散为宜		
	5. 铺土	铺土后应分段分层夯实，每层虚铺厚度为：当采用石夯、木夯、人工夯实时，每层虚铺厚度为 200～250mm。当采用蛙式夯机、柴油打夯机等轻型夯实机械时，每层虚铺厚度为 200～250mm		
	6. 夯实	基土应均匀密实。填土应分层压（夯）实，压实系数不应小于 0.90，夯打遍数按设计要求的干密度由试夯确定，一般不少于 4 遍		
施工注意		1. 基土分段施工时，不得在墙角、柱基及承重窗间墙下接缝，上下两层的接缝距离不得小于 500mm，接缝处应夯压密实。当基土地基高度不同时，应做成阶梯形，每阶宽度不少于 500mm；接缝时，用铁锹在留缝处垂直切齐，再铺下段夯实。 2. 基土应当日铺填当日夯压，入槽基土不得隔日夯压。夯实后的基土 3d 内不得受水浸泡，并做好临时性覆盖，避免日晒雨淋。 3. 冬季施工，必须在基层不冻的状态下进行，土料应覆盖保温，冻土及夹有冻块的土料不使用；夯完土的表面应用塑料面及草袋覆盖保温，防备基土垫层早期受冻降低强度		

基土表面的允许偏差	项次	检验项目	允许偏差（mm）	检验方法
	1	表面平整度	15	用 2m 靠尺和楔形塞尺检查
	2	标高	0～50	用水准仪检查
	3	坡度	不大于房间相应尺寸的 2/1000，且不大于 30	用坡度尺检查
	4	厚度	在个别地方不大于设计厚度的 1/10	用钢尺检查

资料要求	记录维修选用材料、工程做法，并会同质量验收记录存档

6.4.1.2 地面灰土垫层损坏检测与维修

6.4.1.2.1 地面灰土垫层损坏检测

地面灰土垫层损坏检测，见表 6-35。

地面灰土垫层损坏检测 表 6-35

项目类别	地面基层		备注
项目编号	Z8DJ-2		
项目名称	地面灰土垫层损坏检测		
工作目的	搞清地面灰土垫层损坏现状、产生原因、提出处理意见		
检测时间	年　　　月　　　日		
检测人员			
发生部位	地面灰土垫层损坏处		
周期性	6个月/次		
工具	钢尺、小槌、镐头、铁锹等工具		
注意	对地面灰土垫层损坏的观测，每次都应测绘出灰缝损坏的位置、大小尺寸，注明日期，并附上必要的照片资料		
受损特征	地面灰土垫层损坏造成地面、散水、台阶等建筑构件表面损坏		
准备工作	1	观察地面灰土垫层损坏的分布情况，地面灰土垫层损坏的大小、数量以及深度	
	2	将地面灰土垫层损坏的分布情况，地面灰土垫层损坏的大小、数量以及深度详细地标在平面图上	
检查工作程序	A1	将地面灰土垫层损坏处并做好编号	
	A2	用钢卷尺测量其长度 L、宽度 B、深度 H 编号1：$L_1=$　　mm；$B_1=$　　mm；$H_1=$　　mm 编号2：$L_2=$　　mm；$B_2=$　　mm；$H_2=$　　mm	
	A3	根据需要在检查记录中绘制平面图。将检查情况，包括将地面灰土垫层损坏的分布情况，地面灰土垫层损坏的大小、数量以及深度详细地标在平面图上	不要遗漏，保证资料的完整性真实性
	A4	核对记录与现场情况的一致性	
	A5	地面灰土垫层损坏检查资料存档	
原因分析	1. 地面灰土垫层受到水浸泡，酸、碱腐蚀　　　　　（　　） 2. 地面灰土垫层长期受到冻融影响　　　　　　　（　　） 3. 受到外力的作用造成地面灰土垫层受损　　　　（　　）		
结论	由于地面灰土垫层受到下列因素的影响： 1. 地面灰土垫层受到水浸泡，酸、碱腐蚀　　　　（　　） 2. 地面灰土垫层长期受到冻融影响　　　　　　　（　　） 3. 受到外力的作用造成地面灰土垫层受损　　　　（　　） 需要马上对其进行修理		

6.4.1.2.2 地面灰土垫层损坏维修

地面灰土垫层损坏维修，见表 6-36。

地面灰土垫层损坏维修 表 6-36

项目类别	地面基层	备注
项目编号	Z8DJ-2A	
项目名称	地面灰土垫层损坏维修	

项目类别		地面基层	备注
维修		工程做法	备注
		挖除损坏的灰土垫层,重做灰土垫层	
	步骤	施工方法	
施工方法	1. 构造做法	灰土垫层的最小厚度不应小于100mm。其构造做法见附图6-18灰土垫层构造做法	
	2. 施工前准备	铺设垫层前应验槽,并清除基底表面浮土、杂物。铺设垫层时,防止被践踏、受冻或受浸泡,降低基底强度的情况发生	
	3. 基层处理	场地若有积水应晾干,局部有软弱土层或孔洞,应挖除后用灰土分层回填夯实	
	4. 准备土料	灰土可用熟化石灰、磨细生石灰、粉煤灰或电石渣与黏土或粉质黏土、粉土拌合而成;灰土地地面灰土垫层料不宜使用块状黏土和砂质粉土,有机物含量不得超过5%,其颗粒不得大于15mm;石灰宜采用新鲜的消石灰,含氧化钙、氯化镁越高越好,越高胶结力越强,使用前1~2天消解并过筛,其颗粒不得大于5mm,且不应夹有未熟化的生石灰粒及其他杂质。 灰土体积配合比一般用3:7或2:8,人工翻拌不少于3遍,使其达到均匀,颜色一致,并适当控制含水量,现场以手握成团,两指轻捏即散为宜;灰土要求随拌随用。 熟化石灰颗粒粒径不得大于5mm;黏土(或粉质黏土、粉土)内不得含有有机物质,颗粒粒径不得大于15mm	
	5. 铺土	灰土垫层应分层夯实。灰土垫层的标高、坡度、厚度应符合设计要求。其中灰土垫层最小厚度不宜小于100mm。 灰土每层虚铺厚度为:当采用石夯、木夯,人工夯实时,每层虚铺厚度为200~250mm。当采用蛙式夯机、柴油打夯机等轻型夯实机械时,每层虚铺厚度为200~250mm。见附图6-18灰土垫层构造做法	
	6. 夯实	地面灰土垫层应均匀密实。填土应分层压(夯)实,压实系数不应小于0.90,夯打遍数按设计要求的干密度由试夯确定,一般不少于4遍	
施工注意		1. 灰土分段施工时,不得在墙角、柱基及承重窗间墙下接缝,上下两层的接缝距离不得小于500mm,接缝处应夯压密实。当灰土地基高度不同时,应做成阶梯形,每阶宽度不少于500mm;对作辅助防水层的灰土,应将地下水位以下结构包围,并处理好接缝,每层虚土从留缝处往前延伸500mm,夯实时应夯过接缝300mm以上;接缝时,用铁锹在留缝处垂直切齐,再铺下段夯实。 2. 灰土应当日铺填当日夯压,入槽灰土不得隔日夯压。夯实后的灰土3d内不得受水浸泡,并做好临时性覆盖,避免日晒雨淋。 3. 冬期施工,必须在基层不冻的状态下进行,土料应覆盖保温,冻土及夹有冻块的土料不得使用;夯完土的表面应用塑料面及草袋覆盖保温,防备灰土垫层早期受冻降低强度	

灰土垫层表面的允许偏差	项次	检验项目	允许偏差(mm)	检验方法
	1	表面平整度	10	用2m靠尺和楔形塞尺检查
	2	标高	±10	用水准仪检查
	3	坡度	不大于房间相应尺寸的2/1000,且不大于30	用坡度尺检查
	4	厚度	在个别地方不大于设计厚度的1/10	用钢尺检查

6.4.1.3 混凝土垫层损坏检测与维修

6.4.1.3.1 混凝土垫层损坏检测

混凝土垫层损坏检测，见表 6-37。

混凝土垫层损坏检测 　　　　　　　　　　　　　　　　　　表 6-37

项目类别		地面基层	备注
项目编号		Z8DJ-3	
项目名称		混凝土垫层损坏检测	
工作目的		搞清混凝土垫层损坏现状、产生原因、提出处理意见	
检测时间		年　　月　　日	
检测人员			
发生部位		混凝土垫层损坏处	
周期性		6 个月/次	
劳力(小时)		2 人	
工具		钢尺、小槌、镐头、铁锨等工具	
注意		对混凝土垫层损坏的观测，每次都应测绘出混凝土垫层损坏的位置、大小尺寸，注明日期，并附上必要的照片资料	
受损特征		混凝土垫层损坏造成地面、散水、台阶等建筑构件表面损坏	
准备工作	1	观察混凝土垫层损坏的分布情况，及损坏的大小、数量以及深度	
	2	将混凝土垫层损坏的分布情况，混凝土垫层损坏的大小、数量以及深度详细地标在平面图上	
检查工作程序	A1	将混凝土垫层损坏处并做好编号	
	A2	用钢卷尺测量其长度 L、宽度 B、深度 H； 编号 1：$L_1 =$ 　　mm；$B_1 =$ 　　mm；$H_1 =$ 　　mm 编号 2：$L_2 =$ 　　mm；$B_2 =$ 　　mm；$H_2 =$ 　　mm	
	A3	根据需要在检查记录中绘制平面图。将检查情况，包括将混凝土垫层损坏的分布情况，混凝土垫层损坏的大小、数量以及深度详细地标在平面图上	不要遗漏，保证资料的完整性真实性
	A4	核对记录与现场情况的一致性	
	A5	混凝土垫层损坏检查资料存档	
原因分析		1. 混凝土垫层受到水浸泡，酸、碱腐蚀　　　　　　（　　） 2. 混凝土垫层长期受到冻融影响　　　　　　　　（　　） 3. 受到外力的作用造成混凝土垫层受损　　　　　（　　）	
结论		由于混凝土垫层受到下列因素的影响： 1. 混凝土垫层受到水浸泡，酸、碱腐蚀　　　　　　（　　） 2. 混凝土垫层长期受到冻融影响　　　　　　　　（　　） 3. 受到外力的作用造成混凝土垫层受损　　　　　（　　） 需要马上对其进行修理	

6.4.1.3.2 混凝土垫层损坏维修

混凝土垫层损坏维修，见表 6-38。

混凝土垫层损坏维修 　　　　　　　　　　　　　　　　　　表 6-38

项目类别	地面基层	备注
项目编号	Z8DJ-3A	

项目类别	地面基层	备注
项目名称	混凝土垫层损坏维修	
维修做法	挖除损坏的混凝土垫层,重做混凝土垫层	

	步骤	施工方法	
施工方法	1. 构造做法	混凝土垫层的构造做法: 混凝土垫层的厚度不应小于 60mm,强度等级符合设计要求,但不小于 C15,坍落度宜为 10~30mm。 当为水泥类基层时,垫层铺设前其下一层表面湿润。 混凝土垫层铺设在混凝土垫层上,当气温处于 0℃以下,设计院要求时应设置伸收缩缝。 其构造做法见附图 6-19 混凝土垫层(a)、(b)	
	2. 施工前准备	测标高、弹水平控制线	
	3. 基层处理	基层处理:清除混凝土垫层表面的杂物,并洒水湿润,但表面不应留有积水	
	4. 准备材料	材料要求: 混凝土垫层采用的粗骨料,其最大粒径不应大于垫层厚度的 2/3;含泥量不应大于 2%;砂为中粗砂,其含泥量不应大于 3%。 混凝土的强度等级应符合设计要求,且不应小于 C10。 水泥强度等级不低于 42.5,要求无结块,有出厂合格证和复试报告。 砂采用中砂或粗砂,含泥量不大于 3%。石子宜选用 5~32mm 的碎石或卵石其最大粒径不得大于垫层厚度的 2/3。含泥量不大 3%。水宜选用符合饮用标准的水。 混凝土搅拌: 根据设计要求或实验确定的配合比进行投料,搅拌要均匀,搅拌时间不少于 90s。制作试块。 混凝土骨料的计量允许偏差应小于±3%,水泥、水和外加剂计量允许偏差应小于±2%	
	5. 使用机械	混凝土垫层一般采用木夯或平板振动器	
	6. 混凝土浇筑	混凝土铺设应按分区、段顺序进行,边铺边摊平,略高于找平墩。 混凝土垫层的标高、坡度、厚度应符合设计要求。混凝土垫层的厚度不应小于 60mm。 混凝土垫层伸收缩缝的位置、尺寸应符合设计要求。室内地面的混凝土垫层应设置纵向收缩缝和横向收缩缝,纵向收缩缝间距不得大于 6m,横向收缩不得大于 12m	
	7. 振捣	振捣: 用平报振动器振捣时其移动距离应保证振动器平板能覆盖已振实部分的边缘,若垫层厚度(超过 200m)时,应采用插入式振动器振捣。振动器移动间距不应超过其作用半径的 1.5 倍,做到不漏振,确保混凝土密实。 找平: 混凝土振捣密实后,以水平标高线及找平墩为准检查平整度。有坡度要求的地面,应按设计要求找坡	
	8. 养护	已浇筑完的混凝土垫层,应在 12h 左右覆盖和洒水,一般养护不少于 7d	
施工注意		在 0℃以下环境中施工时,所掺防冻剂必须经试验合格后方可使用。垫层混凝土拌合物中的氯化物总含量按设计要求或不得大于水泥重量的 2%。混凝土表面应覆盖防冻保温材料,在受冻前混凝土的抗压强度不得低于 5.0N/mm²	

项目类别		地面基层			备注
混凝土垫层表面的允许偏差	项次	检验项目	允许偏差(mm)	检验方法	
	1	表面平整度	10	用2m靠尺和楔形塞尺检查	
	2	标高	±10	用水准仪检查	
	3	坡度	不大于房间相应尺寸的2/1000,且不大于30	用坡度尺检查	
	4	厚度	在个别地方不大于设计厚度的1/10	用钢尺检查	

6.4.1.4 找平层损坏检测与维修

6.4.1.4.1 找平层损坏检测

找平层损坏检测,见表6-39。

找平层损坏检测 表6-39

项目类别		地面基层	备注
项目编号		Z8DJ-4	
项目名称		找平层损坏检测	
工作目的		搞清找平层损坏现状、产生原因、提出处理意见	
检测时间		年 月 日	
检测人员			
发生部位		找平层损坏处	
周期性		6个月/次	
工具		钢尺、小槌、镐头、铁锹等工具	
注意		对找平层损坏的观测,每次都应测绘出找平层损坏的位置、大小尺寸,注明日期,并附上必要的照片资料	
受损特征		找平层损坏造成地面、散水、台阶等建筑构件表面损坏	
准备工作	1	观察找平层损坏的分布情况及损坏的大小、数量以及深度	
	2	将找平层损坏的分布情况,找平层损坏的大小、数量以及深度详细地标在平面图上	
检查工作程序	A1	将找平层损坏处并做好编号	
	A2	用钢卷尺测量其长度 L、宽度 B、深度 H: 编号1:$L_1=$ mm;$B_1=$ mm;$H_1=$ mm 编号2:$L_2=$ mm;$B_2=$ mm;$H_2=$ mm	
	A3	根据需要在检查记录中绘制平面图。将检查情况,包括将找平层损坏的分布情况,找平层损坏的大小、数量以及深度详细地标在平面图上	不要遗漏,保证资料的完整性真实性
	A4	核对记录与现场情况的一致性	
	A5	找平层损坏检查资料存档	
原因分析		1. 找平层受到水浸泡,酸、碱腐蚀　　　　　　　( ) 2. 找平层长期受到冻融影响　　　　　　　　　( ) 3. 受到外力的作用造成找平层受损　　　　　　( )	
结论		由于找平层受到下列因素的影响: 1. 找平层受到水浸泡,酸、碱腐蚀　　　　　　( ) 2. 找平层长期受到冻融影响　　　　　　　　　( ) 3. 受到外力的作用造成找平层受损　　　　　　( ) 需要马上对其进行修理	

6.4.1.4.2 找平层损坏维修

找平层损坏维修，见表6-40。

找平层损坏维修

表 6-40

项目类别		地面基层	备注
项目编号		Z8DJ-4A	
项目名称		找平层损坏维修	
维修作法		挖除损坏的找平层，重做找平层	
施工方法	步骤	施工方法	
	1. 构造做法	水泥砂浆找平层厚度不小于 20mm，不大于 40mm；找平层厚度大于 30mm 时，宜采用细石混凝土做找平层。 其构造做法见附图 6-20 水泥砂浆找平层构造做法	
	2. 施工前准备	测标高、弹水平控制线	
	3. 基层处理	1. 清除混凝土基层上的浮浆、松动混凝土、砂浆等，并用扫帚扫净。 2. 有防水要求的楼地面工程，如厕所、厨房、卫生间、盥洗室等，必须对立管、套管和地漏与楼板节点之间进行密封处理。首先应检查地漏的标高是否正确；其次采用水泥砂浆或细石混凝土对立管、套管和地漏等穿过楼板管道，管壁四周进行密封处理使其稳固堵严。施工时节点处应清洗干净并予以湿润，吊模后振捣密实。沿管的周边尚应划出 8～10mm 沟槽，采用防水卷材、涂料或油膏裹住立管、套管和地漏的沟槽内，以防止顺管道接缝处出现渗漏现象。 3. 有防水要求的楼地面工程，排水坡度应符合设计要求。 4. 在有防静电要求的整体面层的找平层施工前，其下敷设的导电地网系统应与接地引下线接地体有可靠连接，经电性能检测且符合相关要求后进行隐蔽工程验收	
	4. 预制钢筋混凝土板的处理	在预制钢筋混凝土板上铺设找平层时，板缝填嵌的施工应符合下列要求： 1. 预制钢筋混凝土板缝底宽不应小于 20mm。 2. 填嵌时，板缝内应清理干净，保持湿润。 3. 填缝采用细石混凝土，其强度等级不得低于 C20。填缝高度应低于板面 10～20mm，且振捣密实，表面不应压光；填缝后应养护，混凝土强度达到 15MPa 后方可施工找平层。 4. 当板缝底宽大于 40mm 时，应按设计要求配置钢筋。 5. 在预制钢筋混凝土板端应按设计要求采取防裂的构造措施	
	5. 准备材料	材料要求： 水泥砂浆或混凝土找平层采用的碎石或卵石粒径不应大于其厚度的 2/3，含泥量不应大于 2%；砂为中粗砂，其含泥量不应大于 3%。 水泥砂浆体积比或混凝土强度等级应符合设计要求，且水泥砂浆体积比不应小于 1：3（或相应的强度等级），混凝土强度等级不应小于 C15。 混凝土的强度等级应符合设计要求，且不应小于 C10。 水泥强度等级不低于 42.5，要求无结块，有出厂合格证和复试报告。 水宜选用符合饮用标准的水。 混凝土搅拌： 根据设计要求或实验确定的配合比进行投料，搅拌要均匀，搅拌时间不少于 90s。制作试块。 混凝土骨料的计量允许偏差应小于±3%，水泥、水和外加剂计量允许偏差应小于±2%。 找平层采用水泥砂浆时，体积比不宜小于 1：3（水泥：砂）；采用混凝土时，其强度等级不应小于 C15；采用改性沥青砂浆时，其配合比宜为 1：8（沥青：砂和粉料）；采用改性沥青混凝土时，其配合比应由计算并经试验确定，或按设计要求配制	

项目类别		地面基层				备注
	步骤	施工方法				
施工方法	6. 使用机械	混凝土垫层一般采用平板振动器振捣				
	7. 铺设混凝土砂浆	1. 找平层厚度应符合设计要求。当找平层厚度不大于 30mm 时,用水泥砂浆做找平层;当找平层厚度大于 30mm 时,用细石混凝土做找平层。 2. 大面积地面找平层应分区浇筑。区段划分应结合变形缝、不同面层材料的连接和设备基础等综合考虑。 3. 铺设混凝土或砂浆前先在基层上洒水湿润,刷一道素水泥浆(水灰比 0.4~0.5),然后由里往外退着铺设				
	8. 混凝土浇筑	混凝土铺设应按分区、段顺序进行,边铺边摊平,略高于找平墩。 找平层的标高、坡度、厚度应符合设计要求。找平层的厚度不应小于 60mm。 找平层伸收缩缝的位置、尺寸应符合设计要求。室内地面的找平层应设置纵向收缩缝和横向收缩缝,纵向收缩缝间距不得大于 6m,横向收缩缝不得大于 12m				
	9. 振捣	混凝土振捣:用铁锹铺混凝土,厚度略高于找平墩,随即用平板振动器振捣				
	10. 找平	混凝土振捣密实后或砂浆铺设完后,以墙上水平标线及找平墩为准检查平整度,有坡度要求的房间应按设计要求的坡度找坡				
	11. 养护	已浇筑完的混凝土或砂浆找平层,应在 12h 左右覆盖和洒水养护,一般养护不应少于 7d				
施工注意		1. 铺设找平层前,当下一层有松散充填料时,应予以铺平振实。 2. 有防水要求的建筑地面工程铺设前必须对立管、套管或地漏与楼板节点之间进行密闭处理,并应进行隐蔽验收;排水坡度应符合设计要求。 3. 在 0℃ 以下环境中施工时,所掺防冻剂必须经试验合格后方可使用。垫层混凝土拌合物中的氯化物总含量按设计要求或不得大于水泥重量的 2%。混凝土表面应覆盖防冻保温材料,在受冻前混凝土的抗压强度不得低于 5.0N/mm^2。 4. 找平层与其下一层应结合牢固,不得有空鼓。 5. 找平层表面应平整、密实,不得有起砂、蜂窝和裂缝等缺陷				
找平层表面的允许偏差		允许偏差(mm)				检验方法
	项次	检验项目	用胶粘剂做结合层铺设拼花木板、塑料板、强化复合地板、竹地板面层	用沥青玛琋脂做结合层铺设拼花木板、板块面层	用水泥砂浆做结合层铺设板块面层	其他种类面层	
	1	表面平整度	2	3	5	5	用 2m 靠尺和楔形塞尺检查
	2	标高	±4	±5	±8	±8	用水准仪检查
	3	坡度	不大于房间相应尺寸的 2/1000 ,且不大于 30				用坡度尺检查
	4	厚度	在个别地方不大于设计厚度的 1/10				用钢尺检查
资料要求		记录维修选用材料、工程做法,并会同质量验收记录存档				

6.4.2 地面面层

6.4.2.1 水泥砂浆面层地面损坏检测与维修

6.4.2.1.1 水泥砂浆面层地面损坏检测

水泥砂浆面层地面损坏检测,见表 6-41。

水泥砂浆面层地面损坏检测

表 6-41

项目类别		地面面层	备注
项目编号		Z8DM-1	
项目名称		水泥砂浆面层地面损坏检测	
工作目的		搞清水泥砂浆面层地面损坏现状、产生原因、提出处理意见	
检测时间		年　　月　　日	
检测人员			
发生部位		水泥砂浆面层地面损坏处	
周期性		6 个月/次	
工具		钢尺、小槌、镐头、铁锹等工具	
注意		对水泥砂浆面层地面损坏的观测,每次都应测绘出水泥砂浆面层地面损坏的位置、大小尺寸,注明日期,并附上必要的照片资料	
受损特征		水泥砂浆面层地面损坏	
准备工作	1	观察水泥砂浆面层地面损坏的分布情况,及损坏的大小、数量以及深度	
	2	将水泥砂浆面层地面损坏的分布情况,水泥砂浆面层地面损坏的大小、数量以及深度详细地标在平面图上	
检查工作程序	A1	将水泥砂浆面层地面损坏处并做好编号	
	A2	用钢卷尺测量其长度 L、宽度 B、深度 H: 编号 1:$L_1=$　　　mm;$B_1=$　　　mm;$H_1=$　　　mm 编号 2:$L_2=$　　　mm;$B_2=$　　　mm;$H_2=$　　　mm	
	A3	根据需要在检查记录中绘制平面图。将检查情况,包括将水泥砂浆面层地面损坏的分布情况,水泥砂浆面层地面损坏的大小、数量以及深度详细地标在平面图上	不要遗漏,保证资料的完整性真实性
	A4	核对记录与现场情况的一致性	
	A5	水泥砂浆面层地面损坏检查资料存档	
原因分析		1. 水泥砂浆面层地面受到水浸泡,酸、碱腐蚀　　　　　　( ) 2. 水泥砂浆面层地面长期受到冻融影响　　　　　　　　( ) 3. 受到外力的作用造成水泥砂浆面层地面受损　　　　　( )	
结论		由于水泥砂浆面层地面受到下列因素的影响: 1. 水泥砂浆面层地面受到水浸泡,酸、碱腐蚀　　　　　( ) 2. 水泥砂浆面层地面长期受到冻融影响　　　　　　　　( ) 3. 受到外力的作用造成水泥砂浆地面受损　　　　　　　( ) 需要马上对其进行修理	

6.4.2.1.2 水泥砂浆面层地面损坏维修

水泥砂浆面层地面损坏维修,见表 6-42。

水泥砂浆面层地面损坏维修

表 6-42

项目类别	地面面层	备注
项目编号	Z8DM-1A	
项目名称	水泥砂浆地面损坏维修	
维修作法	铲除损坏的水泥砂浆面层地面,重做水泥砂浆面层地面	

续表

项目类别		地面面层	备注
	步骤	施工方法	
水泥砂浆面层地面的构造做法	1	水泥砂浆面层的强度等级不低于 M15,体积比宜为 1:2(水泥:砂)。也可用石屑代替砂子,体积比宜为 1:2(水泥:石屑)。水泥砂浆面层的厚度不小于 20mm	
	2	当水泥砂浆地面基层为预制板时,宜在面层内设置防裂钢筋网,宜采用直径 φ3~φ5@150~200mm 的钢筋网	
	3	当水泥砂浆地面下埋设管线等出现局部厚度等减薄时,应做防裂处理措施	
	4	面积较大的水泥砂浆地面应设置伸收缩缝,在梁或墙柱边部位应设置防裂钢筋网	
	5	水泥砂浆地面的坡度应付符合设计要求,一般为 1‰~3‰,不得有倒泛水和积水现象	
	6	水泥砂浆楼地面的构造做法见附图 6-21 水泥砂浆面层构造做法	
材料质量要求	1. 水泥	水泥采用硅酸盐水泥、普通硅酸盐水泥或矿渣硅酸盐水泥等,其强度等级不低于 42.5,应有出厂合格证及复试报告。不同品种、不同强度等级的水泥严禁混用	
	2. 砂	砂应采用粗砂或中粗砂,含泥量不应大于 3%	
	3. 石屑	粒径宜为 1~5mm,其含粉量(含泥量)不应大于 3%	
	4. 水	水中不得含有影响水泥正常凝结硬化的糖类、油类及有机物等有害物质,硫酸盐及硫化物较多的水不能使用,pH 值不得小于 4。一般自来水和饮用水均可使用	
施工要点	1. 基层清理	将基层表面泥土、浮浆、杂物、灰尘、油污等清理干净	
	2. 弹线找平	在固定位置弹出标高线和面层水平线	
	3. 贴灰饼	根据弹出的标高线,用 1:2 干硬性水泥砂浆在基层做灰饼,以控制地面的高度、平度和坡度	
	4. 配制砂浆	面层水泥砂浆的配合比宜为 1:2(水泥:砂,体积比),稠度不大于 35mm,强度等级不低于 M15	
	5. 铺砂浆	铺砂浆前,在基层上均匀扫素水泥浆(水灰比 0.4~0.5)一遍,随扫随铺砂浆。水泥砂浆的虚铺厚度宜高于灰饼 3~4mm。 水泥砂浆面层的标高、厚度应符合设计要求。厕浴间、厨房和有排水(或其他液体)要求的地面面层与相连接的面层的标高差应符合设计要求。水泥砂浆面层厚度应不小于 20mm	
	6. 找平、压光	铺砂浆后,随即用刮杠按灰饼高度,将砂浆刮平,同时把灰饼剔掉,用砂浆填平。然后用木抹子搓揉压实,用刮杠检查平整度。 在砂浆终凝前再用铁抹子把前遍留的抹纹全部压平、压实、压光。 面层与下一层应结合牢固,无空鼓、裂纹。 面层表面应平整、洁净,无裂纹、脱皮、麻面、起砂等缺陷。 面层表面的坡度应符合设计要求,不得有倒泛水和积水现象	
	7. 分格缝	水泥砂浆面层的分格,应在水泥面层初凝后用分格器压缝。水泥砂浆面层的分格缝位置应与水泥类垫房的伸收缩缝对齐。 面层变形缝的设置应符合设计要求。分格条(缝)应顺直、清晰,宽窄、深浅一致,十字缝处平整、均匀	
	8. 养护	水泥砂浆地面的养护应在面层压光 24h 后进行,养护时间不少于 7d	
	9. 踢脚板施工	水泥砂浆面层地面一般用水泥砂浆做踢脚板,底层和面层砂浆分两次抹成。底层抹 1:3 水泥砂浆,面层抹 1:2 水泥砂浆。踢脚板的出墙厚度宜 5~8mm	

项目类别			地面面层		备注
施工注意			1. 冬期施工时要防止水泥砂浆面层受冻,做好加温保暖措施。 2. 楼梯踏步的宽度、高度应符合设计要求。楼层梯段相邻踏步高度差不应大于10mm,每踏步两端宽度差不应大于10mm;旋转楼梯梯段的每踏步两端宽度的允许偏差为5mm。楼梯踏步的齿角应整齐,防滑条应顺直		
水泥砂浆面层地面的允许偏差	项次	检验项目	允许偏差(mm)	检验方法	
	1	表面平整度	4	用2m靠尺和楔形塞尺检查	
	2	接槎高低差	≤1	用钢尺检查和楔形塞尺检查	
	3	缝格平直	3	拉5m线检查,不足5m拉通线和用钢尺检查	
	4	踢脚线(墙裙)上口平直	4		
资料要求			记录维修选用材料、工程做法,并会同质量验收记录存档		

6.4.2.2 自流平面层地面损坏检测与维修

6.4.2.2.1 自流平面层地面损坏检测

自流平面层地面损坏检测,见表6-43。

自流平面层地面损坏检测   表 6-43

项目类别		地面面层	备注
项目编号		Z8DM-2	
项目名称		自流平面层地面损坏检测	
工作目的		搞清自流平面层地面损坏现状、产生原因、提出处理意见	
检测时间		年　　月　　日	
检测人员			
发生部位		自流平面层地面损坏处	
周期性		6个月/次	
工具		钢尺、小槌、镐头、铁锹等工具	
注意		对自流平面层地面损坏的观测,每次都应测绘出自流平面层地面损坏的位置、大小尺寸,注明日期,并附上必要的照片资料	
受损特征		自流平面层地面损坏	
准备工作	1	观察自流平面层地面损坏的分布情况,及损坏的大小、数量以及深度	
	2	将自流平面层地面损坏的分布情况,自流平面层地面损坏的大小、数量以及深度详细地标在平面图上	
检查工作程序	A1	将自流平面层地面损坏处并做好编号。	
	A2	用钢卷尺测量其长度 L、宽度 B、深度 H 编号1: $L_1=$ 　　mm; $B_1=$ 　　mm; $H_1=$ 　　mm 编号2: $L_2=$ 　　mm; $B_2=$ 　　mm; $H_2=$ 　　mm	
	A3	根据需要在检查记录中绘制平面图。将检查情况,包括将自流平面层地面损坏的分布情况,自流平面层地面损坏的大小、数量以及深度详细地标在平面图上	不要遗漏,保证资料的完整性真实性
	A4	核对记录与现场情况的一致性	
	A5	自流平面层地面损坏检查资料存档	

续表

项目类别	地面面层		备注
原因分析	1. 自流平面层地面受到水浸泡、酸、碱腐蚀 2. 自流平面层地面长期受到冻融影响 3. 受到外力的作用造成自流平面层地面受损	（ ） （ ） （ ）	
结论	由于自流平面层地面受到下列因素的影响： 1. 自流平面层地面受到水浸泡、酸、碱腐蚀 2. 自流平面层地面长期受到冻融影响 3. 受到外力的作用造成水泥砂浆地面受损 需要马上对其进行修理	（ ） （ ） （ ）	

6.4.2.2.2　自流平面层地面损坏维修

自流平面层地面损坏维修，见表 6-44。

自流平面层地面损坏维修　　表 6-44

项目类别		地面面层	备注
项目编号		Z8DM-1A	
项目名称		自流平面层地面损坏维修	
维修作法		铲除损坏的自流平面层地面,重做自流平面层地面	
	步骤	施工方法	
自流平面层地面的构造做法	1	基层地面结实:混凝土强度等级不应小于 C20,基层强度不小于 1.2MPa	
	2	自流平面层的基层面的含水率符合下列规定: 水泥基自流平面层的基层面的含水率不低于 12%; 石膏基自流平面层的基层面的含水率不低于 14%; 环氧树脂基自流平面层的基层面的含水率不高于 8%	
	3	水泥基自流平面地面施工时室内及地面温度应在 10～28℃,以 15℃为宜。相对空气湿度控制在 20%～75%	
	4	自流平面层的颜色、光泽、图案应符合设计要求,应与原地面面层涂饰协调。 自流平面层的结合层、基层、面层的构造做法、厚度、颜色应符合设计要求,设计无要求时,其厚度:结合层宜为 0.5～1.0mm,基层宜为 2.0～6.0mm,面层宜为 0.5～1.0mm	
	5	自流平面层厚度符合设计要求。 面层与下一层应结合牢固,无脱层、无剥离、无龟裂。面层与基层粘结强度应大于 1.0MPa	
材料质量要求	1. 自流平材料	自流平面层地面材料的品种、型号和性能应符合设计要求。应有出厂合格证及复试报告	
	2. 固化剂	固化剂应具较低的粘度,应选用两种或多种固化剂进行复配,以达到所需要的镜面效果	
	3. 颜料、填料	颜料宜选用耐化学介质性能和耐候性好的无机颜料。 填料宜选用机械强度高、耐磨性强、遮盖力强,稳定性好的填料	
	4. 水	水中不得含有影响水泥正常凝结硬化的糖类、油类及有机物等有害物质,硫酸盐及硫化物较多的水不能使用,pH 值不得小于 4。一般自来水和饮用水均可使用	
	5. 储运与贮存	密闭储运,避免包装破损受雨淋,应置于干燥通风处,避免高温,严禁阳光下暴晒及冷冻,注意材料的贮存期要求	

项目类别			地面面层	备注
	步骤		施工方法	
施工要点	1. 基层检查		基层应平整、粗糙,清除浮尘、旧涂层等,混凝土要达到 C25 以上的强度等级,并做断水处理,不得有积水、干净、密实。不得有粘结剂残余物、油污、石蜡、养护剂及油腻寻污染物。基层含水率应小于8%,否则应排除水分后方可进行涂装	
	2. 水泥自流平	基层处理	基层表面若存在裂缝、凹坑、孔洞应用自流平砂装修补平整;若基层混凝土表面强度低、混凝土基层表面有水泥浮浆或起砂严重应将表面的一层全部磨掉。	
			新浇混凝土不得少于 4 周,方可进行自流平施工。若表面有起壳、坑洞、塌陷、起高或凸出点应予修、磨平。	
			地面清理:清理打磨的水泥粉尘和废弃物,并用吸尘器把清理过的地面彻底清理干净。	
			施工环境的保护:石膏水泥基自流平施工过程中,很容易污染施工现场周边的墙面,要做好墙面的保护	
		涂刷界面剂	在清理干净的基层混凝土上浮刷两遍界面剂	
		水泥自流平的施工	水泥自流平面层施工前,应设置施工缝。水泥自流平施工作业面宽度一般不要超过 6~8m。	
			按水泥自流平产品说明书的要求,加水搅拌。	
			将搅拌好的自流平浆料均匀浇筑到施工区域,每次浇注的浆料要有一定搭接,用刮扳辅助摊平至要求厚度	
		养护	水泥自流平地坪成品的养护:施工作业前要关闭窗户,施工完成后将所有的门关闭,进行封闭。施工完 3~5h 可上人,7d 后可正常使用。	
			伸收缩缝处理:在自流平地面施工结束 24h 后,可用切割机在基层混凝土结构的伸收缩缝处切出 3mm 的伸收缩缝,将切割好的伸收缩缝清理干净,用弹性密封胶密封填充	
		施工注意	施工进行时不得停水、停电,不得间断性施工。	
			用水量必须使用电子秤来控制。	
			水泥自流平材料必须搅拌均匀才能铺设	
	3. 环氧自流平	基层表面处理	油污较多的地面应对混凝土表面进行酸洗,并用清水冲净。	
			清理基层表面突出物、松动颗粒等要清除干净;砂粒、杂质、灰尘要用吸尘器清理干净;凹陷、坑洞的情况曲环氧树脂砂浆填修平后再进行下步施工	
		底涂施工	将底油加水以 1:4 稀释后,均匀涂刷到基面上,使其充分润湿混凝土,并渗入到混凝土内。	
			腻子修补:对水泥类面层上存在的凹坑,填手修补,自然养护干燥后再打磨平整	
		拌合浆料	按材料使用说明书,先按配比的水量置于拌合机内,边搅拌边加入环氧树脂自流平材料,直至浆料搅拌均匀	
		中涂施工	将环氧色浆、固化到及适量混合粒径的石英砂充分混合搅拌均匀用刮刀涂成一定厚度的平整密实层。中涂层固化后,刮涂填平腻子并打磨平整	
		面涂施工	待中涂层半干即可浇注面层浆料,将搅拌均匀的自流平浆料浇注于中涂过的基面上,一次浇注需达到所需厚度再用齿针刮刀摊平,再用放气滚筒放气,待其自流	
		施工注意	施工温度在 5~30℃,最佳温度 15~30℃,结硬前应避免风吹日晒。	
			涂料使用过程中不得交叉污染,材料应密封储存。	
			在养护期内自流平地面禁止上人。	
			自流平施工时间最好在 30min 内完成,施工后的机具要及时用水冲洗干净。	
			养护期不得小于 7d	

续表

项目类别			地面面层		备注
自流平面层地面的允许偏差	项次	检验项目	允许偏差（mm）	检验方法	
	1	表面平整度	2	用2m靠尺和楔形塞尺检查	
	2	接槎高低差	≤1	用钢尺检查和楔形塞尺检查	
	3	缝格平直	2	拉5m线检查，不足5m拉通线和用钢尺检查	
资料要求		记录维修选用材料、工程做法，并会同质量验收记录存档			

6.4.2.3 砖面层地面损坏检测与维修

6.4.2.3.1 砖面层地面损坏检测

砖面层地面损坏检测，见表6-45。

砖面层地面损坏检测

表6-45

项目类别		地面面层	备注
项目编号		Z8DM-3	
项目名称		砖面层地面损坏检测	
工作目的		搞清砖面层地面损坏现状、产生原因、提出处理意见	
检测时间		年　　月　　日	
检测人员			
发生部位		砖面层地面损坏处	
周期性		6个月/次	
工具		钢尺、小槌、镐头、铁锹等工具	
注意		对砖面层地面损坏的观测，每次都应测绘出砖面层地面损坏的位置、大小尺寸，注明日期，并附上必要的照片资料	
受损特征		砖面层地面损坏	
准备工作	1	观察砖面层地面损坏的分布情况，及损坏的大小、数量以及深度	
	2	将砖面层地面损坏的分布情况，砖面层地面损坏的大小、数量以及深度详细地标在平面图上	
检查工作程序	A1	将砖面层地面损坏处并做好编号	
	A2	用钢卷尺测量其长度L、宽度B、深度H： 编号1：$L_1=$　　　mm；$B_1=$　　　mm；$H_1=$　　　mm 编号2：$L_2=$　　　mm；$B_2=$　　　mm；$H_2=$　　　mm	
	A3	根据需要在检查记录中绘制平面图。将检查情况，包括将砖面层地面损坏的分布情况，砖面层地面损坏的大小、数量以及深度详细地标在平面图上	不要遗漏，保证资料的完整性真实性
	A4	核对记录与现场情况的一致性	
	A5	砖面层地面损坏检查资料存档	
原因分析		1. 砖面层地面受到水浸泡，酸、碱腐蚀　　　　　　（　　） 2. 砖面层地面长期受到冻融影响　　　　　　　　（　　） 3. 受到外力的作用造成砖面层地面受损　　　　　（　　）	
结论		由于砖面层地面受到下列因素的影响： 1. 砖面层地面受到水浸泡，酸、碱腐蚀　　　　　（　　） 2. 砖面层地面长期受到冻融影响　　　　　　　　（　　） 3. 受到外力的作用造成水泥砂浆地面受损　　　　（　　） 需要马上对其进行修理	

6.4.2.3.2 砖面层地面损坏维修

砖面层地面损坏维修，见表 6-46。

砖面层地面损坏维修 表 6-46

项目类别			地面面层	备注
项目编号			Z8DM-3A	
项目名称			砖面层地面损坏维修	
维修作法			铲除损坏的砖面层地面，重做砖面层地面	
砖面层地面的构造做法	步骤		施工方法	
	1. 水泥砂浆结合层上铺设缸砖、陶瓷地砖和水泥花砖面层		在水泥砂浆结合层上铺设缸砖、陶瓷地砖和水泥花砖面层时应符合下列规定： 1. 铺设前应对砖的规格尺寸、外观质量、色泽等进行预选，浸水湿润晾干待用。 2. 勾缝和压缝应采用同品种、同强度等级、同颜色的水泥，并做养护和保护。 3. 大面积铺设陶瓷地砖、缸砖地面，室内最高温度大于 30℃、最低温度小于 5℃时，要符合下列规定： 板块紧贴镶贴的面积宜控制在 1.5m×1.5m； 板块留缝镶贴的勾缝材料宜采用弹性勾缝料，勾缝后应压缝，缝隙得应不大于板块厚度的 1/3	
	2. 水泥砂浆结合层上铺贴陶瓷绵砖面层		在水泥砂浆结合层上铺贴陶瓷绵砖面层时，砖底面应洁净，每联陶瓷绵砖之间、与结合层之间以及在墙角、镶边和靠柱、墙处，应紧密贴合，在靠柱、墙处不得采用砂浆填补	
	3. 构造作法		砖面层的基本构造见附图 6-22 砖面层构造做法	
材料质量要求	水泥		水泥采用硅酸盐水泥、普通硅酸盐水泥或矿渣硅酸盐水泥等，其强度等级不低于 42.5，应有出厂合格证及复试报告。不同品种、不同强度等级的水泥严禁混用	
	砂		砂应采用洁净无有机杂质的粗砂或中粗砂，含泥量不应大于 3%	
	白水泥、颜料		白水泥及颜料用于擦缝，颜色按设计要求或视面材色泽确定。颜料投入量宜为水泥重量的 3%～6% 或由试验确定	
	砖材填缝剂		砖材填缝剂的选择应根据缝宽大小、颜色、耐水要求选择有合格证和试验报告的填缝剂。	
	砖材胶粘剂		砖材胶粘剂应有出厂合格证和技术质量指标检验报告，并应在保质期内的胶粘剂。 沥青胶结材料应符合国家现行有关产品标准和设计要求。 胶粘剂应符合现行国家标准《民用建筑工程室内环境污染控制规范》GB 50325—2010 的规定	
	面层砖		各种砖的颜色、规格、形状等要符合设计要求，质量应符合现行规范标准	
施工要点	陶瓷马赛克地面施工	清理基层、弹线	将基层清理干净，表面浮浆皮要铲掉、扫净，在墙上弹水平标高线	
		刷素水泥浆	在清理好的地面上均匀洒水，用笤帚洒刷素水泥浆（水灰比为 0.5），随刷水泥浆随铺水泥砂浆	
		水泥砂浆找平层	冲筋，做灰饼，找准并确定校高。 铺设厚度 20～25mm 厚 1:3 干硬性水泥砂浆，将砂浆刮平、拍实，找平整；有地漏的房间要做好找坡及泛水。 在找平层拉压强度达到 1.2MPa 后，找房间的中心点并弹出十字控制线	

续表

项目类别			地面面层	备注
	步骤		施工方法	
施工要点	陶瓷马赛克地面施工	水泥砂浆结合层	在砂浆找平层上浇水湿润后,抹道 2～2.5mm 厚的水泥砂浆结合层(宜掺入水泥重量 20% 的 108 胶),要随抹随贴	
		铺始陶瓷马赛克	在水泥浆尚未初凝时开始铺贴,从里向外沿控制线进行,铺时先翻起一边的纸,露出砖对齐控制线后立即将陶瓷马赛克铺贴上(纸面朝上),铺平并拍实,使水泥浆渗入到砖的缝内	
		修整	整间铺好后在陶瓷马赛克上垫木板,人站在垫板上修理四周的边角,门口接搓处	
		刷水、揭纸	铺完后紧接着在纸面上均匀地刷水,纸湿透后揭纸,并随时将纸毛清理干净	
		拨缝	在水泥砂浆结合层终凝前完成,揭纸后,及时检查并调直缝子,并补齐粘贴脱落缺少的陶瓷马赛克颗粒,用木拍板拍美实	
		擦缝	水泥砂浆结合层终凝后用白水泥浆或砖材填缝剂擦缝从里往外揉擦,擦满、擦实为止,并及时将其表面的余灰清理干净	
		养护	陶瓷马赛克地面擦缝 24h 后,铺上锯末常温养护,养护时间不得少于 7d,且不准上人	
	陶瓷地砖、缸砖、水泥花砖地面施工	清理基层、弹线	混凝土地面要先凿毛,清理干净浮灰、砂浆、油渍。根据房间中心线,按排砖方案弹出纵横定位控制线,在墙上弹水平标高线。 砖面层的板块排列应符合设计要求。门口处宜用整砖(块),非整砖(块)位置应安排在不明显处,不宜小于整砖(块)尺寸的 1/2,板块不得小于 1/4 边长	
		浸砖	铺贴前对砖的规格尺寸、外观质量、色泽等进行预选,浸水湿润晾干待用	
		安装标准砖	根根排砖控制线安装标准砖,标准砖应安放在十字线交点。并铺贴好左右基准行的块料	
		铺贴地面砖	根据基准行由内向外挂线逐行铺贴。铺贴时采用干硬性水泥砂浆,厚度为 10～15mm,然后用水泥膏(2～3mm 厚)满涂块料背面,对准挂线将块料铺站上,用木槌敲击至平正,挤出的水泥浆及时清净。 面层与下一层的结合(粘结)应牢固,无空鼓。 砖面层表面平整洁净,色泽一致,图案清晰,板块无裂纹、翘曲、掉角和缺棱等缺陷。 地砖留缝宽度、深度、勾缝材料颜色符合设计要求及规范有关规定。 地砖接缝应平直、光滑、宽窄一致,纵横交接处无明显错台、错位,嵌缝应连续、密实。 面层表面的坡度应符合设计要求。不倒泛水、不积水,与地漏(管道)结合处严密牢固,无渗漏	
		勾缝	面层铺贴 24h 内,根据砖面层的要求,分别进行擦缝、勾缝或压缝工作,勾缝深度比砖面凹 2～3mm,擦缝和勾缝应采用同品种、同强度等级、同颜色的水泥	
		清洁、养护	铺贴完成后,清理面砖表面,2～3h 内不得上人,做好面层的养护和保护工作	
施工注意			1. 冬期施工时要防止砖面层受冻,做好加温保暖措施。 2. 楼梯踏步和台阶板块的缝隙宽度应一致、齿角整齐,楼层梯段相邻踏步高度差不应大于 10mm;防滑条顺直。 3. 踢脚线与墙面结合牢固,表面洁净,高度一致,出墙厚度一致,板块接缝平直	

续表

项目类别			地面面层			备注
砖面层地面工程的允许偏差			允许偏差(mm)			检验方法
	项次	检验项目	陶瓷锦砖、高级水磨石板、陶瓷地砖面层	缸砖面层	水泥花砖面层	
	1	表面平整度	2	4	3	用2m靠尺和楔形塞尺检查
	2	缝格平直	3	3	3	拉5m线和用钢尺检查
	3	接槎高低差	0.5	1.5	0.5	用钢尺和楔形塞尺检查
	4	踢脚板上口平直34	3	4		拉5m线和用钢尺检查
	5	板块间隙宽度	2	2	20	用钢尺检查
资料要求		记录维修选用材料、工程做法，并会同质量验收记录存档				

6.4.2.4 大理石、花岗石面层地面损坏检测与维修

6.4.2.4.1 大理石、花岗石面层地面损坏检测

大理石、花岗石面层地面损坏检测，见表 6-47。

大理石、花岗石面层地面损坏检测　　　　　表 6-47

项目类别		地面面层	备注
项目编号		Z8DM-4	
项目名称		大理石、花岗石面层地面损坏检测	
工作目的		搞清大理石、花岗石面层地面损坏现状、产生原因、提出处理意见	
检测时间		年　　月　　日	
检测人员			
发生部位		大理石、花岗石面层地面损坏处	
周期性		6个月/次	
劳力(小时)		2人	
工具		钢尺、小槌、镐头、铁锨等工具	
注意		对大理石、花岗石面层地面损坏的观测，每次都应测绘出大理石、花岗石面层地面损坏的位置，大小尺寸，注明日期，并附上必要的照片资料	
受损特征		大理石、花岗石面层地面损坏	
准备工作	1	观察大理石、花岗石面层地面损坏的分布情况，及损坏的大小、数量以及深度	
	2	将大理石、花岗石面层地面损坏的分布情况，大理石、花岗石面层地面损坏的大小、数量以及深度详细地标在平面图上	
检查工作程序	A1	将大理石、花岗石面层地面损坏处编好编号	
	A2	用钢卷尺测量其长度 L、宽度 B、深度 H： 编号1：$L_1 =$　　mm；$B_1 =$　　mm；$H_1 =$　　mm 编号2：$L_2 =$　　mm；$B_2 =$　　mm；$H_2 =$　　mm	
	A3	根据需要在检查记录中绘制平面图。将检查情况，包括将大理石、花岗石面层地面损坏的分布情况，大理石、花岗石面层地面损坏的大小、数量以及深度详细地标在平面图上	不要遗漏，保证资料的完整性真实性
	A4	核对记录与现场情况的一致性	
	A5	大理石、花岗石面层地面损坏检查资料存档	

续表

项目类别	地面面层	备注
原因分析	1. 大理石、花岗石面层地面受到水浸泡,酸、碱腐蚀　　（　） 2. 大理石、花岗石面层地面长期受到冻融影响　　　　（　） 3. 受到外力的作用造成大理石、花岗石面层地面受损　（　）	
结论	由于大理石、花岗石面层地面受到下列因素的影响: 1. 大理石、花岗石面层地面受到水浸泡,酸、碱腐蚀　　（　） 2. 大理石、花岗石面层地面长期受到冻融影响　　　　（　） 3. 受到外力的作用造成水泥砂浆地面受损　　　　　　（　） 需要马上对其进行修理	

6.4.2.4.2 大理石、花岗石面层地面损坏维修

大理石、花岗石面层地面损坏维修,见表 6-48。

大理石、花岗石面层地面损坏维修　　　表 6-48

项目类别		地面面层	备注
项目编号		Z8DM-4A	
项目名称		大理石、花岗石地面损坏维修	
维修作法		铲除损坏的大理石、花岗石面层地面,重做大理石、花岗石面层地面	
大理石、花岗石面层地面的构造做法	步骤	施工方法	
	1. 基本要求	大理石、花岗石面层的结合层厚度一般宜为 20~30mm。 大理石板材不适宜用于室外地面工程	
	2. 构造作法	大理石、花岗石面层的基本构造见附图 6-23 石材面层构造做法	
材料质量要求	1. 水泥	水泥采用硅酸盐水泥、普通硅酸盐水泥或矿渣硅酸盐水泥等,其强度等级不低于 42.5,应有出厂合格证及复试报告。不同品种、不同强度等级的水泥严禁混用	
	2. 砂	砂应采用洁净无有机杂质的粗砂或中粗砂,含泥量不应大于 3%	
	3. 胶粘剂	胶粘剂应有出厂合格证、使用说明书和技术质量指标检验报告,并应在保质期内的胶粘剂。 胶粘剂用于室内时应符合现行国家标准《民用建筑工程室内环境污染控制规范》GB 50325 的规定	
	4. 大理石、花岗石板块	天然大理石、花岗石板块的花色、品种、规格应符合设计要求。其技术等级、光泽度、外观质量要求应符合现行《天然大理石建筑板材》GB/T 19766、《天然花岗石建筑板材》GB/T 18601 的规定。 天然大理石、花岗石板块要特别注意色差、加工偏差,对出现变形和色差较低板块进行筛选更换。 对室内使用的大理石、花岗岩等天然石材的放射性应符合国家现行建材行业标准《天然石材产品放射性防护分类控制标准》JC 518	
	5. 人造石材	确定拟用于工程的人造石时,要严格执行封样制度,设计封样时除对材料外观、颜色、尺寸、厚度等指标确定外,还要确定拟用工程的材料技术指标和物化性能指标	

续表

项目类别			地面面层	备注
	步骤		施工方法	
施工要点	大理石、花岗石地面施工	清理基层、弹线	基层处理要干净，高低不平处要先凿平和修补。基层应清洁，不能有砂浆，白灰砂浆、油渍等，并用水湿润地面。 在墙上弹水平标高线，找房间的中心点并弹出十字控制线	
		排砖	根据水平控制线，用干硬性水泥砂浆贴灰饼，灰饼的标高应按地面标高减板厚再减 2mm，并在铺贴前弹出排板控制线	
		预铺	大理石、花岗石板材在铺贴前应先对色、拼花并编号。按设计要求的排列顺序，对铺贴板材的部位，进行预铺	
		备砖	将板材背面刷干净，铺贴时保持湿润，阴干或擦干后备用	
		铺贴	根据控制线，按预排编号铺好每一开间及走廊左右两侧标准行再进行拉线铺贴，要由里向外铺贴。 铺贴花岗石、大理石、人造大理石： 铺贴前先将基层浇水湿润，然后刷素水泥浆一遍，水灰比 0.5 左右，随刷铺底灰采用干硬性水泥砂浆，配比为 1:2。进行试铺，检查结合层砂浆的饱满度，补灰后随即在大理石背面均匀地刮上 2mm 厚素灰膏，对准石板铺贴位置，使板块四周同时落下，用橡皮锤敲击平实，并清理板缝内的水泥浆。 石材面层与下一层的结合（粘结）应牢固，无空鼓。 石材面层表面应洁净、平整，且应图案清晰、色泽一致、接缝均匀、周边顺直、镶嵌正确，板块无磨痕、划痕、裂纹、掉角、缺棱等缺陷。 石材面层表面的坡度应符合设计要求。不倒泛水、不积水，与地漏（管道）结合处严密牢固，无渗漏	
		擦缝、养护	铺贴完成后24h后，开始洒水养护。3d 后用水泥浆（颜色与石板颜色协调）擦缝，并用干布擦净，铺好射的板块禁止行人或堆放物品	
	碎拼大理石或花岗石面层施工	铺贴	用干硬性水泥砂浆铺贴，施工方法同大理石地面。不同之处在于干铺贴时，按碎块形状大小相同自然排列，随铺随清理缝内挤出的砂浆，然后嵌填水泥石粒浆，嵌缝应高出块材面 2mm	
		磨光	碎块板材面层磨光，在常温下一般 2~4d 即可开磨，三遍成活；要求磨至平整光滑、无砂眼细孔、表面光滑	
施工注意			1. 踢脚线与基层结合牢固，拼缝严密，出墙高度、厚度一致，表面洁净、颜色一致。 2. 楼梯踏步和台阶板块的缝隙宽度应一致，齿角整齐，楼层梯段相邻踏步高度差不应大于10mm，防滑条应顺直、牢固	

石材面层地面工程的允许偏差	项次	检验项目	允许偏差（mm）		检验方法
			大理石、花岗石面层	碎拼大理石面层、碎拼花岗石面层	
	1	表面平整度	1	3	用2m靠尺和楔形塞尺检查
	2	缝格平直	2	—	拉5m线和用钢尺检查
	3	接槎高低差	0.5	—	用钢尺和楔形塞尺检查
	4	踢脚板上口平直	1	1	拉5m线和用钢尺检查
	5	板块间隙宽度	1	—	用钢尺检查
资料要求			记录维修选用材料、工程做法，并会同质量验收记录存档		

6.4.2.5 实木地板面层地面损坏检测与维修

6.4.2.5.1 实木地板面层地面损坏检测

实木地板面层地面损坏检测，见表 6-49。

实木地板面层地面损坏检测　　　　　　　　　　　表 6-49

项目类别		地面面层	备注
项目编号		Z8DM-5	
项目名称		实木地板面层地面损坏检测	
工作目的		搞清实木地板面层地面损坏现状、产生原因、提出处理意见	
检测时间		年　　月　　日	
检测人员			
发生部位		实木地板面层地面损坏处	
周期性		6个月/次	
工具		钢尺、小槌、镐头、铁锹等工具	
注意		对实木地板面层地面损坏的观测，每次都应测绘出实木地板面层地面损坏的位置、大小尺寸，注明日期，并附上必要的照片资料	
受损特征		实木地板面层地面损坏	
准备工作	1	观察实木地板面层地面损坏的分布情况，及损坏的大小、数量以及深度	
	2	将实木地板面层地面损坏的分布情况，实木地板面层地面损坏的大小、数量以及深度详细地标在平面图上	
检查工作程序	A1	将实木地板面层地面损坏处并做好编号	
	A2	用钢卷尺测量其长度 L、宽度 B、深度 H： 编号 1：$L_1=$　　 mm；$B_1=$　　 mm；$H_1=$　　 mm 编号 2：$L_2=$　　 mm；$B_2=$　　 mm；$H_2=$　　 mm	
	A3	根据需要在检查记录中绘制平面图。将检查情况，包括将实木地板面层地面损坏的分布情况，实木地板面层地面损坏的大小、数量以及深度详细地标在平面图上	不要遗漏，保证资料的完整性真实性
	A4	核对记录与现场情况的一致性	
	A5	实木地板面层地面损坏检查资料存档	
原因分析		1. 实木地板面层地面受到水浸泡，酸、碱腐蚀　　　　　（　　） 2. 实木地板面层地面长期受到磨损影响　　　　　　　（　　） 3. 受到外力的作用造成实木地板面层地面受损　　　　（　　）	
结论		由于实木地板面层地面受到下列因素的影响： 1. 实木地板面层地面受到水浸泡，酸、碱腐蚀　　　　（　　） 2. 实木地板面层地面长期受到磨损影响　　　　　　　（　　） 3. 受到外力的作用造成实木地板地面受损　　　　　　（　　） 需要马上对其进行修理	

6.4.2.5.2 实木地板面层地面损坏维修

实木地板面层地面损坏维修，见表 6-50。

实木地板面层地面损坏维修　　　　　　　　　　　表 6-50

项目类别	地面面层	备注
项目编号	Z8DM-5A	

项目类别		地面面层	备注
项目名称		实木地板面层地面损坏维修	
维修作法		拆除损坏的实木地板面层地面,重做实木地板面层地面	
	步骤	施工方法	
实木地板面层地面的构造做法	1. 基本要求	实木、实木集成地板主要分为:材料为条材、拼花两种面层形式,工程作法为实铺,空铺两种作法,连接为胶粘和钉接两种连接方式。 实木、实木集成地板面层的厚度、木格栅的截面尺寸应符合设计要求,含水率最小为7%,最大为该地区的平衡含水率。 地板材料应在施工前10d进场,并拆开包装后平铺在房间里,适应房间的干湿度,减少铺贴后的变形	
	2. 构造作法	空铺作法见附图6-24实木地板空铺作法	
		底层架空木地板的作法见附图6-25底层架空木地板构造示意图	
		实铺作法见附图6-26木地板实铺方式示意图	
材料质量要求	1. 实木复合地板	实木复合地板分为三层实木复合地板、多层实木复合地板、新型实木复合地板三种,其克服了实木地板单向同性的缺点,干缩湿胀率小,有较好的尺寸稳定性,并有实木地板的自然木纹和舒适的脚感。 实木复合地板表层的厚度决定其使用寿命的长短,表层板材越厚,耐磨损的时间越长,欧洲实木复合地板地的表层厚度要求在4mm以上。 材质:实木复合地板分为表、芯、底三层,表层为耐磨层,应选择质地坚硬、纹理美观的品种,芯层和底层为平衡缓冲层,应选用质地软、弹性好的品种,且芯层和底层的品种应一致,才能保证地板的结构的相对稳定。 加工精度高,选择实木复合地板时,一定要仔细观察地板的拼接是否严密,两相邻板应无明显的高低差。 表面漆膜:高档次的实木复合地板一般都采用高级亚光漆,其耐磨性好,使用过程一般不必打蜡维护。另外要观察地板的亚光度,才能保证地板的光亮柔和、典雅,对视觉无刺激。 实木复合地板应有检验合格证,其质量要求应符合现行国家标准《实木复合地板》GB/T 18103的要求。 要选用坚硬耐磨、纹理清晰、美观,不易腐剂、变形、开裂的同批树种制作,花纹及颜色力求一致。企口拼缝的企口尺右应符合设计要求,厚度、长度一致	
	2. 格栅、毛地板、垫木、剪刀撑	格栅、毛地板、垫木、剪刀撑:必须做防腐、防蛀处理。用材规格树种和防腐、防蛀处理应符合设计要求,经干燥后方可使用,不得有扭曲变形。 木格栅、垫木和毛地板等防腐、防蛀处理应符合设计要求。 格栅、毛地板、垫木、剪刀撑的材质和木材含水率应符合设计要求。其产品规格、等级、技术要求应符合现行《实木地板块》GB/T 15036和《木结构工程施工质量验收规范》GB 50206的规定	
	3. 胶粘剂	胶粘剂:粘贴材料应采用具有耐老化、防水和防菌、无毒等性能材料,或按设计要求选用	
	4. 隔热、隔声材料	隔热、隔声材料:可选择珍珠岩、矿渣棉、炉渣、挤塑板等,要求轻质、耐腐、无味、无毒	
	5. 衬垫	面层下衬垫的材质和厚度应符合设计要求	

232

项目类别			地面面层	备注
	步骤		施工方法	
施工要点	条材实木复合地板施工	做地垄墙	按照设计要求做地垄墙,地垄墙可采用石砌、混凝土、木结构或钢结构	
		铺设垫木	铺设垫木、椽木、格栅。 木格栅、垫木和毛地板等防腐、防蛀处理应符合设计要求。 木格栅的截面尺寸、间距和稳固方法等均应符合设计要求。木格栅应垫实钉牢,表面应平直,与墙之间应留出 30mm 缝隙	
		长条地板面层铺设	长条地板面层铺设的方向应符合设计要求,设计无要求时,条板在走廊、过道宜按照行走方向铺设,室内宜按自然光源顺光铺设。 在铺设木板面层时,木板端头接缝应在格栅上,并间隔错开。板与板之间应紧密,但仅允许个别地方有缝隙,其宽度不大于 1mm;当采用硬木长条形板时,不大于 0.5mm。 地板面层铺设时,面板与墙之间应留 8~12mm 缝隙。实木地板面层铺设应牢固,粘结无空鼓	
		实木单层板铺设	木格栅隐蔽验收后,从墙的一边开始按线逐块铺钉木板,逐块排紧。 单房木地板与格栅的固定,应将木地板钉牢在其下的每根格栅上。钉长应为板厚的 2~2.5 倍。并从侧面斜向钉入板中。 实木地板面层铺设应牢固,粘结无空鼓	
		毛地板铺设	毛地板铺设 双层木板面层下层的毛地板可采用纯棱料,其宽度不宜大于 120mm。在铺设前应清除毛地板下空间的杂物。 毛地板安装应牢固、平直。毛地板木材髓心应向上,其板间缝隙应不大于 3mm,与墙之间应留 8~12mm 空隙。 铺设毛地板时,应与格栅成 30°或 45°并斜向钉牢;当采用细木工板、多层胶合板等成品板材时,应按设计规格铺钉,设计无要求时可锯成 1220mm×610mm 等规格。实木地板面层铺设应牢固,粘结无空鼓	
		铺设隔声、防潮层	铺设隔声、防潮的隔离层	
		实木复合地板	实木复合地板面层铺设应牢固,粘贴无空鼓。相邻板材接头位置应错开,错开距离应不小于 300mm,与墙之间应留不小于 10mm 空隙。 实木复合地板面层铺设方向应符合设计要求。条板在走廊、过道宜按照行走方向铺设,室内宜按自然光源顺光铺设。 实木复合地板面层图案和颜色应符合设计要求,表面应平整、图案清晰、颜色一致,无翘曲等。 实木复合地板面层拼缝严密,表面洁净	
	水泥类基层上粘结单层实木复合地板(点贴法)施工	基层处理	水泥类基层应表面平整、粗糙、干燥、无裂缝、脱皮、起砂导缺陷。施工前将表面的灰砂、油渍、垃圾清除干净,凹陷部位用 801 胶水泥腻子嵌实刮平,用水洗刷地面、晾干	
		胶结材料	胶结材料可选用成品胶	
		排拼花地板	找出地面中心并弹十字线,排拼花地板	
		面层铺设	可采用局部涂刷胶粘剂粘贴。 在每条木地板的两端和中间涂刷胶粘剂,按顺序沿水平方向用力推挤压实。当铺钉一行应及时找直。板条之间缝隙应严密,可用锤子通过垫木敲打,溢出板面的胶粘剂要及时清理擦净。实木复合地板相邻板片接头位置应错开不小于 300mm 距离,地板与墙之间应有 10~12mm 缝隙,并用踢脚板封盖	
		磨光	油漆和打蜡	

项目类别			地面面层			备注
施工要点	步骤		施工方法			
	踢脚板的安装	材料要求	采用实木制作的踢脚板的背面应留槽并做防腐处理			
		粘贴踢脚板	预先在墙内每隔 300mm 砌入一块防腐木砖,(也可用电锤打眼固定防腐木楔),将踢脚板的基层板用明钉钉牢在防腐木上,粘贴踢脚板。			
			踢脚线表面应光滑,接缝严密,高度一致			
		油漆	油漆			
施工注意	1. 踢脚线与基层结合牢固、拼缝严密,出墙高度、厚度一致,表面洁净、颜色一致。 2. 楼梯踏步和台阶板块的缝隙宽度应一致、齿角整齐,楼层梯段相邻踏步高度差不应大于 10mm,防滑条应顺直、牢固					
实木复合地板面层地面工程铺设的允许偏差	项次	检验项目	允许偏差(mm)		检验方法	
	1	表面平整度	2		用 2m 靠尺和楔形塞尺检查	
	2	板面拼缝平直	3		拉 5m 线和用钢尺检查	
	3	相邻板材高差	0.5		用钢尺和楔形塞尺检查	
	4	板面缝隙宽度	0.5		用钢尺和楔形塞尺检查	
	5	踢脚线上口平齐	3		拉 5m 线,不足 5m 拉通线和用钢尺检查	
	6	踢脚线与面层的接缝	1		楔形塞尺检查	
资料要求	记录维修选用材料、工程做法,并会同质量验收记录存档					

6.4.2.6 中密度(强化)复合地板地面损坏检测与维修

6.4.2.6.1 中密度(强化)复合地板地面损坏检测

中密度(强化)复合地板地面损坏检测,见表 6-51。

中密度(强化)复合地板地面损坏检测　　　　表 6-51

项目类别	地面面层	备注
项目编号	Z8DM-6	
项目名称	中密度(强化)复合地板地面损坏检测	
工作目的	搞清中密度(强化)复合地板地面损坏现状、产生原因、提出处理意见	
检测时间	年　　　月　　　日	
检测人员		
发生部位	中密度(强化)复合地板地面损坏处	
周期性	6 个月/次	
劳力(小时)	2 人	
工具	钢尺、小槌、镐头、铁锹等工具	
注意	对中密度(强化)复合地板地面损坏的观测,每次都应测绘出中密度(强化)复合地板地面损坏的位置,大小尺寸,注明日期,并附上必要的照片资料	
受损特征	中密度(强化)复合地板地面损坏	

续表

项目类别		地面面层	备注
准备工作	1	观察中密度(强化)复合地板地面损坏的分布情况,及损坏的大小、数量以及深度	
	2	将中密度(强化)复合地板地面损坏的分布情况,中密度(强化)复合地板地面损坏的大小、数量以及深度详细地标在平面图上	
检查工作程序	A1	将中密度(强化)复合地板地面损坏处并做好编号	
	A2	用钢卷尺测量其长度L、宽度B、深度H: 编号1:$L_1=$ mm;$B_1=$ mm;$H_1=$ mm 编号2:$L_2=$ mm;$B_2=$ mm;$H_2=$ mm	
	A3	根据需要在检查记录中绘制平面图。将检查情况,包括将中密度(强化)复合地板地面损坏的分布情况,中密度(强化)复合地面损坏的大小、数量以及深度详细地标在平面图上	不要遗漏,保证资料的完整性真实性
	A4	核对记录与现场情况的一致性	
	A5	中密度(强化)复合地板地面损坏检查资料存档	
原因分析		1. 中密度(强化)复合地板地面受到水浸泡,酸、碱腐蚀 ( ) 2. 中密度(强化)复合地板地面长期受到磨损影响 ( ) 3. 受到外力的作用造成中密度(强化)复合地板地面受损 ( )	
结论		由于中密度(强化)复合地板地面受到下列因素的影响: 1. 中密度(强化)复合地板地面受到水浸泡,酸、碱腐蚀 ( ) 2. 中密度(强化)复合地板地面长期受到磨损影响 ( ) 3. 受到外力的作用造成中密度(强化)复合地板地面受损 ( ) 需要马上对其进行修理	

6.4.2.6.2 中密度(强化)复合地板地面损坏维修

中密度(强化)复合地板地面损坏维修,见表6-52。

中密度(强化)复合地板地面损坏维修　　　　表6-52

项目类别		地面面层	备注
项目编号		Z8DM-6A	
项目名称		中密度(强化)复合地板地面损坏维修	
维修作法		拆除损坏的中密度(强化)复合地板地面,重做中密度(强化)复合地板地面	
材料质量要求	步骤	施工方法	
	1. 实木、实木集成地板	中密度(强化)复合地板面层材料及面层下的板或衬垫等材质应符合设计要求,并采用有检验合格证的产品,其质量要求应符合现行国家标准《浸渍纸层压木质地板》GB/T 18102的要求	
	2. 衬垫	面层下衬垫的材质和厚度应符合设计要求。 衬板或衬垫的防腐、防虫等防护处理应符合设计要求	
	3. 胶粘剂	应采用具有耐老化、防水和防菌等无毒等性能的材料,或按设计要求选用;胶粘剂选用应符合现行国家标准《民用建筑工程室内环境污染控制规范》GB 50325的规定	
	4. 隔热、隔音材料	隔热、隔音材料:可选择珍珠岩、矿渣棉、炉渣、挤塑板等,要求轻质、耐腐、无味、无毒	
	5. 踢脚板	踢脚板应采用材质、花纹和颜色和面层地板一致的材料	

续表

项目类别		地面面层			备注
步骤		施工方法			
施工要点	基底清理	基层表面应平整、坚硬、干燥、密实、洁净、无油脂及其他杂质,不得有麻面、起砂裂缝等缺陷。条件允许时,用自流平水泥将地面找平为佳			
	铺衬垫	将衬垫铺平,用胶粘剂点涂固定在基底上。 衬板或衬垫安装应牢固、平直。衬垫层与墙之间应留有不小于10mm空隙			
	中密度(强化)复合地板施工 铺强化复合地板	从墙的一边开始铺粘企口强化复合地板,靠墙的一块应离开墙面10mm左右,以后逐块排紧。板间企口应满涂胶,挤紧后溢出的胶要立刻擦净。强化复合地板面层的接头应按设计要求留置 铺强化复合地板时应从房间内退着往外铺设 不符合模数的板块,其不足部分在现场根据实际尺寸将板块切割后镶补,并应用胶粘剂加强固定 地板面层铺设应牢固。面层与墙之间应留有不小于10mm空隙,相邻条板端头应错开不小于300mm距离 中密度(强化)复合地板面层铺设方向应符合设计要求。条板在走廊、过道宜按照行走方向铺设,室内宜按自然光源顺光铺设 中密度(强化)复合地板面层应表面平整、图案清晰、颜色一致,铺设方向正确,板面无翘曲 中密度(强化)复合地板面层的接头应错开,拼缝严密,接缝平整,表面洁净			
	踢脚板的安装	踢脚线表面应光滑,接缝严密,高度一致			
施工注意	1. 踢脚线与基层结合牢固、拼缝严密,出墙高度、厚度一致,表面洁净、颜色一致。 2. 楼梯踏步和台阶板块的缝隙宽度应一致,齿角整齐,楼层梯段相邻踏步高度差不应大于10mm,防滑条应顺直、牢固				

中密度(强化)复合地板地面工程铺设的允许偏差	项次	检验项目	允许偏差(mm)	检验方法	
	1	表面平整度	2	用2m靠尺和楔形塞尺检查	
	2	板面拼缝平直	3	拉5m线,不足5m拉通线和用钢尺检查	
	3	相邻板材高差	0.5	用钢尺和楔形塞尺检查	
	4	板面缝隙宽度	0.5	用塞尺与目测检查	
	5	踢脚线上口平齐	3	拉5m线,不足5m拉通线和用钢尺检查	
	6	踢脚线与面层的接缝	1	楔形塞尺检查	
资料要求	记录维修选用材料、工程做法,并会同质量验收记录存档				

6.4.2.7 塑料面层地面损坏检测与维修

6.4.2.7.1 塑料面层地面损坏检测

塑料面层地面损坏检测,见表6-53。

塑料面层地面损坏检测   表 6-53

项目类别	地面面层	备注
项目编号	Z8DM-7	

项目类别		地面面层	备注
项目名称		塑料面层地面损坏检测	
工作目的		搞清塑料面层地面损坏现状、产生原因、提出处理意见	
检测时间		年　　月　　日	
检测人员			
发生部位		塑料面层地面损坏处	
周期性		6个月/次	
工具		钢尺、小槌、镐头、铁锹等工具	
注意		对塑料面层地面损坏的观测，每次都应测绘出塑料面层地面损坏的位置、大小尺寸，注明日期，并附上必要的照片资料	
受损特征		塑料面层地面损坏	
准备工作	1	观察塑料面层地面损坏的分布情况，及损坏的大小、数量以及深度	
	2	将塑料面层地面损坏的分布情况，塑料面层地面损坏的大小、数量以及深度详细地标在平面图上	
检查工作程序	A1	将塑料面层地面损坏处并做好编号	
	A2	用钢卷尺测量其长度 L、宽度 B、深度 H： 编号 1：$L_1=$　　　mm；$B_1=$　　　mm；$H_1=$　　　mm 编号 2：$L_2=$　　　mm；$B_2=$　　　mm；$H_2=$　　　mm	
	A3	根据需要在检查记录中绘制平面图。将检查情况，包括将塑料面层地面损坏的分布情况，塑料面层地面损坏的大小、数量以及深度详细地标在平面图上	不要遗漏，保证资料的完整性真实性
	A4	核对记录与现场情况的一致性	
	A5	塑料面层地面损坏检查资料存档	
原因分析		1. 塑料面层地面受到水浸泡，酸、碱腐蚀　　　　　　　　　（　　） 2. 受到外力的作用造成塑料面层地面受损　　　　　　　　（　　）	
结论		由于塑料面层地面受到下列因素的影响： 1. 塑料面层地面受到水浸泡，酸、碱腐蚀　　　　　　　　（　　） 2. 受到外力的作用造成塑料面层地面受损　　　　　　　　（　　） 需要马上对其进行修理	

6.4.2.7.2　塑料面层地面损坏维修

塑料面层地面损坏维修，见表 6-54。

塑料面层地面损坏维修　　　　　　　　　　　　　　表 6-54

项目类别		地面面层	备注
项目编号		Z8DM-7A	
项目名称		塑料面层地面损坏维修	
维修作法		铲除损坏的塑料面层地面，重做塑料面层地面	
塑料面层地面的构造做法	步骤	施工方法	
	1. 基层要求	水泥类基层表面应平整、坚硬、干燥、密实、洁净、无油脂及其他有机杂质，不得有麻面、起砂、裂缝等缺陷。基层含水率不大于8%	
	2. 构造作法	铺贴塑料板面层时，室内相对湿度不大于70%，温度宜在10～32℃之处。铺贴塑料板块面层需到焊接时，其焊条成分和性能应与被焊的板材相同。塑料板面层施工完成后养护时间应不少于7d	

项目类别		地面面层	备注
	步骤	施工方法	
材料质量要求	1. 塑料板	品种、规格、色泽、花纹应符合设计要求,其质量应符合现行国家标准的规定。 面层应平整、厚薄一致、边缘平直、色泽均匀、光洁、无裂纹、密实无孔、无皱纹,板内不允许有杂物和气泡,并应符合产品各项技术指标。 运输、贮存:塑料板材搬运过程时,不得乱扔乱摔、冲击、重压、日晒、雨淋。应贮存在干燥洁净、通风的地方,防止变形。环境温度不超过32℃,距热源不小于11m,堆放高度不得超过2m。凡是在低于0℃环境下贮存的塑料地板,施工前必须置于室温24℃以上	
	2. 塑料焊条	选用等边三角形或圆形截面,表面应平整光洁,无孔眼、皱纹、颜色均匀一致,质量应符合有关技术标准的规定,并有出厂合格证	
	3. 胶粘剂	根据不同的基层和面层材料,选用与之配套的胶粘剂,一般常与地板配套供应。产品应有出厂合格证和使用说明书,并必须标明有害物质名称及其含量。有害物质含量必须符合《民用建筑工程室内环境污染控制规范》GB 50325	
	4. 乳胶腻子	石膏乳液子的配合比(体积比)为:石膏∶土粉∶聚醋酸乙烯乳液∶水=2∶2∶1∶适量。用于基层表面第一道嵌补找平。 滑石粉乳液腻子的配合比(重量)为:滑石粉∶聚醋酸乙烯乳液∶水∶羧甲基纤维素溶液=1∶(0.2~0.25)∶适量∶1。用于基层表面第二道修补找平	
施工要点	基层处理	水泥类基层表面应平整、坚硬、干燥、密实、洁净、无油脂及其他杂质,阴阳角必须方正,含水率不大于9%。不得有麻面、起砂、裂缝等缺陷。应彻底清除基层表面残留的砂浆、尘土、砂粒、油污。 木板基层的木格栅应坚实,凸出的钉帽应打入基层表面,板缝可用胶粘剂配腻子填补修平	
	弹线、分格、定位	铺贴塑料板面前应按设计要求进行弹线、分格和定位,见图示。在基层表面上弹出中心十字线或对角线,并弹出板材分块线;线迹必须清晰、方正、准确。见附图6-27定位方式	
	裁切试铺	塑料板面层应采用塑料板块材、塑料板焊接、塑料卷材以胶粘剂在水泥基层上铺设。 半硬质聚氯乙烯板(石棉塑料板)在铺贴前,应用丙酮∶汽油=1∶8的混合溶液进行脱脂除蜡。 软质聚氯乙烯板(软质塑料板)在铺贴前进行预热处理,宜放入75℃左右的热水中浸泡10~20min,至板面全部软化伸平后取出晾干待用。 按设计要求和弹线对塑料板进行裁切试铺,试铺完成后按位置对裁切的塑料板块进行编号就位	
	涂胶	铺贴时应将基层表面清扫洁净后,涂刷一层薄而均匀的底胶,不得有漏涂,待其干燥后,即按弹线位置和板材编号沿轴线由中央向四面铺贴。 使用溶剂型橡胶粘剂时,在基层表面涂刷胶粘剂,同时塑料板背面也要刷胶粘剂,至胶层不粘手时即可铺贴,要一次就位准确,粘贴密实。 使用聚醋酸乙烯溶剂型胶粘剂时,基层表面涂刷胶粘剂,塑料板背面不需涂刷胶粘剂,涂胶面积不能太大,胶层稍加暴露即可粘合。 使用乳液型胶粘剂时,要在塑料板背面、基层上同时均匀涂刷胶粘剂,胶层不需晒置即可粘合。 聚氨酯胶和环氧树脂胶粘剂为双组分固化型胶粘剂,使用时基层表面、塑料板背面同时刷薄薄一层胶粘剂,胶面稍加暴露即可粘合。但胶粘剂初始粘力较差,在粘合时宜用重物加压	

项目类别		地面面层	备注
施工要点	步骤	施工方法	
	铺贴	塑料板的铺贴,粘贴应一次就位准确,排除地板与基层间的空气,用压滚压实或用橡胶锤敲粘合密实。 　地面塑料卷材铺贴,按卷材铺贴方向到房间尺寸裁料,应注意拉直,不得重复切割。粘贴时先将卷材一边对齐所弹的尺寸线对缝,连接要严密,并用橡胶滚筒压密实后。再顺序粘贴和滚压大面,压平、压实,切忌将大面一下子贴上后滚压,以免残留气泡造成空鼓。 　铺贴时应及时清理塑料地面表面的余胶	
	踢脚板铺贴	地面铺贴完成后,按已弹好的踢脚板上口线及两端铺贴好的踢脚板为标准,挂线粘贴,铺贴的顺序是先阴阳角、后大面。踢脚板与地面对缝一致粘合后,用橡胶滚筒反复滚压密实	
	清理养护及上蜡	全部铺贴完毕后,用大压辊压平,用湿布清理干净,均匀满涂上蜡,揩擦2～3遍。塑料地板的养护不少于7d	
施工注意		1. 踢脚线与基层结合牢固、拼缝严密,出墙高度、厚度一致,表面洁净、颜色一致。 2. 楼梯踏步和台阶板块的缝隙宽度应一致、齿角整齐,楼层梯段相邻踏步高度差不应大于10mm,防滑条应顺直、牢固	

塑料面层地面工程的允许偏差	项次	检验项目	允许偏差(mm)	检验方法
	1	表面平整度	2	用2m靠尺和楔形塞尺检查
	2	缝格平直	3	拉5m线,不足5m拉通线和用钢尺检查
	3	接缝高低差	0.5	用钢尺和楔形塞尺检查
	4	踢脚线上口平直	2	拉5m线,不足5m拉通线和用钢尺检查
资料要求		记录维修选用材料、工程做法,并会同质量验收记录存档		

附 图

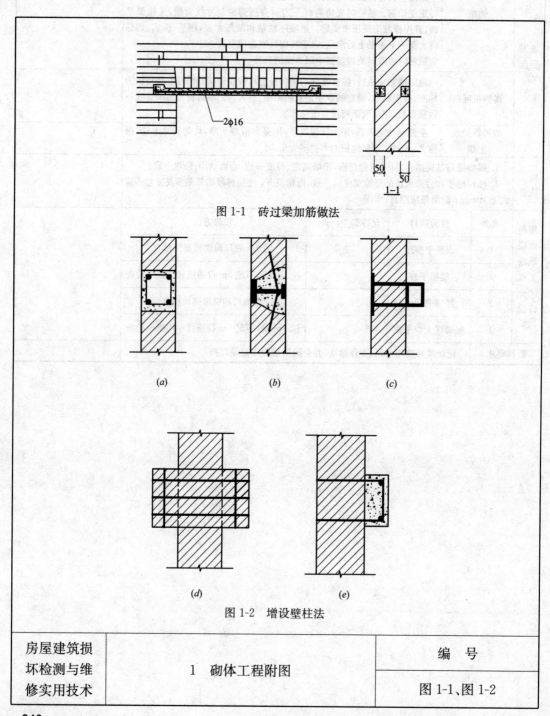

图 1-1　砖过梁加筋做法

2φ16

1-1

(a)　　　　　(b)　　　　　(c)

(d)　　　　　(e)

图 1-2　增设壁柱法

房屋建筑损坏检测与维修实用技术	1　砌体工程附图	编　号
		图 1-1、图 1-2

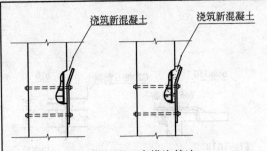

图 2-1　开口支模浇筑法

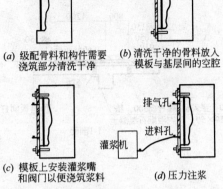

(a) 级配骨料和构件需要
浇筑部分清洗干净

(b) 清洗干净的骨料放入
模板与基层间的空腔

(c) 模板上安装灌浆嘴
和阀门以便浇筑浆料

(d) 压力注浆

图 2-2　预置骨料灌浆法

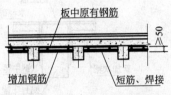

图 2-3　从板底加厚、补筋

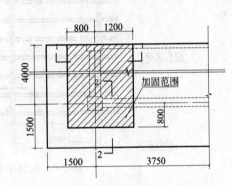

图 2-5　钢筋混凝土悬臂板加固实例图

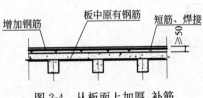

图 2-4　从板面上加厚、补筋

房屋建筑损坏检测与维修实用技术	2　混凝土工程附图(1)	编　号
		图 2-1～图 2～5

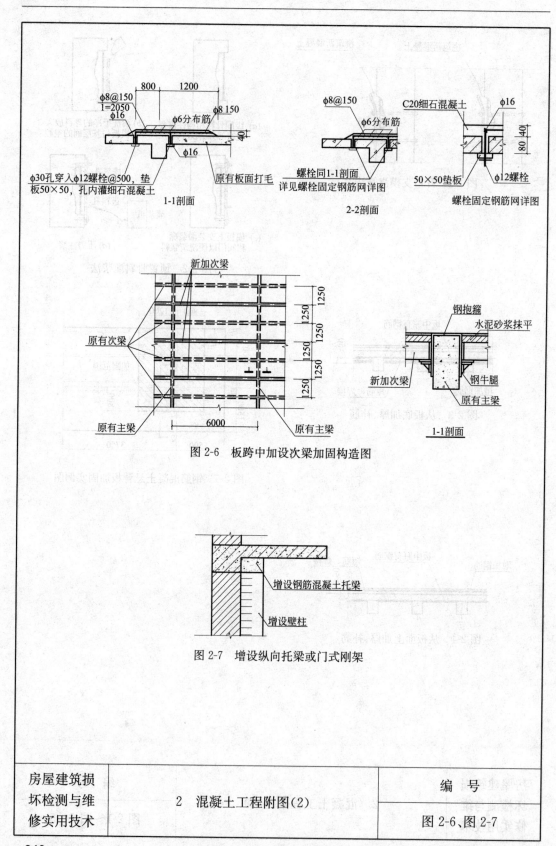

图 2-6　板跨中加设次梁加固构造图

图 2-7　增设纵向托梁或门式刚架

房屋建筑损 坏检测与维 修实用技术	2　混凝土工程附图（2）	编　号
		图 2-6、图 2-7

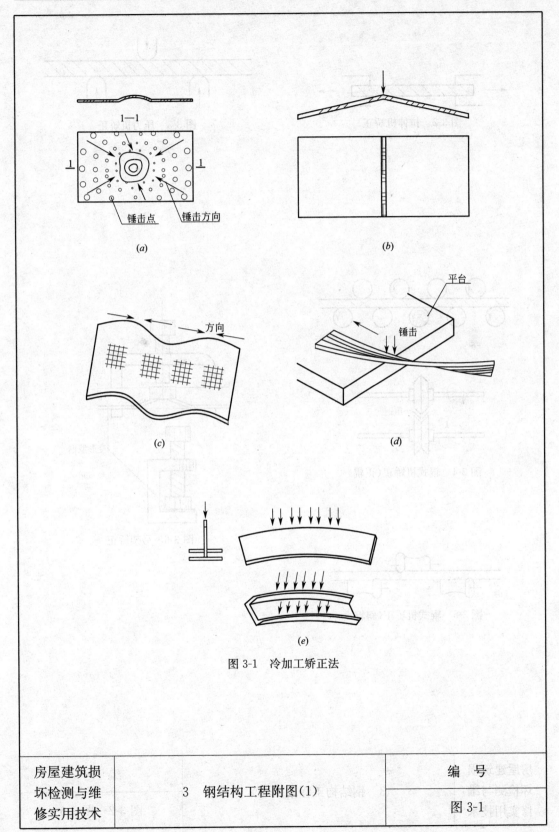

1—1

锤击点　　锤击方向

(a)

(b)

方向

(c)

平台

锤击

(d)

(e)

图 3-1　冷加工矫正法

房屋建筑损坏检测与维修实用技术	3　钢结构工程附图(1)	编　号
		图 3-1

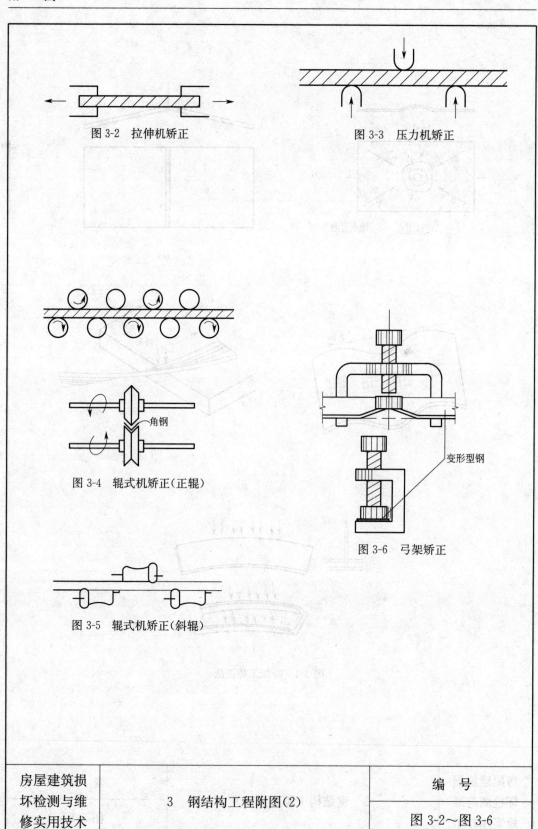

图 3-2　拉伸机矫正

图 3-3　压力机矫正

角钢

图 3-4　辊式机矫正（正辊）

变形型钢

图 3-6　弓架矫正

图 3-5　辊式机矫正（斜辊）

房屋建筑损坏检测与维修实用技术	3　钢结构工程附图(2)	编　号
		图 3-2～图 3-6

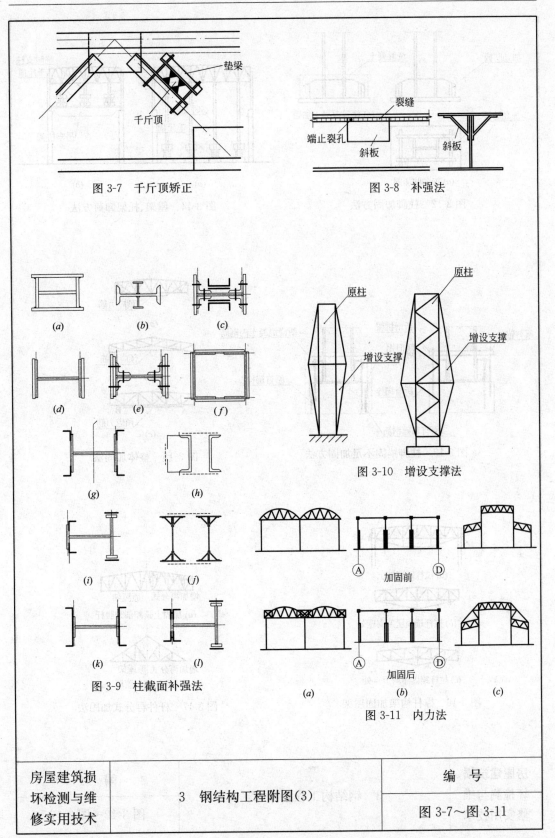

图 3-7　千斤顶矫正

图 3-8　补强法

图 3-9　柱截面补强法

图 3-10　增设支撑法

图 3-11　内力法

房屋建筑损坏检测与维修实用技术	3　钢结构工程附图(3)	编　号
		图 3-7～图 3-11

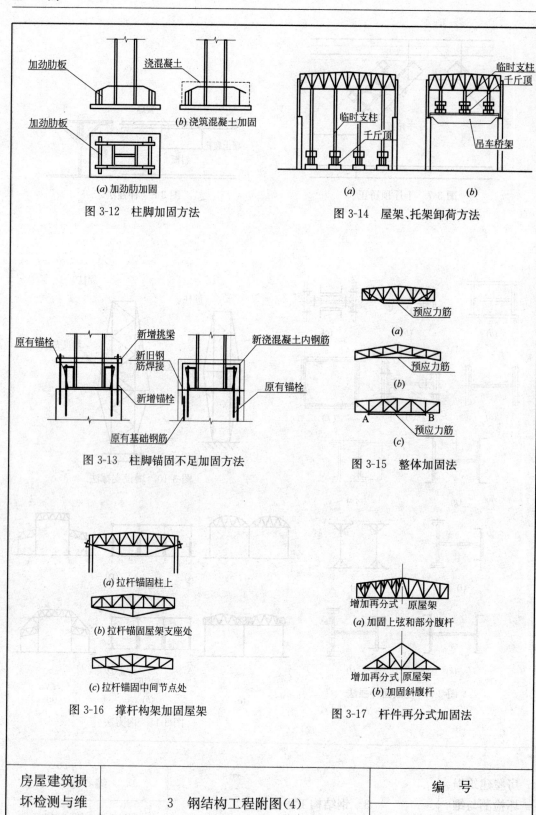

图 3-12　柱脚加固方法

图 3-14　屋架、托架卸荷方法

图 3-13　柱脚锚固不足加固方法

图 3-15　整体加固法

图 3-16　撑杆构架加固屋架

图 3-17　杆件再分式加固法

房屋建筑损坏检测与维修实用技术	3　钢结构工程附图(4)	编　号
		图 3-12~图 3-17

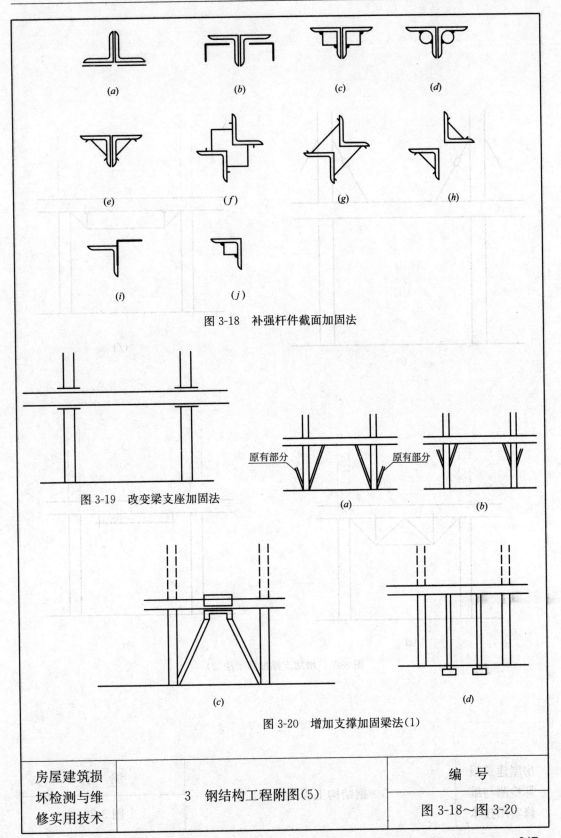

图 3-18　补强杆件截面加固法

图 3-19　改变梁支座加固法

原有部分　　　原有部分

(a)　　　　　　(b)

(c)　　　　　　(d)

图 3-20　增加支撑加固梁法(1)

房屋建筑损坏检测与维修实用技术	3　钢结构工程附图(5)	编　号
		图 3-18～图 3-20

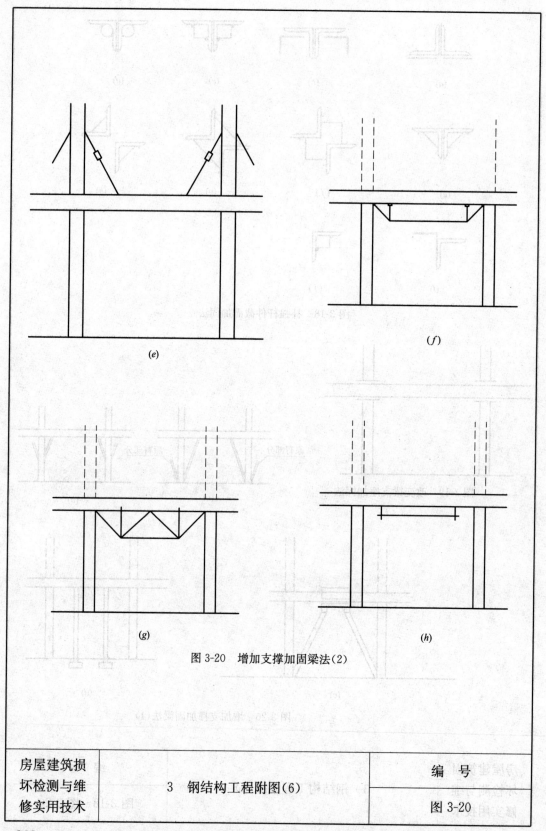

(e)

(f)

(g)

(h)

图 3-20　增加支撑加固梁法(2)

| 房屋建筑损坏检测与维修实用技术 | 3　钢结构工程附图(6) | 编　号 |
| | | 图 3-20 |

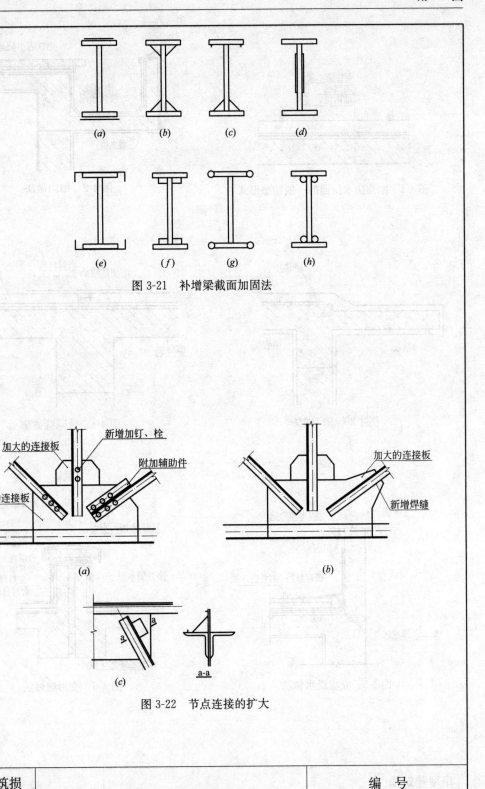

图 3-21　补增梁截面加固法

图 3-22　节点连接的扩大

房屋建筑损坏检测与维修实用技术	3　钢结构工程附图(7)	编　号
		图 3-21、图 3-22

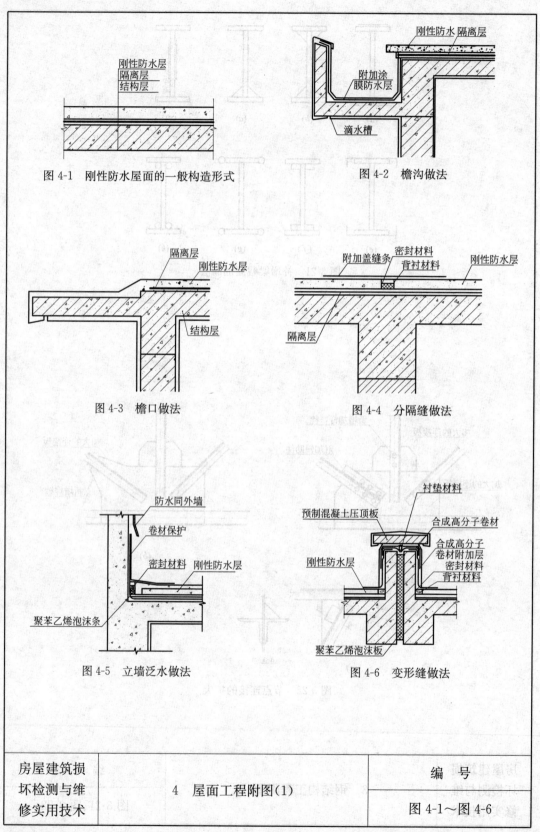

图 4-1　刚性防水屋面的一般构造形式

图 4-2　檐沟做法

图 4-3　檐口做法

图 4-4　分隔缝做法

图 4-5　立墙泛水做法

图 4-6　变形缝做法

| 房屋建筑损坏检测与维修实用技术 | 4　屋面工程附图(1) | 编　号 |
| | | 图 4-1～图 4-6 |

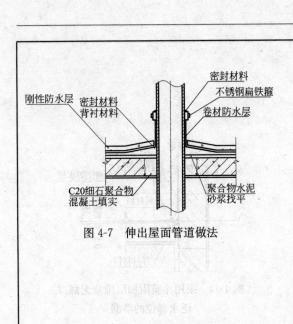

图 4-7　伸出屋面管道做法

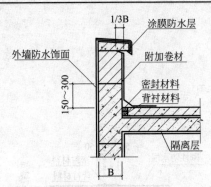

图 4-8　女儿墙泛水压顶做法

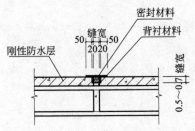

图 4-9　密封材料嵌缝（不加保护层）维修分隔缝

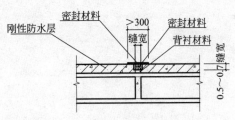

图 4-10　卷材或涂膜保护层贴缝

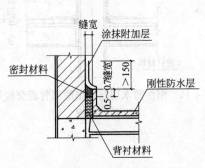

图 4-11　有翻口泛水部位渗漏的维修

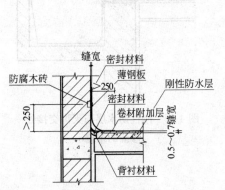

图 4-12　采用卷材附加层维修无翻口泛水部位的渗漏

房屋建筑损坏检测与维修实用技术	4　屋面工程附图（2）	编　号
		图 4-7～图 4-12

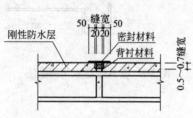

图 4-13　防水卷材贴缝维修裂缝

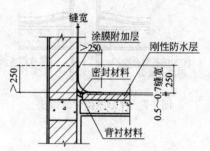

图 4-14　采用涂膜附加层维修无翻口
泛水部位的渗漏

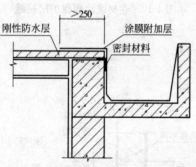

图 4-15　刚性防水层与天沟交接处
渗漏的维修

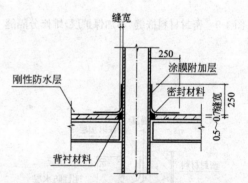

图 4-16　刚性防水层与伸出屋面管道交接处
渗漏的维修

房屋建筑损坏检测与维修实用技术	4　屋面工程附图(3)	编　号
		图 4-13～图 4-16

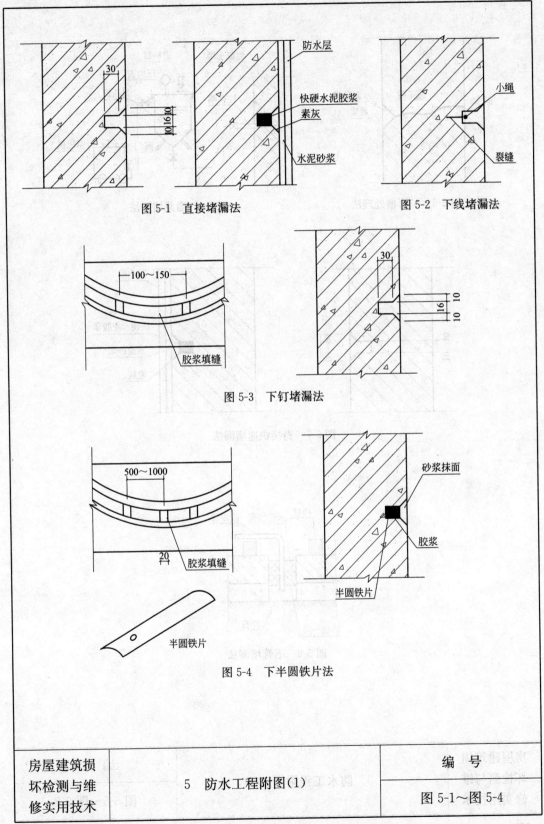

图 5-1 直接堵漏法

图 5-2 下线堵漏法

图 5-3 下钉堵漏法

图 5-4 下半圆铁片法

房屋建筑损坏检测与维修实用技术	5 防水工程附图(1)	编 号
		图 5-1～图 5-4

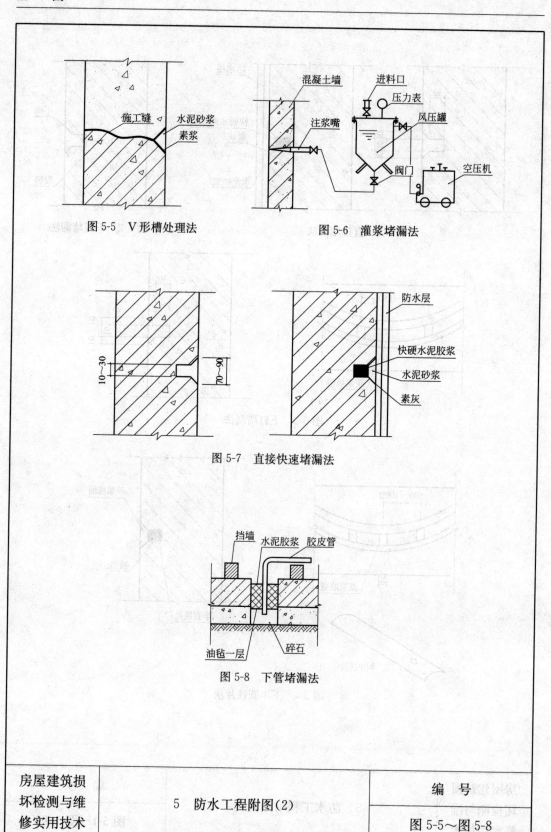

图 5-5　Ｖ形槽处理法

图 5-6　灌浆堵漏法

图 5-7　直接快速堵漏法

图 5-8　下管堵漏法

房屋建筑损坏检测与维修实用技术	5　防水工程附图(2)	编　号
		图 5-5～图 5-8

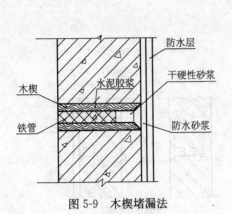

图 5-9　木楔堵漏法

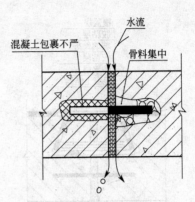

图 5-10　埋入式止水带变形缝

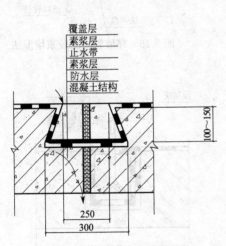

图 5-11　后埋式止水带变形缝

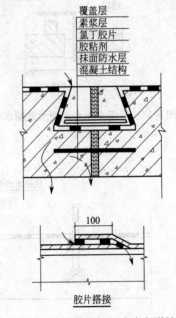

图 5-12　粘贴式氯丁胶片变形缝

房屋建筑损坏检测与维修实用技术	5　防水工程附图(3)	编　号
		图 5-9～图 5-12

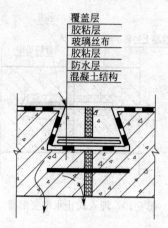

图 5-13　涂刷式氯丁胶片变形缝

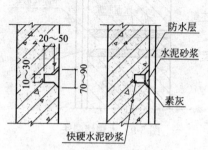

图 5-14　埋入式渗水止水法

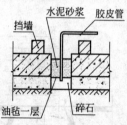

图 5-15　后埋式止水带变形缝漏水止水法

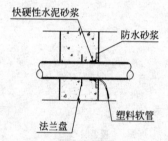

图 5-16　穿墙管水泥胶浆堵漏法

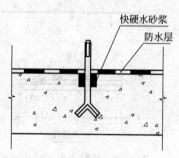

图 5-17　水泥胶浆堵漏法

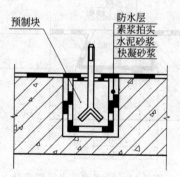

图 5-18　更换预埋块堵漏法

房屋建筑损坏检测与维修实用技术	5　防水工程附图（4）	编　号
		图 5-13～图 5-18

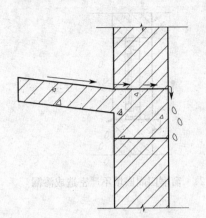

图 5-19　阳台、雨篷倒坡造成渗漏

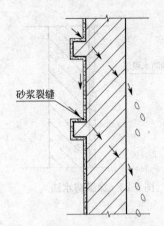

图 5-20　凸出墙面的装饰线裂缝造成渗漏

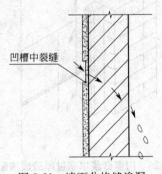

图 5-21　墙面分格缝渗漏

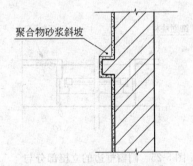

图 5-22　聚合物砂浆找坡法

房屋建筑损坏检测与维修实用技术	5　防水工程附图(5)	编　号
		图 5-19～图 5-22

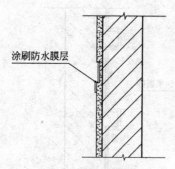

图 5-23　涂膜防水法

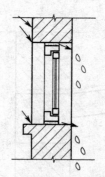

图 5-24　窗框四周嵌填不严密造成渗漏

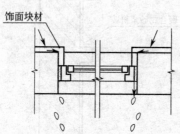

图 5-25　门窗框边的立桯部分与
墙体的缝隙造成渗漏

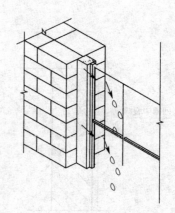

图 5-26　门窗砂浆填塞过厚造成渗漏

房屋建筑损坏检测与维修实用技术	5　防水工程附图（6）	编　号
		图5-23～图5-26

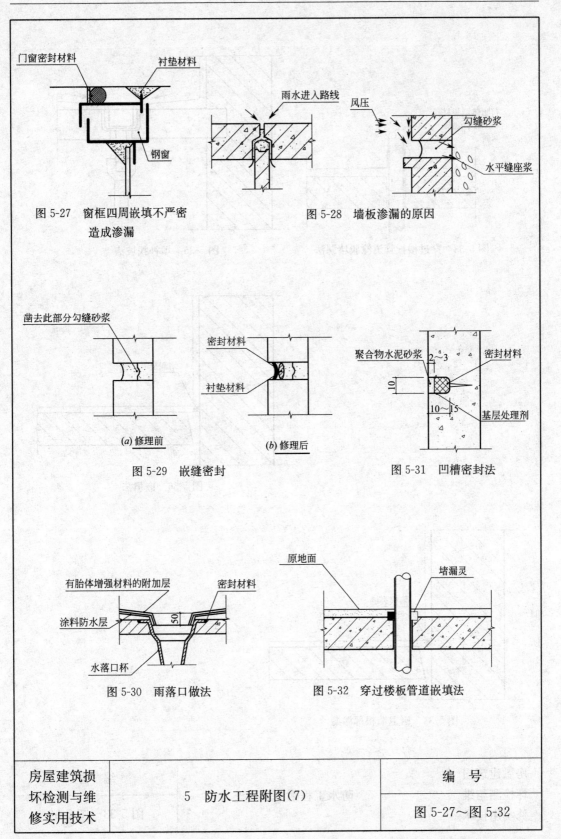

图 5-27 窗框四周嵌填不严密造成渗漏

图 5-28 墙板渗漏的原因

(a) 修理前

(b) 修理后

图 5-29 嵌缝密封

图 5-31 凹槽密封法

图 5-30 雨落口做法

图 5-32 穿过楼板管道嵌填法

| 房屋建筑损坏检测与维修实用技术 | 5 防水工程附图(7) | 编 号 |
| | | 图 5-27～图 5-32 |

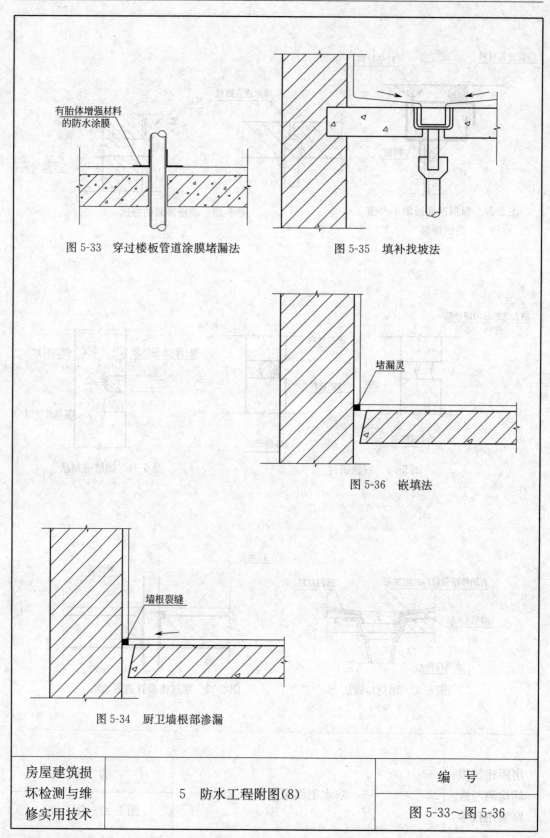

图 5-33　穿过楼板管道涂膜堵漏法

图 5-35　填补找坡法

图 5-36　嵌填法

图 5-34　厨卫墙根部渗漏

房屋建筑损坏检测与维修实用技术	5　防水工程附图（8）	编　号
		图 5-33～图 5-36

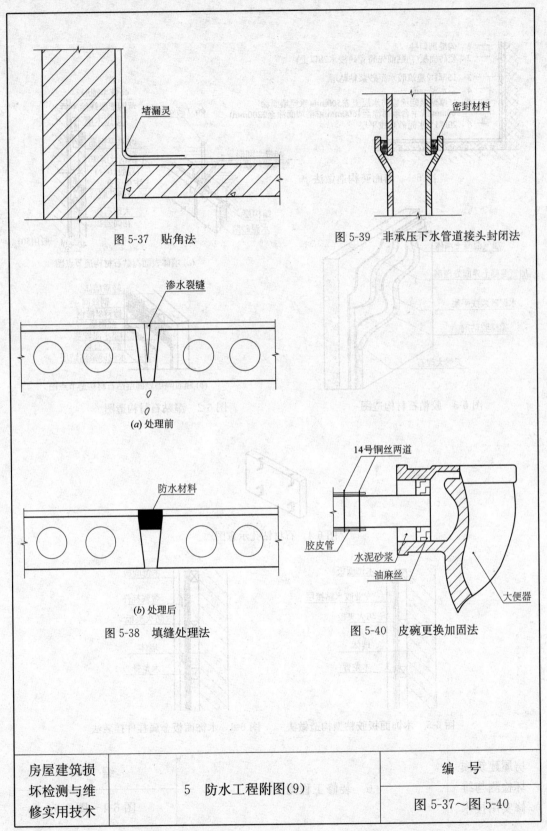

图 5-37　贴角法

图 5-39　非承压下水管道接头封闭法

(a) 处理前

(b) 处理后

图 5-38　填缝处理法

图 5-40　皮碗更换加固法

房屋建筑损坏检测与维修实用技术	5　防水工程附图(9)	编　号
		图 5-37～图 5-40

附　图

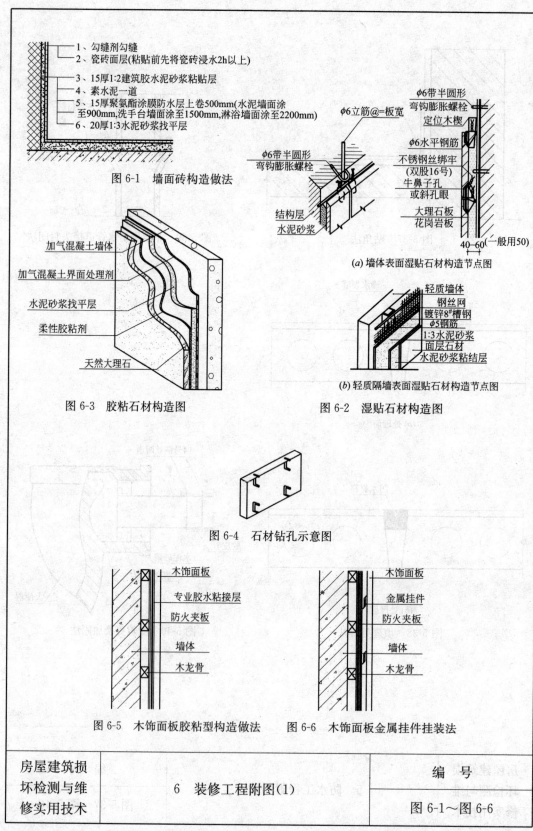

图 6-1　墙面砖构造做法

1、勾缝剂勾缝
2、瓷砖面层(粘贴前先将瓷砖浸水2h以上)
3、15厚1:2建筑胶水泥砂浆粘贴层
4、素水泥一道
5、15厚聚氨酯涂膜防水层上卷500mm(水泥墙面涂至900mm,洗手台墙面涂至1500mm,淋浴墙面涂至2200mm)
6、20厚1:3水泥砂浆找平层

(a) 墙体表面湿贴石材构造节点图

(b) 轻质隔墙表面湿贴石材构造节点图

图 6-2　湿贴石材构造图

图 6-3　胶粘石材构造图

图 6-4　石材钻孔示意图

图 6-5　木饰面板胶粘型构造做法

图 6-6　木饰面板金属挂件挂装法

| 房屋建筑损坏检测与维修实用技术 | 6　装修工程附图(1) | 编　号 |
| | | 图 6-1～图 6-6 |

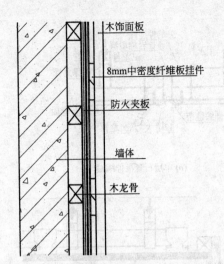

图 6-7　木饰面板中密度挂件挂装法

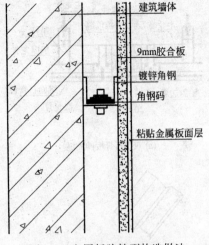

图 6-8　金属板胶粘型构造做法

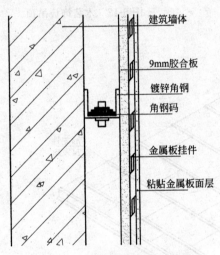

图 6-9　金属板金属挂件挂装法

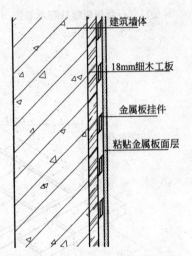

图 6-10　金属板细木工板挂件挂装法

房屋建筑损坏检测与维修实用技术	6　装修工程附图(2)	编　号
		图 6-7～图 6-10

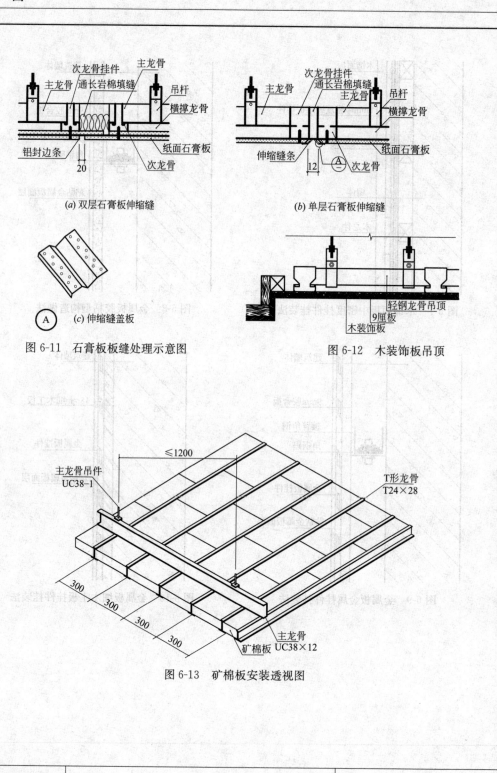

(a) 双层石膏板伸缩缝

(b) 单层石膏板伸缩缝

(c) 伸缩缝盖板

图 6-11　石膏板板缝处理示意图

图 6-12　木装饰板吊顶

图 6-13　矿棉板安装透视图

房屋建筑损坏检测与维修实用技术	6　装修工程附图（3）	编　号
		图 6-11～图 6-13

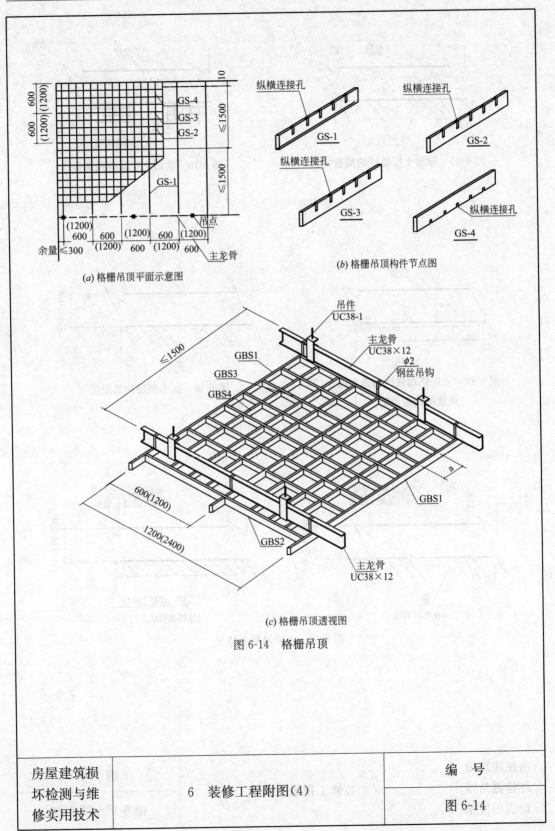

(a) 格栅吊顶平面示意图

(b) 格栅吊顶构件节点图

(c) 格栅吊顶透视图

图 6-14　格栅吊顶

| 房屋建筑损坏检测与维修实用技术 | 6　装修工程附图（4） | 编　号 |
| | | 图 6-14 |

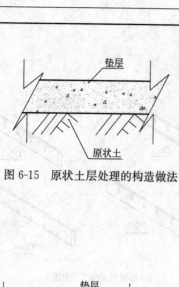

图 6-15　原状土层处理的构造做法

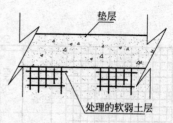

图 6-16　软弱土层处理构造做法

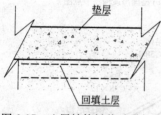

图 6-17　土层结构被扰动需加固
处理的构造做法

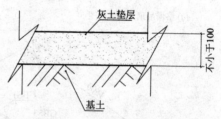

图 6-18　灰土垫层构造做法

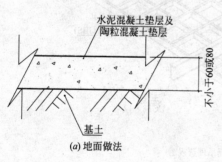

(a) 地面做法

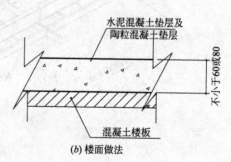

(b) 楼面做法

图 6-19　水泥混凝土垫层

房屋建筑损坏检测与维修实用技术	6　装修工程附图(5)	编　号
		图 6-15～图 6-19

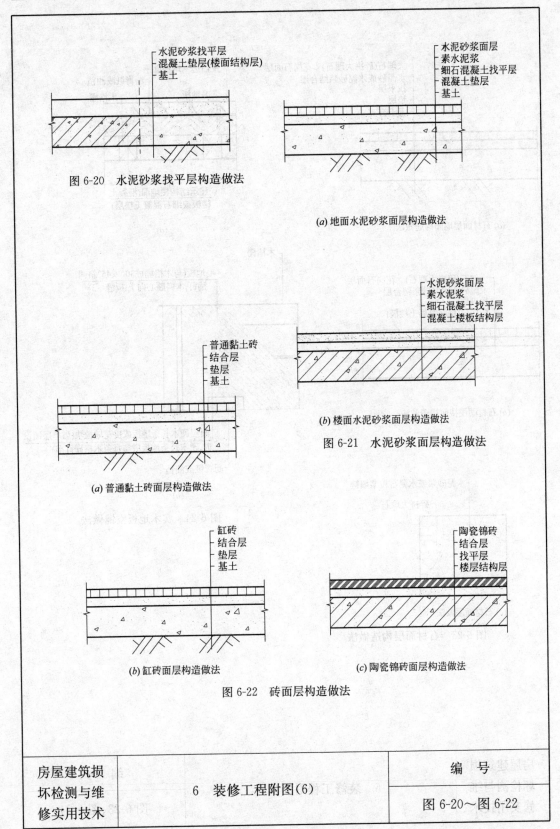

图 6-20　水泥砂浆找平层构造做法

(a) 地面水泥砂浆面层构造做法

(b) 楼面水泥砂浆面层构造做法

图 6-21　水泥砂浆面层构造做法

(a) 普通黏土砖面层构造做法

(b) 缸砖面层构造做法

(c) 陶瓷锦砖面层构造做法

图 6-22　砖面层构造做法

房屋建筑损坏检测与维修实用技术	6　装修工程附图（6）	编　号
		图 6-20～图 6-22

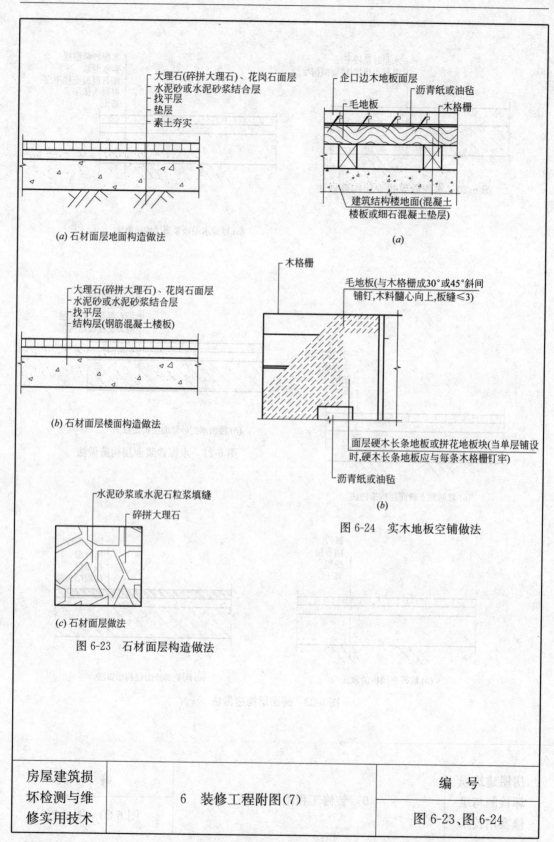

(a) 石材面层地面构造做法

(b) 石材面层楼面构造做法

(c) 石材面层做法

图 6-23　石材面层构造做法

(a)

(b)

图 6-24　实木地板空铺做法

房屋建筑损坏检测与维修实用技术	6　装修工程附图(7)	编　号
		图 6-23、图 6-24

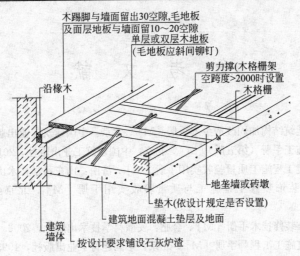

图 6-25　底层架空木地板构造示意图

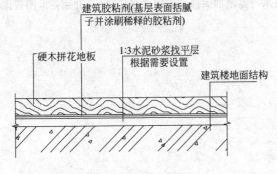

(a) 胶粘贴硬木地板构造示意图

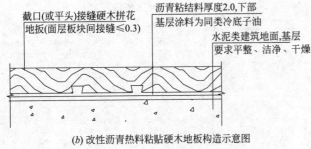

(b) 改性沥青热料粘贴硬木地板构造示意图

图 6-26　木地板实铺方式示意图

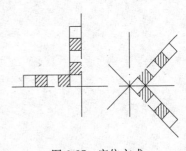

图 6-27　定位方式

房屋建筑损坏检测与维修实用技术	6　装修工程附图(8)	编　号
		图 6-25～图 6-27

参 考 文 献

[1] 王玉岭等．既有建筑结构加固改造手术手册［M］．北京：中国建筑工业出版社，2010.

[2] 王珮云等．建筑施工手册（第五版）［M］．北京：中国建筑工业出版社，2012.

[3] 俞宾辉．建筑土建工程施工质量验收实用手册［M］．济南：山东科学技术出版社，2004.

[4] 孙科炎等．建筑装饰装修工程施工与质量验收实用手册［M］．北京：中国建材工业出版社，2004.

[5] 周菁等．建筑装饰装修技术手册［M］．合肥：安徽科学技术出版社，2006.

[6] 江正荣．实用建筑施工工程师手册［M］．北京：中国建材工业出版社，1995.

[7] 腾绍华等．实用建筑施工手册（第二版）［M］．北京：金盾出版社，2002.

[8] 龚克崇等．简明建筑装饰装修工程施工验收技术手册［M］．北京：地震出版社，2005.

[9] 赵西安．建筑幕墙工程手册［M］．北京：中国建筑工业出版社，2002.

[10] 雍本．幕墙工程施工手册［M］．北京：计划出版社，2000.

[11] 手册编委会编．建筑结构试验检测技术与鉴定加固修复实用手册［M］．北京：世图音像电子出版社，2002.